EMPFINDLICHE GALVANOMETER

FÜR GLEICH- UND WECHSELSTROM

VON

DR. OTTO WERNER

MIT 93 ABBILDUNGEN UND 17 TABELLEN

WALTER DE GRUYTER & CO.

VORMALS G. J. GÖSCHEN'SCHE VERLAGSHANDLUNG - J. GUTTENTAG, VERLAGS-BUCHHANDLUNG - GEORG REIMER - KARL J. TRÜBNER - VEIT & COMP.

BERLIN UND LEIPZIG 1928

Druck von Walter de Gruyter & Co., Berlin W 10

Vorwort.

Empfindliche Galvanometer gehören zu den wichtigsten Hilfsmitteln bei physikalischen und technischen Untersuchungen. Das vorliegende Buch will das für die Handhabung dieser Instrumente Wissenswerte vermitteln. Es werden die Richtlinien für den Aufbau der einzelnen Galvanometerkonstruktionen erläutert. Weiter wird ein Überblick über die bei den einzelnen Galvanometertypen erreichbaren Empfindlichkeiten gegeben. Die Gesichtspunkte, die für die Auswahl eines geeigneten Galvanometers maßgebend sein sollen, werden ausführlich besprochen. Am Schlusse des Buches findet sich eine Literaturzusammenstellung: die wichtigsten Orginalarbeiten sind mit kurzer Inhaltsangabe versehen.

Unter den Galvanometern für Gleichstrom, die im ersten Abschnitt besprochen werden, nehmen die Drehspulgalvanometer den größten Raum ein. Diesen kommt heute gegenüber den Drehmagnetgalvanometern die weitaus größere Bedeutung zu. Weiter werden in dem ersten Abschnitt die Saitengalvanometer behandelt.

Der zweite Abschnitt gehört den Wechselstromgalvanometern. Hier ist den Vibrationsgalvanometern, Elektrodynamometern, thermischen Instrumenten und Oszillographensystemen je ein besonderes Kapitel gewidmet.

Ein weiterer Abschnitt befaßt sich kurz mit den Elektrometermethoden und Verstärkerschaltungen.

Der letzte Abschnitt behandelt Zusatzeinrichtungen wie Nebenwiderstände, Ablesevorrichtungen und erschütterungsfreie Aufhängevorrichtungen.

Herrn Professor Dr. J. Wallot und Herrn Privatdozenten Dr. M. Czerny sage ich für wertvolle Ratschläge, sowie für die Durchsicht des Manuskriptes meinen besten Dank.

Das Buch ist im Jahre 1927 während meiner Zugehörigkeit zu der Firma Siemens u. Halske entstanden.

Berlin-Zehlendorf, August 1928.

O. Werner.

Inhaltsübersicht.

II. Galvanometer für Wechselstrom.

III. Indirekte Methoden zur Messung kleiner Ströme.

IV. Zusatzeinrichtungen.

V. Das Galvanometer in den Schaltungen.

Zeichenerklärungen.

Arabische Ziffern mit runder Klammer, z. B. [33]) deuten auf die Literaturzusammenstellung hin. Ziffern in runden Klammern beziehen sich auf die Formeln im Text.

e Basis d. natürlichen Logarithmen.
j imaginäre Einheit.
l Länge.
p Dämpfungsfaktor.
q dynamische Galvanometerkonstante.
t Zeit.
v Geschwindigkeit.

D Direktionskraft.
E Spannung.
F Spulenfläche.
H Feldstärke.
J Stromstärke.
K Trägheitsmoment.
M magnetisches Moment.

N Windungszahl.
Q Elektrizitätsmenge.
S Gleichstromempfindlichkeit.
T Schwingungsdauer.
R, W Widerstand.

$\alpha, \beta, \varepsilon$ Dämpfungsgrad.
η Frequenzverhältnis.
λ nat. log Dämpfungsdekrement.
μ Permeabilität.
τ Zeit.
φ Winkelausschlag.
ω_0 Eigenfrequenz.

Σ Wechselstromempfindlichkeit.
μA = mikro-Ampère = 10^{-6} Ampère.
nA = nano-Ampère = 10^{-9} Ampère.

Einleitung.

Die stark angewachsene Literatur über empfindliche Galvanometer ist wohl der beste Beweis für das rege Interesse, das diesen Instrumenten von Wissenschaft und Praxis entgegengebracht wird. Namhafte Gelehrte und Techniker haben Anteil sowohl an der Lösung theoretischer Probleme, als auch an der Entwicklung neuer Konstruktionen. Im Vordergrunde des Interesses steht naturgemäß die Forderung nach höchster Empfindlichkeit. Jede Empfindlichkeitssteigerung ist vergleichbar mit zunehmender Vergrößerung eines Fernrohrs: sie erschließt neues Gelände und erlaubt eine schärfere Beobachtung schon bekannter Erscheinungen.

Mit der Steigerung der Meßempfindlichkeit allein ist es aber nicht getan. Daneben muß eine möglichst hohe Meßgenauigkeit angestrebt werden, wenn der Empfindlichkeitsgewinn voll zur Geltung kommen soll. Hierfür ein Beispiel: Ein Galvanometer gebe für eine bestimmte Stromstärke I einen Ausschlag von 10 mm. Die ständigen Schwankungen der Ruhelage betragen dabei 1 mm, so daß die Genauigkeit etwa 10% beträgt. Würde man jetzt das Galvanometer zehnmal empfindlicher machen, wobei die Schwankungen gleichfalls auf das Zehnfache ansteigen, dann ist hierdurch nichts gewonnen. In diesem Falle wäre es ratsamer gewesen, sich mit der geringeren Empfindlichkeit zu begnügen und die Sicherheit der Ruhelage zu vergrößern.

Neben Empfindlichkeit und Genauigkeit sind noch andere, mehr praktische Forderungen zu erfüllen. Stete Meßbereitschaft, rasche Einstellung, großer Meßbereich, direkt ablesbare Meßgrößen, proportionale Skala, Unabhängigkeit von der Temperatur und den magnetischen Fremdfeldern und nicht zuletzt handliche, stabile Konstruktion, das alles sind Forderungen, die man an moderne technische Meßgeräte stellen muß und die auch weitgehend erfüllt werden. Natürlich sucht man diese sehr nützlichen Eigenschaften auch den höchstempfindlichen Meßinstrumenten zu geben. In der Tat haben sich einige Konstruktionen so durchbilden lassen, daß sie auch für laufende Prüfungen in Werkstätten und sogar bei Untersuchungen auf freiem Felde (Kabelmessungen) hinreichend bequem verwendet werden können. Im allgemeinen aber muß man bei hochempfindlichen Galvanometern auf die rein praktischen Forderungen zugunsten der Empfindlichkeit verzichten. Um so schärfere Forderungen werden hier an den Beobachter gestellt; eine genaue Kenntnis der Konstruktion und der Eigenschaften seines Instruments wird ihm über manche Mängel hinweghelfen. Erfahrene Beobachter wissen auch Tücken und Störungen der Instrumente zu begegnen und werden oft auch unter ungünstigen Bedingungen einwandfreie Ergebnisse herausholen können. Nicht überflüssig ist es, zu bemerken, daß hochempfindliche Meßgeräte nur dort benutzt werden sollen, wo ihre Empfindlichkeit auch wirklich ausgenutzt wird.

Hochempfindliche Meßgeräte besitzen meist ein sehr eng begrenztes Anwendungsgebiet, daher die große Zahl von Galvanometertypen mit den verschiedensten Konstruktionsdaten. Sie alle haben ihre Daseinsberechtigung, denn es lehrt die Erfahrung, daß ein Instrument zum Nachweis sehr kleiner Ströme beim Messen kleiner Spannungen versagt. Ein System zur exakten Wiedergabe rasch verlaufender Vorgänge erweist sich als unbrauchbar zur Messung von Elektrizitätsmengen. Gleichstrom und Wechselstrom der verschiedenen Frequenzen erfordern wiederum unterschiedliche Galvanometer. Damit nicht genug, machen gleiche elektrische Aufgaben, jedoch unter Benutzung verschiedener Schaltungen, mehrere Konstruktionen notwendig. Man kann also sagen, daß jede meßtechnisch verschiedene Aufgabe auch verschiedene Anzeigeinstrumente erfordert. Die mannigfaltigen Aufgaben der elektrischen Meßtechnik haben dann im Laufe der Zeit zu einer nicht geringen Anzahl von Konstruktionen geführt. Die Auswahl des richtigen Galvanometers setzt aber eingehende Kenntnis der Eigenschaften voraus.

Vorliegende Einführung will die für die richtige Auswahl und erfolgreiche Verwendung hochempfindlicher Galvanometer erforderlichen Kenntnisse vermitteln. Eine längere praktische Erfahrung kann dadurch natürlich nicht ersetzt werden. Es wird versucht, einen Überblick über die wichtigsten Meßprinzipien, Konstruktionsrichtlinien und gebräuchlichsten Ausführungsformen zu geben. Dabei wird es zweckmäßig sein, sich in die Lage zu versetzen, selbst ein Galvanometer mit bestimmten Eigenschaften bauen zu müssen. Gemäß der Aufgabe eines Galvanometerkonstrukteurs, das zweckmäßigste Material in die günstigste Gestalt und in die wirksamste Anordnung zu bringen, werden wir uns über den Verwendungszweck eines jeden Baustückes Rechenschaft ablegen müssen. Bei dieser Aufgabe werden wir einer gewissen theoretischen Führung nicht entbehren können.

Strommeßapparate können nach den verschiedensten Prinzipien gebaut werden, denn streng genommen läßt sich auf jeder Wirkung der Elektrizität ein Strommeßverfahren aufbauen. Trotz zahlreicher Wirkungen des elektrischen Stromes ist zum Bau hochempfindlicher Meßinstrumente fast ausschließlich das elektrodynamische Prinzip herangezogen worden. Dieses Prinzip erlaubt die mannigfaltigsten Ausführungen, sei es durch verschiedene Formgebung des beweglichen Systems — Spule, Schleife, Saite, Band, Magnet —, sei es durch verschiedene Anordnung der aufeinander wirkenden Felder. Die auf thermischer und elektrostatischer Wirkung beruhenden Instrumente treten in ihrer Bedeutung zurück. — Da die Einheit der elektrischen Stromstärke durch das Silbervoltameter, also durch eine chemische Wirkung festgelegt ist, müßte die Eichung anderer Instrumenttypen hierauf zurückgreifen. Zweckmäßig wird diese Normalstromstärke durch Normalspannung und Normalwiderstände ersetzt (vgl. a. S. 192).

Da vom rein physikalischen Standpunkt aus bei fast allen hier zu besprechenden Instrumenten das gleiche Prinzip benutzt wird, sind die theoretischen Erwägungen im allgemeinen nahezu die gleichen; es ist nur nötig, diese für jede Ausführungsform zu ergänzen, nachdem im ersten Abschnitt ausführlich darauf eingegangen wird. Andererseits weisen, trotz des gleichen elektrodynamischen Prinzips, Drehspul-, Drehmagnet-, Vibrations-, Schleifen- und Saitengalvanometer wesentliche Unterschiede auf, so daß im übrigen eine gesonderte Besprechung erforderlich ist. — Der erste Teil des Buches befaßt sich mit den Galvanometern für Gleichstrom. Hier ist — entgegen der geschichtlichen Entwicklung — das Drehspulgalvanometer vorangestellt, weil einmal das Drehspulprinzip die weitaus größte praktische Bedeutung hat, und weil hier besonders interessante und lehrreiche Verhältnisse vorliegen. Ein zweiter Abschnitt behandelt die Drehmagnetgalvanometer (Nadelgalvanometer), und schließlich folgen die Saitengalvanometer. Es ist angestrebt, die einzelnen Abschnitte in gleicher Weise zu gliedern. Der zweite Teil des Buches behandelt die Galvanometer für Wechselstrom. Hier ist den Vibrationsgalvanometern, Elektrodynamometern, thermischen Instrumenten und Oszillographen je ein besonderer Abschnitt gewidmet.

In einem Kapitel über indirekte Methoden wird die Leistungsfähigkeit der Elektrometermethode und der Verstärkereinrichtungen besprochen.

Soweit Formeln zum Verständnis der Konstruktionsrichtlinien von Nutzen sind, werden diese vollständig hergeleitet, so daß Einzelheiten nicht als bekannt vorausgesetzt werden; dabei sind im Text nur die mathematischen Entwicklungen wiedergegeben, die zum Verständnis des Gedankenganges erforderlich sind. Notwendige Ergänzungen finden sich in den Anmerkungen. Einer kritischen Besprechung von Empfindlichkeitsdaten der von den bedeutendsten Meßinstrumentenfirmen in den Handel gebrachten Apparate folgt eine Übersicht über wichtige Ausführungsformen. Hier und da sind auch interessante Einzelversuche besprochen; gerade durch diese zum Teil erfolglosen Bemühungen gewinnt man ein klares Bild von der Leistungsfähigkeit und den Schwächen des Prinzips. Besonderes Gewicht ist auf die Gesichtspunkte gelegt, unter denen die Auswahl der Instrumente für die verschiedenen Meßzwecke erfolgen soll. Hierzu dienen vor allem kritische Vergleiche der einzelnen Galvanometertypen. Auf Zusatzapparate, wie optische Hilfsmittel, Aufhängevorrichtungen und dergleichen wird ebenfalls eingegangen.

Hierauf folgen dann allgemeine Bemerkungen über das Arbeiten mit empfindlichen Galvanometern. Am Schlusse des Buches wird eine Literaturzusammenstellung gegeben. Wichtige Originalarbeiten sind mit kurzer Inhaltsangabe versehen.

Schließlich sei noch eine allgemeine Notiz vorausgeschickt, die für fast alle hier zu besprechenden Instrumente gilt. Schwere, massige Teile lassen sich schwieriger in Bewegung setzen, sie erfordern größere Kräfte als leichtgebaute Systeme mit kleinem Trägheitsmoment. Es ist daher selbstverständlich, daß man bei emfindlichen Galvanometern, wo nur geringe Kräfte zur Verfügung stehen, von dem Vorteil Gebrauch macht, der in dem Fortfall eines materiellen Zeigers liegt. An seine Stelle tritt — gewissermaßen auch als äußeres Kriterium für sehr empfindliche Meßgeräte — der Spiegel oder die direkte mikroskopische Beobachtung. Man kann dann die Lichtzeiger sehr lang machen, bezw. die Vergrößerung sehr groß wählen. In beiden Fällen erlaubt eine gute Optik eine wesentliche Steigerung der nutzbaren Empfindlichkeit (vgl. S. 24). Wir werden jedoch zunächst von der Größe der tatsächlichen Bewegung des Systems ausgehen. Von der Steigerung der nutzbaren Empfindlichkeit durch optische Vorrichtungen wird erst später die Rede sein.

I. Galvanometer für Gleichstrom.

Die Instrumente dieses Abschnittes sind ausschließlich für Gleichstrommessungen bestimmt. Auch vorzugsweise für Wechselstrom bestimmte Galvanometer können zuweilen für Gleichstromuntersuchungen bestimmter Art Verwendung finden. Hinweise hierauf finden sich in den nächsten Abschnitten. —

Mit Hilfe von Spiegelgalvanometern gelingt es schon seit langem, Ströme in der Größenordnung eines billionstel Ampere (10^{-12} Amp.) nachzuweisen *). Durch experimentell allerdings nicht einfache Verstärkeranordnungen und mit den Elektrometermethoden kommt man sogar noch einige Größenordnungen weiter. Sind also bezüglich der reinen Strommessung wohl weitgehende Ansprüche befriedigt, so muß bei Nachweis von sehr kleiner Gleichspannung manche Forderung der praktischen Meßtechnik unerfüllt bleiben. In dieser Richtung suchen die neuesten Galvanometerkonstruktionen Verbesserungen zu bringen. — Völlig unbefriedigend sind noch die Empfindlichkeiten der Galvanometersysteme, wenn zugleich sehr kleine Einstellzeiten gefordert werden.

A. Drehspulgalvanometer.

Fundamentalbeziehungen.

Meßprinzip. — Fundamentalbeziehung zwischen Empfindlichkeit, dynamischer Galvanometerkonstanten und Richtkraft. — Elektromagnetische Dämpfung.

Nach dem elektrodynamischen Prinzip wird bei bestimmter Anordnung eines stromdurchflossenen Leiters in einem Magnetfelde eine Bewegung ausgelöst. In Ausnutzung dieses Prinzips haben die Drehspulgalvanometer besonders große praktische Bedeutung erlangt; bei diesen ist der stromdurchflossene Leiter in Form einer Spule in einem feststehenden Magneten beweglich angeordnet. Danach muß der schematische Aufbau eines Drehspulgalvanometers der Abb. 1 entsprechen. In dem homogenen Felde eines Magneten *NS* hängt eine Spule *L* so, daß die Fläche der Spule in Richtung der Kraftlinien fällt.

---

*) Wie weit die atomistische Struktur der Elektrizität weiterer Empfindlichkeitssteigerung eine Grenze setzt, steht heute im Mittelpunkt mehrerer Untersuchungen (s. a. S. 63).

Die Spule hängt an einem Bändchen, das gleichzeitig als eine Stromzuführung dient, die zweite Stromzuführung geschieht durch eine Feder *f*. Die Systemachse trägt einen Spiegel *Sp*. Ein Versuch überzeugt, daß die Dimensionen der einzelnen Teile und die Größe der Feldstärke maßgebend sind für die Empfindlichkeit des Galvanometers. Weiter ist von Einfluß die Zahl der Windungen, der Ohmsche Widerstand der Spule, die Eigenschaften der Feder, sowie des Bändchens. Hinzu kommt eine Reihe mechanischer und elektrischer Eigenschaften der verwendeten Materialien, so daß eine große Anzahl von Daten in einem Galvanometer festgelegt sind.

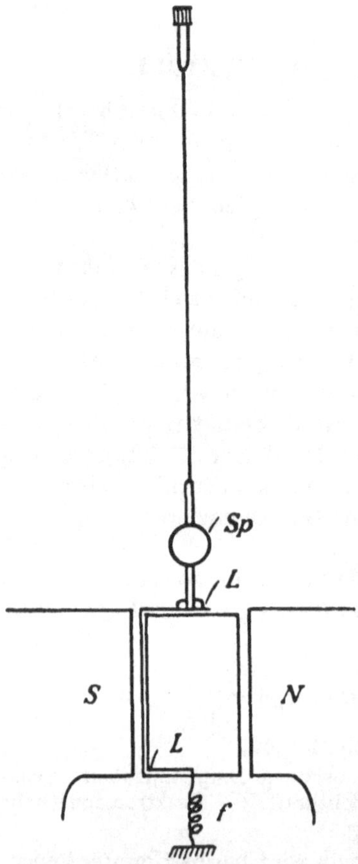

Abb. 1. Schematischer Aufbau eines Drehspulgalvanometers.

Zwei Fundamentalgesetze der Elektrizitätslehre erläutern die Wirkungsweise des Drehspulgalvanometers und geben gleichzeitig einfache, wichtige Beziehungen zwischen den Galvanometerkonstanten. Das erste Gesetz ist das Biot-Savartsche Gesetz; hierdurch werden die Wechselbeziehungen zwischen der stromdurchflossenen Drehspule und dem Magneten geregelt. Das zweite Gesetz ist das Induktionsgesetz, das wir zur Erklärung der elektromagnetischen Dämpfung benötigen; hiervon wird später die Rede sein.

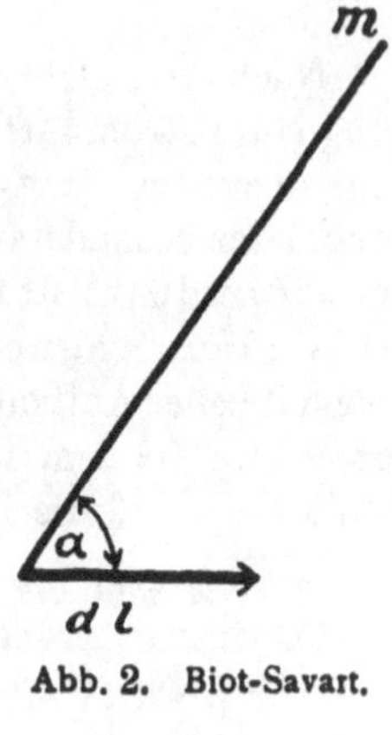

Abb. 2. Biot-Savart.

Das Biot-Savartsche Gesetz lautet: Ein Leiterelement *dl* (siehe Abb. 2) werde von einem konstanten Strom *J* durchflossen. Es sei weiter *m* die Stärke eines magnetischen Poles, dessen Entfernung von dem Element *r cm* beträgt. Ist schließlich *α* der Winkel, den das Leiterelement mit der Verbindungslinie zwischen Magnetpol und dem Leiterelement bildet, dann beträgt nach Biot-Savart die Größe der Kraft:

$$(1) \qquad K = \frac{m}{r^2} \cdot J\,dl \cdot \sin\alpha .$$

Die Richtung der Kraft steht senkrecht auf der durch r und l gebildeten Ebene. Nun ist $\frac{m}{r^2}$ nichts anderes als die Stärke der magnetischen Kraft, die von dem Magnetpole m an der Stelle des Elementes ausgeübt wird. Bezeichnen wir diese Feldstärke mit H, dann wird

$$(1\,a) \qquad K = H \cdot Jdl \cdot \sin\alpha .$$

Es wirkt also auf einen stromdurchflossenen Leiter in einem magnetischen Felde eine Kraft, deren Größe bestimmt ist durch die magnetische Feldstärke, durch die Stromstärke, durch die Länge und durch die Lage des Leiters.

Wir gehen nun von dem Leiterelement zu einer rechteckigen Drahtwindung mit der Breite b und der Länge l *cm* über. Bei der senkrechten Lage der Spule und horizontalem Verlauf der Kraftlinien, wie in Abb. 1 angenommen, wird die Kraft, die auf eine Drahtwindung wirkt, nach dem Biot-Savartschen Gesetz $K = 2H \cdot J \cdot l$, bezw. das Drehmoment $K \cdot \frac{b}{2} = H \cdot J \cdot l \cdot b$; denn der Winkel ist hier gleich $\frac{\pi}{2}$ und die Kräfte wirken auf die beiden Längsseiten der Drahtwindung in dem gleichen Sinne. Für N Windungen wird das Drehmoment

$$(2) \qquad D = H \cdot J \cdot N \cdot b \cdot l = J \cdot HF .$$

Das Produkt aus Windungszahl N mal Größe der Fläche $b \cdot l$ bezeichnet man als Spulenfläche F. Das vom Strome 1 C. G. S. ausgeübte Drehmoment $H \cdot F$ heißt die dynamische Galvanometerkonstante und soll, wie üblich, mit dem Buchstaben q bezeichnet werden.

Man kann das soeben gewonnene Ergebnis auch anders fassen: Schickt man durch eine Spule einen elektrischen Strom J, dann verhält sich diese wie ein Magnet, dessen magnetisches Moment M gleich ist dem Produkt aus Spulenfläche F und Stromstärke J. Die Umlaufsrichtung des Stromes bestimmt den Nord- und Südpol dieses „Magneten" und zwar so, daß ein Südpol entsteht, wenn beim Anblick auf die Spule der Strom im Sinne des Uhrzeigers fließt. Bringen wir eine solche stromdurchflossene Spule in ein homogenes Magnetfeld — die Spulenfläche in Richtung der Kraftlinien —, so sind die Versuchsbedingungen identisch mit einer in der Horizontalebene beweglichen Kompaßnadel, die sich im homogenen erdmagnetischen Felde in der Ostwestrichtung befindet und auf die infolgedessen die Horizontalintensität H wirkt (vgl. Abb. 3). Das Drehmoment, mit dem die Nadel aus der Ostwestrichtung herausgedreht wird, ist gleich

Kraft mal Kraftarm

$$\mu H \quad \times \quad l$$

wenn μ die Polstärke und l der Abstand der Pole ist. Da μl gleich dem magnetischen Moment M der Kompaßnadel ist, ist das Drehmoment gleich MH. Die gleichen Zeichen sinngemäß auf unsere Spule in dem homogenen Magnetfelde übertragen, schließen wir, daß die stromdurchflossene Spule aus unserer angenommenen Anfangslage herausgedreht wird durch das elektrische Drehmoment

(2 a) $\quad D = MH = J \cdot FH$ (wie oben Ausdruck (2)).

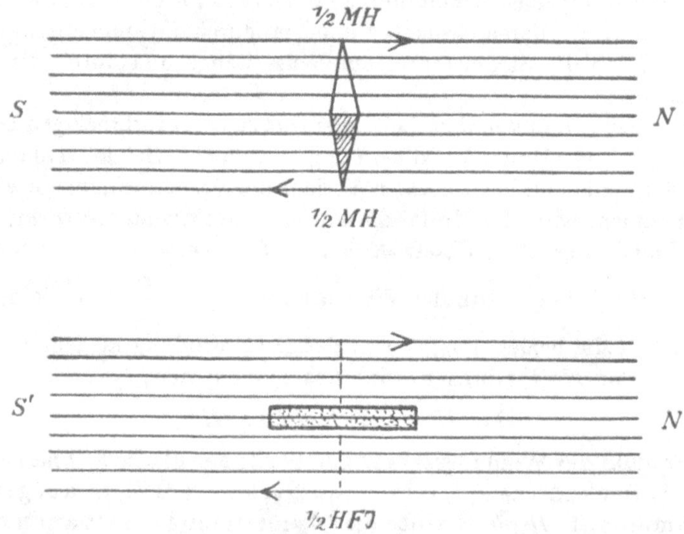

Abb. 3. Magnetnadel und Spule in einem homogenen Magnetfelde.

Der Ausdruck (2) gilt streng genommen nur für die Anfangslage; denn sobald die Spule einen Winkel mit den Kraftlinien bildet, nimmt das Drehmoment mit dem cosinus des Winkels ab. — Die Gleichung (2) gilt jedoch auch für größere Ablenkungen der Drehspule, sobald das Magnetfeld radial ist *). Dann ist die Stellung der Drehspule zu den magnetischen Kraftlinien stets die gleiche.

Wäre die Spule frei beweglich (auch ohne Reibung), so würde sie sich bei jedem noch so kleinem Strom um einen rechten Winkel drehen, sich also bei dem Feldverlauf der Abb. 3 quer zu den Kraftlinien stellen (bezw. in die Nord-Südrichtung zeigen). Bringt man jetzt eine mechanische Gegenkraft an, wie sie bei unserem Systemaufbau nach Bild I durch die infolge der Drehung der Spule entstehende Verdrillung (Torsionskraft) des Aufhängebandes und der unteren Zuteilungsfeder

*) Über Ausführung des radialen Magnetfeldes siehe S. 27 und Abb. 6.

gegeben ist, so wird die Spule sich nicht in die oben bezeichnete Endlage einstellen, sondern eine Zwischenlage einnehmen; sie wird sich um einen Winkel φ drehen, der bestimmt ist durch die Beziehung

$$(3) \qquad D \cdot \varphi = iFH \text{ woraus } \varphi = \frac{HF}{D} i = \frac{qi}{D}.$$

Wenn wir durch einen gegebenen Strom i eine sehr große Spulenablenkung φ erreichen wollen, und das heißt doch nichts anderes, als das Galvanometer sehr empfindlich machen — so wird man HF sehr groß und die Direktionskraft D sehr klein machen müssen. Diese Fundamentalbeziehung (3) wäre soweit sehr einfach und es stünde nichts im Wege, Galvanometer beliebiger Empfindlichkeit zu konstruieren. So könnte man die schwer zu ändernden Größen D und F in einem System festlegen und die Feldstärke H durch Verwendung eines Elektromagneten variieren. Bei zunehmender Feldstärke würde die Empfindlichkeit gleichfalls zunehmen, und zwar in gleichem Maße. Leider ist dieser Weg nur in sehr engen Grenzen gangbar. Einmal treten bei Verwendung sehr starker, veränderlicher magnetischer Felder konstruktive Schwierigkeiten auf. Wichtiger aber ist folgende Erscheinung: bei starken magnetischen Feldern geht die stromdurchflossene Drehspule nur sehr langsam in die neue Ruhelage. Bei weiterer Erhöhung der magnetischen Feldstärke wird diese Ausschlagszeit praktisch so groß, daß sie nicht mehr abgewartet werden kann. Diese wichtige Erscheinung ist auf die elektromagnetische Dämpfung zurückzuführen.

Die elektromagnetische Dämpfung. Außer der Kraftwirkung durch den elektrischen Strom und außer der mechanischen Richtkraft treten während der Bewegung der Drehspule noch weitere Kräfte — die Dämpfungskräfte — auf. Diese beeinflussen zwar nicht die oben definierte Empfindlichkeit, aber die Bewegungsform und den zeitlichen Verlauf des Ausschlages. Die Dämpfung äußert sich als Gegenkraft und wird auf folgende drei Ursachen zurückgeführt: auf den Luftwiderstand, auf die elektrischen Wirbelströme und auf die elektromagnetische Dämpfung. Es ist nun wesentlich, daß beim Drehspulgalvanometer im allgemeinen die elektromagnetische Dämpfung stark überwiegt. Die Größe der elektromagnetischen Dämpfung steht aber in einfachem Verhältnis zu wichtigen Galvanometerkonstanten; daher liegen beim Drehspulgalvanometer besonders interessante Gesetzmäßigkeiten vor. Für die anderen Dämpfungsursachen lassen sich keine zahlenmäßigen Beziehungen zu den Galvanometerdimensionen festlegen.

Zu der Erklärung der elektromagnetischen Dämpfung brauchen wir, wie bereits erwähnt, ein zweites Fundamentalgesetz aus der Elektrizitätslehre: Das Induktionsgesetz, welches aussagt, daß durch die Bewegung der Spule in ihr eine Spannung induziert wird. Sind die Enden der Drehspule zu einem Stromkreis (kurz oder über einen Widerstand) geschlossen, dann ruft die induzierte Spannung einen Strom hervor. Die Richtung dieses Stromes ist nach der Lenz'schen Regel stets so, daß durch ihn die Bewegung gehemmt wird, sie ist also dem ursprünglichen, die Bewegung erzeugenden Strom entgegengesetzt. Auch die Größe dieses Stromes wird durch das Induktionsgesetz bestimmt: die induzierte *E. M. K.* ist proportional der in der Zeiteinheit geschnittenen Kraftlinien. Bewegt sich die Spule mit N Windungen bei einer Länge von l cm in dem Felde H mit der Geschwindigkeit v, so werden in einer Sekunde $2\,l \cdot N \cdot H \cdot v$ Kraftlinien geschnitten, denn beide Längsseiten der Spulen sind in dem gleichen Sinne wirksam. Drücken wir v noch durch die Winkelgeschwindigkeit aus, so wird, da der Abstand von der Drehachse $\frac{1}{2}\,b$ ist $v = \frac{b}{2}\frac{d\varphi}{dt}$, also die induzierte $E.M.K$

$$\text{gleich } 2\,l\,NH\,\frac{b}{2}\,\frac{d\varphi}{dt} = q \cdot \frac{d\varphi}{dt}.$$

Ist die Spule über einen Gesamtwiderstand R geschlossen, so ist der induzierte Strom

$$i = \frac{q}{R} \cdot \frac{d\varphi}{dt} \tag{4}$$

und das von diesem Strom erzeugte elektrische Moment gleich

$$iq = \frac{q^2}{R} \cdot \frac{d\varphi}{dt}.$$

Den Faktor $\frac{q^2}{R}$ wollen wir als die elektromagnetische Dämpfungskonstante p bezeichnen.

Es ist also

$$p = \frac{(HF)^2}{R} = \frac{q^2}{R}. \tag{4a}$$

Wir erkennen aus dieser zweiten fundamentalen Beziehung, daß die elektromagnetische Dämpfung mit dem Quadrate der magnetischen Feldstärke und der Spulenfläche wächst und linear mit dem Widerstand abnimmt. Wenn wir den Schließungswiderstand R stets sehr groß machen, dann wird p sehr klein werden und bei sogenanntem offenen Galvanometer ist die elektromagnetische Dämpfung gleich Null. Jede Dämpfung, die man bei einem solchen offenen Galvanometer feststellt, ist also auf die oben schon erwähnten anderen Dämpfungsursachen, Luftwiderstände und Wirbelströme zurückzuführen. Manche Galvanometer besitzen absichtlich eine zusätzliche elektromagnetische Dämpfung, die sogenannte Rahmendämpfung; hier ist das Rähmchen, auf dem die Windungen sitzen, vollständig oder über einen kleinen Widerstand geschlossen. Andere Galvanometer besitzen einige Kurzschlußwindungen zur Erhöhung der Dämpfung des offenen Galvanometers (vgl. a. S. 70).

Die Bewegung der Drehspule.

Schwingungszustände. — Periodischer und aperiodischer Ausschlag. — Aperiodischer Grenzzustand. — Schwingungsgleichung. — Eigenbewegung. — Dämpfungsgrad. — Einstellzeit.

Schwingungszustände. Der Ausdruck (4) für die elektromagnetische Dämpfung gestattet zwar, die Dämpfung zahlenmäßig zu erfassen, gibt aber noch kein Bild von der Bewegung der Spule. Durch Versuch würden wir feststellen, daß bei kleinen Werten von p beim Einschalten eines konstanten Stromes die Spule mehrmals um die neue Gleichgewichtslage pendeln würde, ehe sie diese endgültig einnimmt. Wir würden weiter finden, daß bei sehr großen p-Werten die Bewegungsform eine ganz andere wäre; die Spule geht jetzt ganz langsam in die neue Lage, man sagt: das Galvanometer kriecht; aber stets würden wir beobachten, daß die Dämpfung ohne Einfluß auf die Empfindlichkeit ist, denn der Endausschlag ist stets derselbe. Diese beiden Zustände, die man bei allen schwingenden Körpern beobachten kann, heißen periodisch und aperiodisch. In den Kurven der Abbildung 4 sind die beiden Bewegungsformen durch die beobachteten Ausschläge in Abhängigkeit von der Zeit wiedergegeben. Wenn wir von der periodischen Bewegung ausgehen und lassen die Dämpfung stärker und stärker werden, so muß einmal der Zustand eintreten, wo eben gerade keine Überschwingung mehr gemacht wird. Diesen für die Benutzung der Galvanometer besonders wichtigen Zustand nennt man den aperiodischen Grenzzustand. In diesem Falle nimmt der Ausdruck für die Dämpfung eine neue, von anderen Konstanten des Galvanometers in einfacher Weise abhängige Form an (s. a. S. 22).

Die Schwingungsgleichung. Um dieses Resultat rechnerisch herzuleiten, gehen wir von der Schwingungsgleichung für das Drehspulgalvanometer aus, deren Lösung uns dann ein vollständiges Bild über die Bewegungsformen und, was für uns hier wichtiger ist, neue Konstruktionsrichtlinien geben wird. Wir machen zunächst folgende einfache Annahme: die Spule sei durch einen elektrischen Stromstoß oder auch mechanisch aus ihrer Ruhelage herausgebracht und bleibe dann sich selbst überlassen. Das System sei über einen konstanten Widerstand geschlossen. Dann wirken auf das System folgende beiden Kräfte: erstens die Richtkraft, die proportional der Ablenkung φ die Spule in die Ruhelage treibt, und zweitens die Dämpfung, die, solange wir es nur mit elektromagnetischer Dämpfung zu tun haben, proportional der Geschwindigkeit wächst. Aber auch die anderen Reibungswiderstände und die kleine Wirbelstromdämpfung wollen wir proportional der Geschwindigkeit ansetzen; wir haben dann später bei der Diskussion darauf zu achten, ob diese Forderung auch immer erfüllt ist. Die gesamte Dämpfung wird dann

$$(5) \quad P \cdot \frac{d\varphi}{dt} = (p_{\text{Luft}} + p_{\text{Wirbelstrom}} + p_{\text{elektromagn.}}) \cdot \frac{d\varphi}{dt},$$

wenn wir die Dämpfungskonstante der Luft- und Wirbelstromdämpfung in analoger Weise definieren, wie wir es bei der elektromagnetischen Dämpfung getan haben.

Nach dem Newtonschen Bewegungsgesetze ist die Summe der auf einen Körper wirkenden Kräfte gleich dem Produkte aus der Masse und der Beschleunigung des Körpers. Dieses für die fortschreitende Bewegung geltende Gesetz kann auf die Rotationsbewegung eines starren Körpers ausgedehnt werden, wenn an Stelle der Masse das Trägheitsmoment K und sinngemäß die Winkelbeschleunigung $\frac{d^2\varphi}{dt^2}$ eingesetzt wird. Es ergibt sich dann für das Drehmoment

$$(6) \quad \underbrace{-P\frac{d\varphi}{dt} - D\varphi}_{\text{Drehmoment}} = \underbrace{K}_{\text{Trägheitsmoment}} \cdot \underbrace{\frac{d^2\varphi}{dt^2}}_{\text{Winkelbeschleunigung}}.$$

Gl. (6) schreiben wir übersichtlicher *)

$$(7) \quad K\ddot{\varphi} + P \cdot \dot{\varphi} + D \cdot \varphi = 0.$$

Aus dieser Gleichung *) läßt sich die Stellung des sich selbst überlassenen Systems in jedem Zeitpunkte ermitteln, sie stellt die sogenannte Eigenbewegung dar. Die Differentialgleichung (7) spielt bei mechanischen und elektrischen Schwingungen eine große Rolle, ihre Lösungen sind bekannt und des öfteren nach den verschiedensten Gesichtspunkten erörtert worden. Wir können uns daher im allgemeinen auf die Angabe einiger Literatur [1]), [2]), [3]), beschränken und gleich zu speziellen Fällen übergehen, die lediglich auf die Galvanometrie Bezug haben.

Bewegung der Drehspule bei Einschalten eines konstanten Stromes.

Für die Benutzung des Galvanometers ist weniger die Eigenbewegung von Interesse als der Verlauf des Ausschlages bei Einschalten eines Stromes. Man hat es dann mit dem Bewegungsverlauf unter

*) Die erste Ableitung nach der Zeit t wird durch ein Punktzeichen über dem Buchstaben angedeutet, die zweite Ableitung entsprechend durch zwei Punkte.

Einwirkung einer äußeren Kraft, einer erzwungenen Bewegung zu tun. Die dabei auftretenden sogenannten Einschaltvorgänge lassen sich allerdings ohne weiteres aus der Differentialgleichung (7) herleiten, wenn der Strom konstant ist; da dann das wirksame Drehmoment des Stromes gleich $i \cdot q$ ist, verläuft der Ausschlag nach folgender Gleichung:

$$K \cdot \ddot{\varphi} + P \cdot \dot{\varphi} + D \cdot \varphi = iq. \tag{8}$$

Die Lösungen dieser Differentialgleichung lauten *):

$$\varphi = \frac{i \cdot q}{D} \left\{ 1 + \frac{e^{-\frac{P}{2K} \cdot t} \left[\frac{P}{2K} + \sqrt{\frac{P^2}{4K^2} - \frac{D}{K}} \right]}{2 \cdot \sqrt{\frac{P^2}{4K^2} - \frac{D}{K}}} \left(e^{\sqrt{\frac{P^2}{4K^2} - \frac{D}{K}} \cdot t} - e^{-\sqrt{\frac{P^2}{4K^2} - \frac{D}{K}} \cdot t} \right) \right\} \tag{9}$$

Diese Lösungen enthalten den Einfluß von Trägheitsmoment, Richtkraft und Dämpfung in recht unübersichtlicher Form. Nun sind von diesen drei Bestimmungsstücken bei einem bestimmten Galvanometer die Größen K und D festgelegt und nur die Größe der Dämpfung P bei Instrumenten mit starker elektromagnetischer Dämpfung durch Änderung des Schließungswiderstandes regelbar. Durch diese Überlegung wird klar, daß man die Lösungen in eine Form bringen muß, die die Abhängigkeit von der Dämpfung viel schärfer erkennen läßt. Dieses Ziel kann man erreichen, indem man nach dem Vorgang von Jaeger [1]) und Zöllich [35]) e r s t e n s einen anderen Zeitmaßstab und w e i t e r den Begriff des Dämpfungsgrades einführt.

---

*) Ein partikuläres Integral ist $\varphi = \frac{i \cdot q}{D}$; hierzu kommt das allgemeine Integral der homogenen Differentialgl. $\ddot{\varphi} + \frac{P}{K} \cdot \dot{\varphi} + \frac{D}{K} \cdot \varphi = 0$. Die Anfangsbedingungen sind $\varphi_{t=0} = 0$; $\dot{\varphi}_{t=0} = 0$. Setzen wir die Lösung $\varphi = e^{xt}$ an, dann bestimmt sich x durch Einsetzen in obige homogene Diff.Gl. zu $x = -\frac{P}{2K} \pm \sqrt{\frac{P^2}{4K^2} - \frac{D}{K}}$. Hieraus folgt die allgemeine Lösung:

$$\varphi = \frac{i \cdot q}{D} + A \cdot e^{-\frac{Pt}{2K} + \sqrt{\frac{P^2}{4K^2} - \frac{D}{K}}\, t} + B \cdot e^{-\frac{Pt}{2K} - \sqrt{\frac{P^2}{4K^2} - \frac{D}{K}}\, t};$$

die Konstanten A und B bestimmen sich aus den Anfangsbedingungen $\varphi_{t=0} = 0$ und $\dot{\varphi}_{t=0} = 0$ zu

$$A = \frac{-iq}{D} \cdot \frac{\left(\frac{P}{2K} + \sqrt{\frac{P^2}{4K^2} - \frac{D}{K}}\right)}{2 \cdot \sqrt{\frac{P^2}{4K^2} - \frac{D}{K}}}; \quad B = \frac{iq}{D} \cdot \frac{\frac{P}{2K} - \sqrt{\frac{P^2}{4K^2} - \frac{D}{K}}}{2 \cdot \sqrt{\frac{P^2}{4K^2} - \frac{D}{K}}}.$$

Da diese Betrachtungsweise auch für andere Galvanometersysteme sich als sehr nützlich erweist, sei sie hier gleich angegeben:

1. Einführung eines anderen Zeitmaßstabes.

Wir setzen

$$\tau = \omega_0 t = \frac{2\pi}{T_0} \cdot t = \sqrt{\frac{D}{K}} \cdot t, \tag{10}$$

rechnen also nicht mehr in Sekunden, sondern in einer durch die Eigenschwingungsdauer des Systems bestimmten Zeiteinheit *).

Die Differentialgl. (8) geht dann **) in die einfachere Form mit nur einem Parameter über:

$$\ddot{\varphi} + \frac{P}{\omega_0 K} \cdot \dot{\varphi} + \varphi = i \cdot S_i, \quad \text{worin } S_i = \frac{q}{D}. \tag{11}$$

2. Einführung des Dämpfungsgrades.

Wir setzen

$$\frac{P}{\omega_0 K} = \frac{P}{\sqrt{KD}} = 2a.$$

Die Bedeutung des Parameters a werden wir später finden. Es gilt jetzt:

$$\ddot{\varphi} + 2a\dot{\varphi} + \varphi = iS_i \quad \text{(Einschaltvorgang bei konstantem Strom).} \tag{12}$$

$$\ddot{\varphi} + 2a\dot{\varphi} + \varphi = 0 \quad \text{(Eigenbewegung).} \tag{13}$$

Die Lösungen der Differentialgl. 12 lauten jetzt ***):

---

*) Für kleine Winkeldrehungen (bis 5° etwa) ist die Schwingungsdauer des Systems bei Fehlen jeder Dämpfung: $T_0 = 2\pi \cdot \sqrt{\frac{K}{D}}$ oder die Kreisfrequenz $\omega_0 = \frac{2\pi}{T_0} = \sqrt{\frac{D}{K}}$. Frequenz und Schw.-Dauer des ungedämpften Systems ist stets mit dem Index 0 versehen.

**) $\tau = \omega_0 t;\ \frac{d\varphi}{dt} = \frac{d\varphi}{d\tau} \cdot \frac{d\tau}{dt};\ \dot{\varphi} = \dot{\varphi}\omega_0;$

$$\ddot{\varphi} = \frac{d\dot{\varphi}}{dt} = \frac{d\left(\frac{d\varphi}{d\tau} \cdot \frac{d\tau}{dt}\right)}{d\tau} \cdot \frac{d\tau}{dt} = \ddot{\varphi}\omega_0^2.$$

***) Gegenüber Gl. (9) S. 13 ist jetzt $x = -a \pm \sqrt{a^2 - 1} = -a \pm \beta$ woraus die allgemeine Lösung $\varphi = i \cdot S_i + A \cdot e^{(-a+\beta)\cdot\tau} + B\, e^{(-a-\beta)\tau}$. Aus den gleichen Anfangsbedingungen wie früher folgt für

$$A = -\frac{a+\beta}{2\beta} \cdot i \cdot S_i; \quad B = \frac{a-\beta}{2\beta} \cdot i S_i.$$

(14) $\varphi = i \cdot S_i \left\{1 - \frac{1}{\varepsilon} \cdot e^{-at} \cdot \sinh(\varepsilon\tau + \gamma)\right\}$ für $a > 1$;

$\varepsilon = \sqrt{a^2 - 1}$ $\gamma = \operatorname{arctg} \varepsilon/a$.

(15) $\varphi = i \cdot S_i \left\{1 - \frac{1}{\beta} \cdot e^{-a\tau} \cdot \sin(\beta\tau + \gamma)\right\}$ für $a < 1$; $\beta = \sqrt{1 - a^2}$.

(16) $\varphi = i \cdot S_i \left\{1 - e^{-\tau} \cdot (1 + \tau)\right\}$ für $a = 1$.

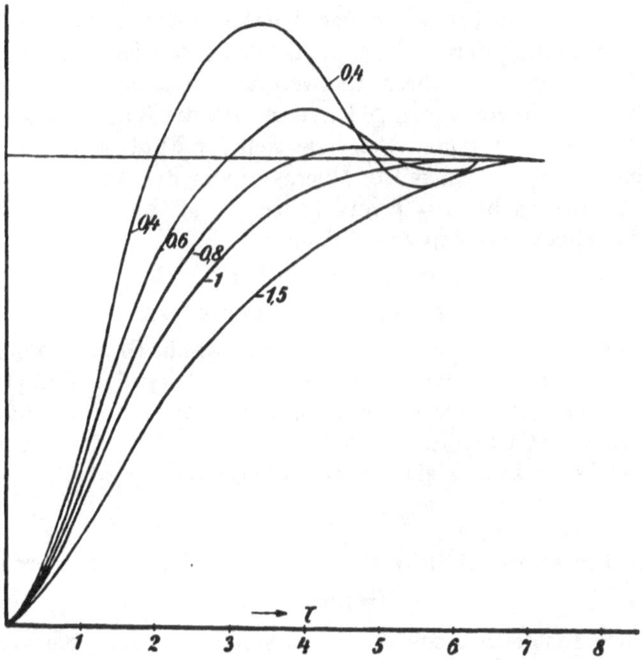

Einschaltungsvorgang bei Dämpfungsgraden $\alpha = 0{,}4$ $\alpha = 0{,}6$ $\alpha = 0{,}8$ $\alpha = 1$ $\alpha = 1{,}5$

Abb. 4. Verlauf des Ausschlages bei Einschalten eines konstanten Stromes unter verschiedenen Dämpfungsgraden.

Nun ist
$(\beta + a) \cdot e^{\beta\tau} - (\beta - a) \cdot e^{-\beta\tau} = 2\beta \cdot \cosh \beta\tau + 2a \cdot \sinh \beta\tau = 2 \cdot \sin(\beta\tau + \varphi)$ wenn man $\sinh\gamma = \beta$ und $\cosh\gamma = a$ setzt. Die allgemeine Lösung schreibt sich jetzt übersichtlich $\varphi = i \cdot S_i \left\{1 - \frac{1}{\beta} \cdot e^{-a\tau} \sinh(\beta\tau + \gamma)\right\}$.

Ganz ähnlich lauten die Lösungen für die Eigenbewegung Gl. (13): Entsprechend den Anfangsbedingungen $\varphi_{t=0} = \varphi_0$; $\varphi_{t=0} = 0$.

(17) $\varphi = \frac{\varphi_0}{\varepsilon} \cdot e^{-a\tau} \cdot \sinh(\varepsilon\tau + \gamma)$ $\gamma = \operatorname{arctg}\frac{\varepsilon}{a}$

(18) $\varphi = \frac{\varphi_0}{\beta} \cdot e^{-a\tau} \cdot \sin(\beta\tau + \gamma)$ $\gamma = \operatorname{arctg}\frac{\beta}{a}$

(19) $\varphi = \varphi_0 \cdot e^{-\tau} \cdot (1 + \tau)$.

Folgerungen: Nach unendlich großer Zeit wird für alle Lösungen der Wert des zweiten Gliedes vernachlässigbar klein und es gilt die uns bekannte Empfindlichkeitsbeziehung

$$\varphi = i \cdot S_i = i \cdot \frac{q}{D}.$$

Der Ausschlag ist also unabhängig von a. Die Art jedoch, wie der Ausschlag φ diesem Endwerte zustrebt, ist verschieden und nur abhängig von der Größe a. Der Charakter des Bewegungsverlaufes ist der Abb. 4 zu entnehmen, wo einige Kurven für verschiedene a-Werte gezeichnet sind. Hieraus folgt unmittelbar, daß bei kleinen a-Werten ($a < 1$) die Spule um ihren Endwert mit abnehmenden Amplituden pendelt. Für Werte von $a \geqq 1$ nähert sich die Spule der neuen Lage asymptotisch, und zwar nähert sie sich der Endlage um so rascher, je kleiner a ist, der schnellste Übergang von der Ausgangslage in die Endlage scheint bei $a = 1$ vorzugehen. Wie ohne weiteres verständlich, bezeichnet man den Zustand als

periodisch für a-Werte < 1,
aperiodisch für a-Werte > 1

Der Übergangszustand $a = 1$ ist der aperiodische Grenzzustand. Hiermit haben wir auch die Erklärung für a: Diejenige Dämpfung, die zur Herstellung des aperiodischen Grenzzustandes erforderlich ist, ist als Einheit der Dämpfung gewählt worden. $a >$ oder < 1 bedeutet einen stärkeren bzw. kleineren Dämpfungsgrad.

Einstellzeit in Abhängigkeit von Dämpfungsgrad und Genauigkeit.

Unter Einstellzeit soll die Zeit t verstanden sein, die verstreicht, bis die Drehspule ihre Endlage eingenommen hat, vom Augenblick der Einschaltung an gerechnet. Hier wird aber bei allen Lösungen

$$\varphi = i \cdot S_i \text{ erst für } \tau = \infty, \text{ d. h. auch } t = \infty.$$

Die Beobachtung dagegen lehrt, daß schon in viel kürzerer Zeit, in der Größenordnung der Eigenschwingungsdauer T_0 der endgültige Ausschlag φ erreicht wird. Wie erklärt sich diese Diskrepanz zwischen Theorie und Beobachtung? Die Antwort gibt uns die Prüfung einer unserer Voraussetzungen. Wir haben die Reibung als konstant und proportional der Geschwindigkeit angenommen. In Wirklichkeit ist diese Reibungskonstante keine Konstante, sondern eine komplizierte, noch nicht vollständig erforschte Funktion der Geschwindigkeit und hat etwa den in Abbildung 5 skizzierten Verlauf. Unterhalb einer kritischen Geschwindigkeit nimmt die Zahl für p_{Luft} rasch zu, so daß mit kleiner und kleiner werdender Geschwindigkeit die Reibungskraft K nicht, wie angenommen, proportional abnimmt. Bei kleinen Abweichungen von der neuen Ruhelage, d. h. für sehr große Werte von τ, ist aber gerade die Geschwindigkeit sehr klein, wie unmittelbar aus der Differentiation der Lösung folgt (s. a. S. 20). Das hat zur Folge, daß nicht erst nach unendlich langer Zeit, sondern rascher die Drehspule den Endausschlag annimmt beziehungsweise in ihre Ausgangslage zurückkehrt, als aus den Lösungen hergeleitet wird. Solange die wahre Abhängigkeit von der Geschwindigkeit nicht bekannt ist, hat eine mathematische Behandlung nicht viel Sinn. Aus diesen Überlegungen folgt, daß der wahre Bewegungsverlauf durch die Lösungen (14), (15), (16) nicht streng wiedergegeben wird.

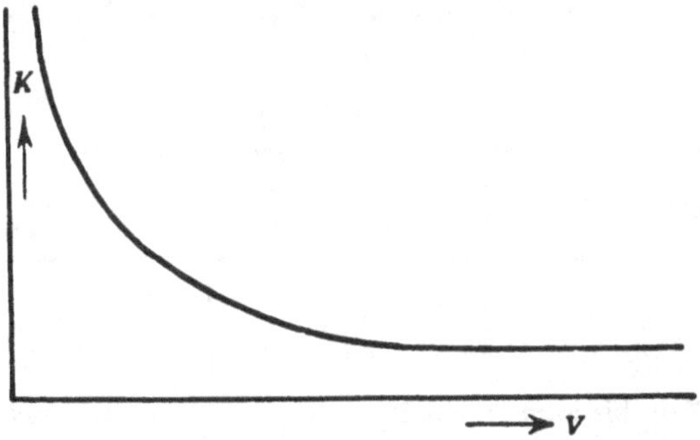

Abb. 5. Reibungskonstante K in Abhängigkeit V von der Geschwindigkeit.

Diese Diskrepanz zwischen Theorie und Beobachtung schmälert aber die Bedeutung der Lösungen nicht, denn es ist folgendes zu bemerken:

Die letzten Teile des Ausschlages, wo die Geschwindigkeiten der Drehspule sehr klein sind, entgehen auch der Beobachtung. Wir sind gar nicht in der Lage, mit großer Genauigkeit die Zeit festzustellen, die die Drehspule zur Erreichung ihrer neuen Gleichgewichtslage nötig hat. Je nach dem Genauigkeitsgrad, mit dem wir die Beobachtungen ausführen, werden wir Abweichungen von 0,1%, 1%, 10% des Sollwertes nicht mehr feststellen können. Oder: unter Einstellzeit müssen wir die Zeit verstehen, die verstreicht, bis die Drehspule die jeweils durch den Genauigkeitsgrad bestimmte Zone erreicht hat. In der Praxis erreicht man Genauigkeiten *) von etwa 0,3%, während 0,1% nur unter günstigen Verhältnissen erreichbar ist. Ermittelt man die so definierten Zeiten, die zur Erreichung

*) Unter Genauigkeit ist hier die erlaubte Abweichung vom Sollwert in Prozenten verstanden; bei technischen Meßgeräten dagegen gibt man nicht die Genauigkeit in Abweichungen vom Höchstwert (Vollausschlag) an.

des Endausschlages erforderlich sind, so findet man eine Abhängigkeit vom Dämpfungsgrad, wie sie von der Beobachtung gefordert wird. Dabei ergibt sich das wichtige Resultat, daß der günstigste Dämpfungsgrad — das ist der, der kleinster Einstellzeit entspricht — für jeden Genauigkeitsgrad verschieden ist, und zwar so, daß bei kleineren Genauigkeiten auch ein geringerer Dämpfungsgrad das Optimum darstellt. Weiter folgt hieraus, daß Angaben über Einstellzeiten nur dann eindeutig sind, wenn gleichzeitig die Genauigkeit angegeben ist. Die Kurven (Abb. 4) lassen auf den ersten Blick erkennen, daß die günstigste Einstellzeit in der Nähe des aperiodischen Grenzzustandes (nach der periodischen Seite zu) erreicht wird, und daß die Dämpfung um so schwächer eingestellt werden muß, je kleiner der Genauigkeitsgrad ist. Aus der Größe der ersten Überschwingung kann man die folgende Tabelle berechnen *):

Tabelle 1.

Genauigkeit	Günstigster Dämpfungsgrad	Einstellzeit in τ Einheiten
10 %	0,59	2,8
1 %	0,83	4,5
0,1 %	0,91	6,5

*) Die Zeit bis zum ersten Maximum errechnen wir aus der Geschwindigkeitskurve; denn zu diesem Zeitpunkt muß die Geschwindigkeit Null sein. Durch Differentiation von Gl. (15) S. 15 erhalten wir den Geschwindigkeitsverlauf $\varphi' = \frac{i \cdot S_i}{s} \cdot e^{-a\tau} \sin \beta\tau$, wo berücksichtigt ist, daß $\cos \gamma = a$ ist. Die Geschwindigkeit φ' gleich Null fordert $\sin \beta\tau = 0$. Das ist erfüllt, wenn $\tau = 0$ oder $\tau = \frac{n\pi}{\beta}$, wo n ganzzahlig ist ($\tau = 0$ ist ohne Interesse für uns).

Das erste Maximum für $n = 1$ fordert $\tau = \frac{\pi}{\beta} = \frac{\pi}{\sqrt{1-a^2}}$. Durch Einsetzen dieses τ-Wertes in Gl. (15) S 15 lassen sich die Dämpfungsgrade errechnen, bei dem das erste Maximum (erste Überschwingung) gleich einem bestimmten Prozentsatz des Ausschlages ist. Für 1 % ergibt sich beispielsweise:

$$1{,}01 = 1 - \frac{1}{\varepsilon} \cdot e^{-\frac{a\pi}{\varepsilon}} \cdot \sin(\pi + \gamma) = 1 + e^{-\frac{a\pi}{\varepsilon}},$$

hieraus folgt unmittelbar

$$\ln 0{,}01 = -\frac{a\pi}{\varepsilon}; \quad 4{,}64 = \frac{a}{\sqrt{1-a^2}} \cdot \pi \text{ und } a = \frac{4{,}64}{\sqrt{\pi^2 + 4{,}64}}.$$

Die Einstellzeit ist ungefähr gleich der Zeit, die verstreicht, bis der Lichtzeiger zum ersten Male durch den Sollausschlag geht. Nach (15) muß dann $\varepsilon\tau + \gamma = \pi$ sein oder $\tau = \frac{\pi - \gamma}{\sqrt{1-a^2}}$. Die so definierten Einstellzeiten sind für die angegebenen Dämpfungsgrade in Tabelle 1 eingetragen.

Hieraus folgt z. B., daß bei einer Genauigkeit von 1% der Dämpfungsgrad $\alpha = 0{,}83$ eingestellt werden soll. Wie man auch aus Tab. 2 entnehmen kann, ist dann das Verhältnis zweier gleichsinniger Amplituden gleich 10 000, oder das Verhältnis zweier aufeinander folgenden gleich 100. Bei einem Ausschlag von 100 Skalenteilen soll das Galvanometer gerade 1 Skalenteil nach der anderen Seite hinausschwingen. Die Zusammenstellung zeigt weiter, wie stark die Einstellzeit mit zunehmendem Dämpfungsgrade wächst.

Tabelle 2.

$\varkappa$	λ	T/T_0	Dämpfungsgrad α
1,26	0,230	1,0007	0,03661
1,59	0,461	1,0027	0,0731
2,5	0,921	1,0107	0,1451
3,97	1,382	1,0239	0,2147
6,3	1,842	1,0421	0,2813
10	2,303	1,0650	0,344
25	3,224	1,1239	0,4565
63	4,145	1,1980	0,5506
100	4,605	1,2396	0,5915
10000	9,210	1,7745	0,83
10^{20}	46,05	7,3972	0,99

Es bedeutet:

$\varkappa$ = Verhältnis zweier gleichsinniger Amplituden.

λ = lognat k = ln k.

$\frac{T}{T_0}$ = Verhältnis der Schwingungsdauer des gedämpften Systems zu der des ungedämpften Systems.

α = Dämpfungsgrad (Erklärung siehe S. 16).

Von Interesse sind noch die Einstellzeiten bei konstanten Dämpfungsgraden. Wir greifen nur den einen Fall heraus, wo $\alpha = 1$ ist. In diesem aperiodischen Grenzzustand wird der Ausschlag nach

$$\tau = 4{,}1, \text{ d. h. } t = 0{,}65\ T_0 \text{ bis auf } 10\%,$$
$$\tau = 6{,}8, \text{ d. h. } t = T_0 \text{ bis auf } 1\%,$$
$$\tau = 9{,}4, \text{ d. h. } t = 1{,}5\ T_0 \text{ bis auf } 0{,}1\%$$

seines Endwertes erreicht.

Wir haben gesehen, daß unter all den möglichen Schwingungszuständen das Gebiet um $\alpha = 1$, also nahe dem aperiodischen Grenzzustand, eine Sonderstellung einnimmt. Weder unter schwächeren noch stärkeren Dämpfungsgraden kann praktisch das Galvanometer benutzt werden *).

*) In diesem Zusammenhang ist eine Überlegung von P. White [12]) von Interesse. Zeichnen wir den Geschwindigkeitslauf während der Ausschlagsbewe-

Die Schwingungsdauer des gedämpften Systems.

Aus dem Lösungssystem (14) lassen sich noch leicht weitere Beziehungen ableiten. Wir wollen jedoch hier nur auf die Schwingungsdauer des gedämpften Systems zu sprechen kommen. Von einer Schwingungsdauer kann man nur bei der periodischen Bewegung sprechen. Definiert man die Schwingungsdauer T als die Zeit zwischen zwei gleichsinnigen Durchgängen durch die Ruhelage (volle Periode), so folgt unmittelbar aus (15) bzw. aus $\frac{d\varphi}{dt} = 0$

$$T = \frac{2\pi}{\sqrt{1-a^2}}. \tag{20}$$

Hieraus folgt: Mit zunehmendem Dämpfungsgrad a wird die Schwingungsdauer größer und größer und für $a = 1$ schließlich unendlich.

Direkt beobachtbar ist das Verhältnis zweier gleichsinniger Amplituden *) $\frac{\varphi_n}{\varphi_{n+2}}$, das man als Schwingungsverhältnis k bezeichnet. Aus der Lösung folgt $\frac{\varphi_n}{\varphi_{n+2}} = e^{{}^1\!/_2 P/K t}$ bzw. auch $e^{2\pi \frac{a}{2}}$ oder bei Einführung des logarithmischen Dekrements $\lambda = \ln k$ ist schließlich

$$\frac{P}{2K} = \frac{\lambda}{T} = \frac{2\pi a}{T_0} \tag{21}$$

und die gedämpfte Schwingungsdauer wird

$$T = T_0 \cdot \sqrt{1 + \left(\frac{\lambda}{2\pi}\right)^2}. \tag{22}$$

---

gung auf, dann gibt uns die Ordinate der so erhaltenen Kurve ein Maß für die in jedem Augenblick erzeugte gegenelektromotorische Kraft. Die konstante Ordinate a stelle den Wert der aufgedrückten EMK dar. Der tatsächlich in der Drehspule fließende Strom ist dann jeweils der Differenz der beiden Stücke $K - L$ $L - M$ proportional. Das Produkt aus den beiden Größen $(K - L)$ $(L - M)$ ist ein Maß für die an der Drehspule geleistete Arbeit. Führt man diese Überlegung für Kurven verschiedener Dämpfungsgrade aus, dann stellt man fest, daß die bei der gerade aperiodischen Kurve $a = 1$ an der Drehspule geleistete Arbeit ein Maximum ist.

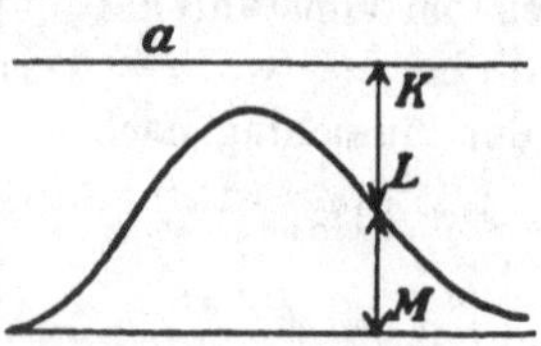

Abb. 5a.

*) n bedeutet die Anzahl der Amplituden. Sehr oft nimmt man auch das Verhältnis zweier direkt aufeinander folgender Amplituden $\frac{\varphi_n}{\varphi_{n+1}}$. Das Dämpfungsverhältnis wird dann $k' = \sqrt{k}$ und an Stelle von λ tritt in den Formeln überall $\frac{\lambda}{2}$.

Einige Zahlenwerte für die Schwingungsdauer T und die Dämpfungsgrade α sind für verschiedene Amplitudenverhältnisse k in Tabelle 2 enthalten.

Zur Beantwortung der wichtigsten Fragen, die bezüglich der Bewegung der Drehspule auftreten, mögen diese Überlegungen genügen. — Die bisher wiedergegebenen Gleichungen und Gesetzmäßigkeiten sind aus der Betrachtung über das Drehspulgalvanometer entwickelt. Ihre Bedeutung aber geht über das spezielle Anwendungsgebiet hinaus. Die Überlegungen enthalten den Kern für die verschiedensten Galvanometerprobleme und sind auch auf ganz andere Galvanometertypen anwendbar. Wir werden daher diese Überlegungen in den späteren Abschnitten prinzipiell nur unwesentlich zu erweitern haben. Dadurch ist die etwas ausführliche Behandlung der Schwingungsgleichung gerechtfertigt.

Zum Schlusse dieses Abschnittes geben wir hier die aus den Fundamentalgesetzen und der Schwingungsgleichung bisher gewonnenen, bzw. ohne weiteres folgenden Regeln und Leitsätze.

1. Der Strom i CGS bewirkt eine Ablenkung

$$\varphi = \frac{q \cdot i}{D};$$

Die Stromempfindlichkeit ist unabhängig von der Dämpfung.

2. Die dynamische Galvanometerkonstante q bezeichnet das vom Strom 1 CGS in der Drehspule hervorgerufene Drehmoment.

3. Die Gesamtdämpfung ist

$$P = (p_{\text{Luft}} + p_{\text{Wirbelstrom}} + p_{\text{elektromagn.}}).$$

p heißt die Dämpfungskonstante; beim Drehspulgalvanometer überwiegt stark die elektromagnetische Dämpfung.

Es ist

$$p_{\text{elektromagn.}} = \frac{q^2}{R}.$$

Ohne Änderung der Empfindlichkeit kann (wegen 1.) die Dämpfung nur durch Vergrößern und Verkleinern des Kreiswiderstandes R geändert werden.

4. Die elektromagnetische Dämpfung ist unabhängig von der Stärke des Spulenstromes; die induzierte gegenelektromotorische Kraft ist von um so stärkerem Einfluß, je kleiner die aufgedrückte EMK ist.

5. Die Einstellung der Drehspule erfolgt periodisch, wenn

$$\alpha < 1 \text{ oder } \frac{p}{2K} < \omega_0 \text{ bzw. } p < 2\sqrt{KD}$$

und aperiodisch, wenn

$$a > 1 \text{ oder } \frac{p}{2K} > \omega_0 \text{ bzw. } p > 2\sqrt{KD}.$$

Im aperiodischen Grenzzustand ist

$$a = 1 \text{ oder } p = 2\,K\omega_0 = 2\sqrt{KD}$$

bei Vernachlässigung der Luft- und Wirbelstromdämpfung gilt dann

$$2R \cdot \sqrt{KD} = q^2.$$

Je kleiner die Direktionskraft und das Trägheitsmoment sind, um so größer ist bei gleichem q der zur Erzielung des aperiodischen Grenzzustandes erforderliche Kreiswiderstand R.

6. Durch Dämpfungsgrad a und Eigenfrequenz des ungedämpften Systems ω_0 ist die Bewegung der Drehspule eindeutig bestimmt. Die Ermittlung von a und ω_0 ist bei periodisch schwingenden Systemen in einfacher Weise möglich.

7. Für die Schwingungsdauer gelten folgende Beziehungen: Schwingungsdauer (volle Periode) des ungedämpft schwingenden Systems

$$T_0 = 2\pi \cdot \sqrt{\frac{K}{D}}.$$

Schwingungsdauer des Systems bei Dämpfung p, bzw. Dämpfungsgrad a

$$T = T_0 \cdot \sqrt{1 + \left(\frac{\lambda}{2\pi}\right)^2}\quad \tau = \frac{2\pi}{\sqrt{1 - a^2}}.$$

8. Die Ausschlagszeit und die Schwingungsdauer sind in gewissen Grenzen unabhängig von der Größe des Ausschlages.

9. Die Einstellzeit ist von Dämpfungsgrad, Schwingungsdauer und Genauigkeit abhängig.

Diese Richtlinien sind unter folgenden Voraussetzungen hergeleitet worden:

1. Die Lage der Drehspule ist durch Angabe des Winkels φ eindeutig bestimmt. (System mit einem Freiheitsgrad.)

2. Die auftretenden Richtkräfte wachsen proportional dem Ablenkungswinkel φ.

3. Die Dämpfung wächst proportional der Geschwindigkeit.

4. Das Magnetfeld ist in dem Bereich, das von der Drehspule durchschnitten wird, radial und überall gleich stark.

5. Das System unterliegt nur einer äußeren Kraft, die durch einen konstanten Meßstrom bestimmt ist.

Richtlinien für die Konstruktion eines Drehspulgalvanometers mit bestimmten Eigenschaften.

Die bisher gegebenen theoretischen Richtlinien lassen dem Galvanometerkonstrukteur noch weiten Spielraum. Sagen sie doch nichts aus über die günstigsten Zahlenwerte, die man den einzelnen Konstruktionselementen eines Drehspulgalvanometers geben muß, um zu einem für eine bestimmte Aufgabe geeigneten Instrument zu kommen. Die Erfahrung lehrte nun, daß man für die verschiedenen Zwecke verschiedene Systeme konstruieren mußte; in langwieriger Entwicklung fand man im Laufe der Zeit die günstigsten Zahlenwerte. Dabei mußte man zumeist einer theoretischen Führung entbehren, da viele Gesichtspunkte gegeneinander abgewogen werden mußten. Sehr oft waren es auch Materialeigenschaften, die engere Ziele setzten.

In den folgenden Ausführungen werden wir einmal die gebräuchlichsten Konstruktionsdaten, sowie die zu äußersten Empfindlichkeiten erforderlichen optimalen Daten besprechen. Eine nähere Kenntnis der Zahlenwerte ist zum Verständnis der mannigfaltigen Eigenschaften eines Drehspulgalvanometers unbedingt erforderlich; sie gibt uns zugleich Einblick in die interessante Entwicklung der Galvanometer. Gemäß der Verschiedenheit der Konstruktionsrichtlinien für strom- und spannungsempfindliche Galvanometer, für Galvanometer mit besonders kurzer Schwingungsdauer oder für Galvanometer zu ballistischen Messungen werden wir den folgenden Abschnitt in gleicher Weise gliedern. Bei diesen Erörterungen werden sich auch Formeln für die Umkonstruktion von Galvanometern ergeben, wodurch ein gewisser Zusammenhang zwischen den einzelnen Unterabschnitten hergestellt wird.

1. Das Drehspulgalvanometer mit hoher Stromempfindlichkeit.

Die Stromempfindlichkeit im technischen Maßsystem. — Feldstärke. — Spulenfläche. — Trägheitsmoment. — Windungszahl. — Dynamische Galvanometerkonstante. — Direktionskraft. — Schwingungsdauer. — Maximale Stromempfindlichkeit.

Das stromempfindliche Galvanometer stellen wir voran, weil hier die Forderungen an die Konstruktion besonders einfach und übersichtlich sind. Die Frage der Dämpfung lassen wir unberücksichtigt und nehmen an, die Schaltung lasse sich stets so abändern, daß das Galvanometer über den erforderlichen Dämpfungswiderstand geschlossen ist. Die wesentlichsten Anhaltspunkte gibt uns schon die Fundamentalbeziehung S. 9.

$$\varphi = \frac{q \cdot i}{D}.$$

Bei Übertragung auf praktische Verhältnisse benötigen wir den Umrechnungsfaktor der absoluten Drehung der Drehspule in Skalenteile Ausschlag und die Einführung des technischen Maßsystems. Um einfache Beobachtungsbedingungen zu erhalten, wollen wir den Abstand Skala-Spiegel gleich ein Meter (bzw. 1000 Skalenteile) wählen. Dann ergibt sich für die Umrechnung des Winkelausschlages φ in a mm (bzw. a Skalenteile) Ausschlag

$$\operatorname{tg} \varphi = \frac{a}{2000},$$

wobei berücksichtigt ist, daß durch Drehung des Spiegels um einen bestimmten Winkel φ der Lichtzeiger eine Drehung um 2φ erfährt.

Für kleine Winkel*) können wir setzen $\operatorname{tg} \varphi = \varphi$, folglich

$$\varphi = \frac{a}{2000}.$$

Der Fehler fällt praktisch nicht ins Gewicht, denn 50 mm Ausschlag bei 1 m Skalenabstand entsprechen erst einer Drehung um 1,5 Grad. Ist man jedoch gezwungen, mit größeren Ausschlägen zu arbeiten, so empfiehlt sich die Benutzung einer kreisförmigen Skala; anderenfalls ist die Korrektion zu errechnen. Die notwendige Reduktion der Ausschläge entnehme man einer Tabelle nach der Formel

$$\varphi = \frac{1}{2} \operatorname{arctg} \frac{a}{1000} = \frac{a}{2000} - \frac{1}{6} \cdot \left(\frac{a}{1000}\right)^3 + \frac{1}{10} \cdot \left(\frac{a}{1000}\right)^5.$$

Berücksichtigt man bei Verwendung einer gradlinigen Skala die Korrektion nicht, so entsteht bei 125 mm Ablenkung (und dem angenommenen Skalenabstande 1 m) ein Fehler von $^1/_2\%$, bei 170 mm Ablenkung ein Fehler von etwa 1%. Dabei ist noch vorausgesetzt, daß die absolute Drehung des Spiegels vollständig proportional der Stromstärke zunimmt. Der Ausschlag a für 1 Ampere (= 0,1 CGS) ist also

$$a = 200 \frac{q}{D} \text{ bei 1 m Skalenabstand.}$$

Beispiel: $H = 1200$ Gauß; $F = 2000$ qcm,
$D = 0{,}6$ Dyncm

ergibt $a = 8 \cdot 10^8$ mm.

Danach würde 1 Ampere bei dem obigen Galvanometer auf einer 1 m entfernten Skala $8 \cdot 10^8$ mm Ausschlag hervorrufen. Man kommt den wirklichen Verhältnissen erheblich näher, wenn man den Ausschlag für den millionsten Teil eines Ampere angibt. In unserem Beispiel beträgt dann die Lichtzeigerablenkung 800 mm. Um die Galvanometer in ihrer Empfindlichkeit miteinander vergleichen zu können,

*) Auch die Überlegungen auf S. 8 gelten nur für kleine Winkel.

wollen wir die Ausschläge stets auf 1 m Skalenabstand bei der Stromstärke 1 μA reduzieren und den so definierten Ausschlag mit Stromempfindlichkeit S_i bezeichnen*).

S_i = Ausschlag in mm durch 1 μA bei 1 m Skalenabstand.

Unmittelbar folgt dann hieraus die Stromstärke für 1 mm Ausschlag als der reziproke Wert von S_i, in unserem Beispiel also $1{,}25 \cdot 10^{-9} A$ **). Wir wollen die zuerst genannte Angabe der Empfindlichkeit benutzen, da dann mit zunehmender Empfindlichkeit auch der Zahlenwert S_i wächst, zudem kann man sich die so gewonnenen Zahlen leichter merken. –

Durch obiges Beispiel wurde gezeigt, daß man die Empfindlichkeit aus den drei Konstruktionselementen H, F und D bestimmen kann. Die Berechnung kann aber nicht mit einer für die Praxis ausreichenden Genauigkeit durchgeführt werden; das Galvanometer muß stets geeicht werden (siehe auf S. 193). Denn einmal sind die Daten meist nicht bekannt; auch ist die Feldstärke und die Richtkraft kleinen, langsamen Veränderungen unterworfen.

Die Zahlenwerte der Konstruktionselemente.

Feldstärke H, Spulenfläche F, Trägheitsmoment K, Direktionskraft D und Schwingungsdauer T.

Von unserem Zahlenbeispiel ausgehend, wollen wir die Frage zu beantworten suchen: Wie können wir dieses Galvanometer empfindlicher machen?

Dazu bietet uns die Konstruktionsformel drei Wege, die wir nacheinander erörtern wollen.

1. Weg zur Empfindlichkeitssteigerung: Vergrößerung der Feldstärke.

Eine Vergrößerung der Feldstärke H würde an sich keine Schwierigkeit bedeuten; man kann ohne besondere Hilfsmittel das Feld eines Elektromagneten auf 20 bis 30 000 Gauß bringen, auch stärkere permanente Magnete ließen sich einsetzen. Mit der Erhöhung der Feldstärke steigt aber auch die elektromagnetische Dämpfung, und zwar wächst sie proportional dem Quadrate der Feldstärke. Würden wir zur Verdoppelung der Empfindlichkeit die Feldstärke verdoppeln, so

*) Leider wird diese vor 30 Jahren von Ayrton, Mather und Rubens eingeführte Empfindlichkeitsangabe nicht allgemein benutzt. Erfolgt dann noch die Angabe in verschiedenen Zehnerpotenzen, so wird die vergleichende Übersicht noch mehr erschwert.

**) Unter der Annahme, daß sich $^1/_{10}$ mm Ausschlag mit Sicherheit nachweisen läßt, können $0{,}125 \cdot 10^{-9} A$ gemessen werden.

benötigten wir entsprechend der Formel $p = \frac{q^2}{R}$ den vierfachen äußeren Widerstand, um zu dem gleichen Schwingungszustand zu kommen *). Dieser Weg kann daher nur dann von Nutzen sein, wenn solche Widerstände in der Schaltung zur Verfügung stehen, wie das z. B. bei Isolationsmessungen nach der direkten Methode der Fall ist (vgl. S. 187).

Neben der starken Einschränkung in der Verwendbarkeit des Galvanometers treten noch andere Übelstände auf, die die Benutzung hoher Feldstärken verbieten. Einmal wächst die Empfindlichkeit weniger als proportional der Feldstärke, was nur durch Auftreten zusätzlicher magnetischer Richtkräfte erklärt werden kann; weiter treten unliebsame Nullpunktsstörungen auf, die den erzielten Empfindlichkeitsgewinn vollends illusorisch machen**). Unter sonst gleichen Umständen wachsen diese Störungen etwa proportional dem Kupfergewicht der Drehspule und nehmen ungefähr wie das Quadrat der Feldstärke zu. Man kann daher im allgemeinen bei sehr kleiner Windungszahl die Feldstärke bedeutend höher wählen (siehe Schleifengalvanometer und Saitengalvanometer). Zur Erzielung einer sehr hohen dynamischen Galvanometerkonstanten sollte das aber gerade bei großer Spulenfläche geschehen.

Die Ursache der Störungen ist in der Eisenhaltigkeit des Kupferdrahtes und der Umspinnung zu suchen, ist aber auch vielleicht auf rein paramagnetische Wirkungen zurückzuführen.

Um eine Vorstellung von der Größenordnung dieser unheilvollen magnetischen Richtkräfte zu bekommen, seien Versuchsergebnisse von A. Zeleny [13]) erwähnt. Zeleny bestimmte die Schwingungsdauer eines Galvanometersystems einmal in dem Magnetunterteil und dann außerhalb des magnetischen Feldes. Aus dem Unterschied der Schwingungsdauern wurde eine Richtkraft der Eisenverunreinigungen von 0,15 Dyn. cm errechnet. Wenn man berücksichtigt, daß die verwendeten mechanischen Richtkräfte 0,4—0,6 Dyn. cm betrugen, ist der Anteil der magnetischen Richtkräfte recht beträchtlich. Es ist wohl selbstverständlich, daß man diesen Übelstand durch Verwendung möglichst eisenfreien Drahtes auf ein geringstes Maß herabzudrücken sucht. Die Gewinnung des Kupfers auf elektrolytischem Wege gibt eine gute Gewähr, doch muß man dafür Sorge tragen, daß der Draht beim Ziehen nicht mit Eisenteilen in Berührung kommt ***). Nachträgliches Reinigen

*) Gilt streng nur unter Vernachlässigung der anderen Dämpfungsursachen.

**) Von dem Charakter dieser Nullpunktsstörungen ist S. 190 ausführlich die Rede.

***) Man hat wohl auch zuweilen Silber verwendet, das schon im Handel reiner zu haben ist.

der Oberfläche, z. B. durch Calziumchlorid, ist stets empfehlenswert. Nicht selten trägt die Umspinnung Schuld, man hat daher zuweilen Emailledraht verwendet und hier ganz zufriedenstellende Ergebnisse erzielt. Jedenfalls ist der Frage eines genügend eisenfreien Kupferdrahtes weitgehend Beachtung zu schenken. Trotz aller Vorsichtsmaßregeln wird die auch bei dem besten Draht stets vorhandene Eisenhaltigkeit Richtkräfte hervorrufen. Man vermindert den Einfluß dieser besonders durch ihre Veränderlichkeit störenden Richtkräfte durch Verwendung eines radialen, gleichmäßig starken Magnetfeldes, das man durch zentralen Einbau eines Weicheisenkerns erzeugt. In Abb. 6 sind zwei

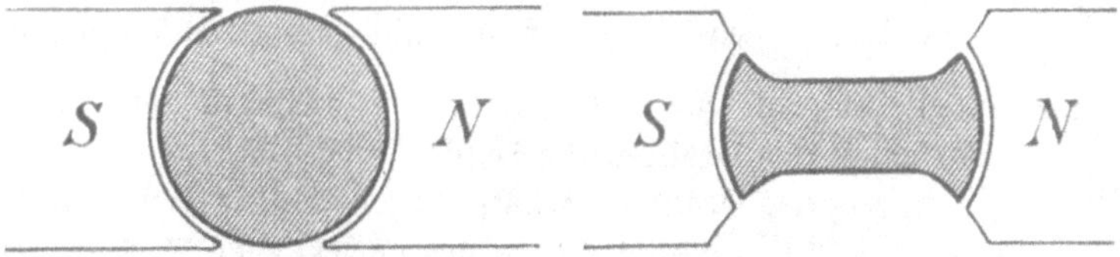

Abb. 6. Ausführungsformen von Polschuh und Eisenkern. (Die Eisenkerne sind schraffiert gezeichnet.)

Ausführungsformen von Magnet, Polschuh und Eisenkern dargestellt. Die jetzt entstehenden magnetischen Kräfte sind bei jeder Lage der Spule nach der Drehachse hin gerichtet, erzeugen daher kein Drehmoment *). Eine konstante, zusätzliche magnetische Richtkraft wird dadurch natürlich nicht aufgehoben.

Das radiale Magnetfeld bewirkt auch eine hinreichende Unabhängigkeit des elektrischen Drehmomentes vom Drehungswinkel der Spule. Für unsere Überlegungen S. 8 hatten wir daher diese Annahme bereits zu Grunde gelegt.

Das Ergebnis dieser Betrachtungen ist, daß man die Empfindlichkeitssteigerung nicht auf dem Wege äußerster Vergrößerung der Feldstärke zu erreichen sucht. In der Regel liegt H zwischen 700 und 1600 Gauß, über 2—3000 Gauß geht man im allgemeinen nicht. Wir wollen daher als höchst zulässigen Wert für die Feldstärke stromempfindlicher Drehspulgalv. 3000 Gauß ansetzen.

2. Weg zur Empfindlichkeitssteigerung: Die Vergrößerung der Spulenfläche.

Da die elektromagnetische Dämpfung mit der Spulenfläche F gleichfalls quadratisch zunimmt, gilt über diesen Punkt dasselbe, was soeben bezüglich der Feldstärke gesagt wurde. Der Wert der Spulen-

*) Wenn trotzdem Störungen des Nullpunktes auf magnetische Verunreinigungen zurückzuführen sind, liegt der Grund in den sicher nicht einfachen Feldverhältnissen bei den kleinen Eisenteilchen.

fläche kann sowohl durch die Zahl der Windungen, als auch durch die von den einzelnen Windungen umschlossene Fläche vergrößert werden. Beide Wege laufen aber auf eine Vergrößerung des Trägheitsmomentes und damit bei gegebener Schwingungsdauer auch auf eine Steigerung der Richtkraft hinaus. Die Schwingungsdauer wird im allgemeinen von dem Meßtechniker als sehr niedrig gefordert. Können wir über die Eigenfrequenz nicht frei verfügen, dann schreiben wir zweckmäßig

$$S_i = \frac{HF}{D} = \left(\frac{H}{\omega^2}\right) \cdot \left(\frac{F}{K}\right). \tag{23}$$

Da wir die Größe H und ω festgelegt haben, wird nunmehr gefordert, daß $\frac{F}{K}$ ein Maximum wird. Windungszahl und Spulendimension sind also möglichst groß, das Trägheitsmoment dagegen sehr klein zu machen. Bezüglich der Drahtstärke ist der Weg klar vorgeschrieben: es ist möglichst dünner Draht zu wählen *). Auf diese Weise wird bei großer Windungszahl die Kupfermenge des beweglichen Systems klein gehalten, eine Forderung, die aus anderen Gründen schon auf Seite 26 erhoben wurde. Schwierigkeiten beim Wickeln äußerst dünner Drähte und der immer größer werdende Anteil der Umspinnung lassen es nicht ratsam erscheinen, zu den dünnsten Drähten überzugehen, die man überhaupt herstellen kann.

Weitaus verwickelter, aber auch interessanter sind die Beziehungen zwischen Spulenfläche und Trägheitsmoment. Die Fragestellung muß lauten: Welche Form und welche Dimensionen muß ich der Drehspule geben, um bei gegebenem Trägheitsmoment die größte Wirkung zu erzielen? Der erste Teil der Frage ist bereits durch die Untersuchungen von Maxwell und Mather beantwortet. (Siehe auch Diesselhorst [19])). Danach besitzt eine Spule aus gegebenem Draht dann größte Windungsfläche für ein bestimmtes Trägheitsmoment, wenn ihr Querschnitt aus 2 aneinanderstoßenden Kreisen besteht; in dem einen Kreise steigen die Windungen auf, während sie im anderen niedergehen. Weiter soll die Länge der Spule groß sein gegen den Radius des Querschnittkreises.

Eine praktische Bedeutung hat diese Spulenform nicht gewonnen, da sie Schwierigkeiten in der Herstellung der Wicklung und Verzicht auf den Eisenkern nach sich zieht. Den Empfindlichkeitsverlust durch Benutzung einer rechteckigen oder kreisförmigen Spule nimmt man dafür gern in Kauf. Setzt man die Ablenkung für Mather-Spulen gleich 1, so beträgt sie für die rechteckigen und kreisförmigen Spulen, auf gleiches Trägheitsmoment umgerechnet, ungefähr die Hälfte.

---

*) Daß hierdurch gleichzeitig der Widerstand des Systems hohe Beträge annimmt, ist für die Stromempfindlichkeit ohne Belang.

Rechteckige Spule.

Nachdem wir uns für eine bestimmte Form entschieden haben, bleibt noch die Frage der Dimensionen der Spule. Für ein rechteckiges Rähmchen, wie es zumeist benutzt wird, läßt sich das Trägheitsmoment aus den Dimensionen wie folgt ableiten *). Gelten die aus der Abbildung 7 ohne weiteres verständlichen Bezeichnungen, so ist für die achsenparallelen Teile

$$K_p = G_1 \cdot \frac{b^2}{2},$$

wo G_1 die Masse eines Längsteiles. Für die achsensenkrechten Teile ist

$$K_s = \frac{1}{6} G_2(b^2 + d^2),$$

wo G_2 eine entsprechende Bedeutung hat. Für das Gesamtträgheitsmoment des Rähmchens gilt dann:

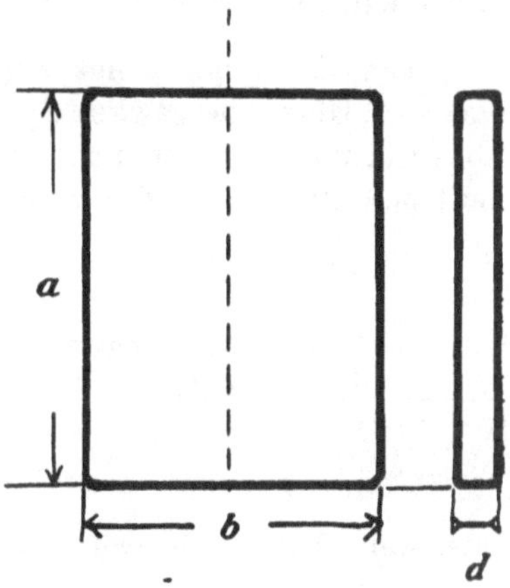

Abb. 7. Rähmchen eines Drehspulgalvanometers.

$$K = K_p + K_s = G_1 \cdot \frac{b^2}{2} + \frac{G_2}{6} \cdot (b^2 + d^2)$$

oder unter Vernachlässigung von d^2

$$K = \frac{1}{2} N\pi r^2 s a b^2 \cdot \left[1 + \frac{b}{3a}\right].$$

(Beispiel: $N = 360$ $r = 0{,}03$ mm $s = 9$
$a = 3{,}2$ cm $b = 2{,}6$ cm

ergibt

$$K_0 = 1{,}25 \text{ grcm}^2,$$

worin N, r und s bezw. die Windungszahl, den Radius und das spezifische Gewicht bedeuten. Unmittelbar folgt für das Verhältnis von Spulenfläche zu Trägheitsmoment

$$\frac{F}{K} = \frac{2}{\pi r^2 s \cdot \left[b + \frac{b^2}{3a}\right]}$$

unter Vernachlässigung des Trägheitsmoments der übrigen Systemsteile. Die Rähmchendimensionen a und b sind nun so zu bestimmen,

*) Über ausführliche Diskussion des Trägheitsmoments in Abhängigkeit der Dimensionen siehe Diesselhorst [19]).

daß dieser Ausdruck für $\frac{F}{K}$ ein Maximum wird. Der Wert des Nenners wird wesentlich durch b bestimmt, infolgedessen ist b möglichst klein zu machen und a recht groß zu wählen. Die Forderung $\frac{F}{K}$ große Werte zu geben, kann daher nur durch lange, schmale Spulen erfüllt werden. Über eine gewisse Spulenlänge hinaus kann man jedoch aus konstruktiven Gründen nicht gehen; ein gutes Ausrichten in dem engen Luftspalt ist dann nur schwer möglich.

Kreisförmige Spule.

Das Trägheitsmoment einer Spule vom Radius R und der Breite d, bezogen auf den mittleren Kreisdurchmesser, beträgt

$$K = m \cdot \left(\frac{1}{12d^2} + \frac{R^2}{4}\right)$$

oder wenn wir $^1/_{12}\,d^2$ gegen $^1/_4\,R^2$ vernachlässigen

$$K = \frac{mR^2}{4} = 2\pi R\, N\pi r^2 s \cdot \frac{R^2}{4}\,.$$

Andererseits ist

$$F = N\pi R^2.$$

Es wird

$$\frac{F}{K} = \frac{2}{\pi r^2 \cdot s} \cdot \frac{1}{R}\,.$$

Es resultiert auch hier die Forderung, möglichst dünnen, leichten Draht und ein kleines Rähmchen zu verwenden. — Daneben ergibt sich das Resultat, daß die Stromempfindlichkeit durch Erhöhung der Windungszahl nicht vergrößert werden kann, solange die Schwingungsdauer konstant gehalten werden soll.

Abb. 8 gibt einen Überblick über die Rähmchendimensionen einiger bekannter Galvanometer. Die Tendenz, mehr und mehr schmale Spulen zu verwenden, ist bei der Entwicklung der Drehspule unverkennbar. Besonders fällt die äußerst schmale, gestreckte Form der Drehspule des Galvanometers nach Diesselhorst (Siemens & Halske) auf [45 mm Höhe bei 8 mm Breite] und desgleichen die große, breite Spule eines ballistischen Galvanometers der Fa. Carpentier. Im übrigen kommen wir im Laufe der Abhandlung auf die in der Abbildung 8 erwähnten Galvanometer noch mehrmals zurück.

Unsere Betrachtungen galten unter der Annahme, daß das Trägheitsmoment der übrigen Systemteile zu vernachlässigen ist, sonst muß eine zu starke Reduzierung der Trägheit des Rähmchens unwirksam bleiben. Bei 0,2 mm Dicke und 12 mm $\varnothing$ ist das Trägheitsmoment des Spiegels ungefähr $K = 0{,}006$ grcm², so daß der Spiegel im allgemeinen nicht mehr als 3% von dem Gesamtträgheitsmoment ausmacht. Bei den stromempfindlichen Systemen sollte man daher stets nicht zu kleine Spiegel verwenden; der dadurch bedingte kleine Empfindlichkeitsverlust wird durch die bessere Verwendungsfähigkeit bei größeren Skalenabständen voll aufgewogen.

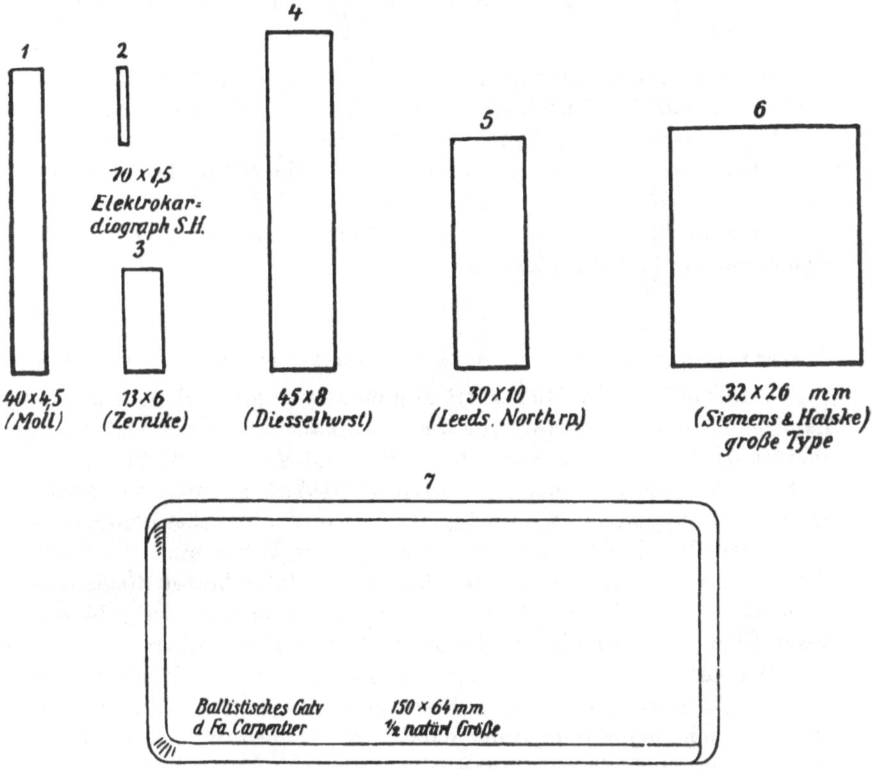

Abb. 8. Rähmchendimensionen verschiedener Drehspulgalvanometer.

Für Galvanometer mit sehr kleinem Trägheitsmoment sind andere Gesichtspunkte maßgebend (vgl. hierüber S. 39).

Wir stellen die Wicklungsdaten einer Drehspule für ein stromempfindliches Galvanometer zusammen (erste Zahlenreihe der folgenden Tabelle) und schließen damit die Erwägungen über das Trägheitsmoment ab.

Drahtstärke in mm (Drahtsorte)	Windungszahl	Rähmchen Länge mm	Rähmchen Breite mm	Spulenfläche F qcm	Trägheitsmoment gr cm^2	$\frac{F}{k}$	Bemerkungen
0.035 Cu, 1 × Seide	1200	32	26	10 000	6	1600	stromempfindl.
0.055 Cu, 1 × Seide	15	12	5	9	0,003	1000	spannungsempfindl.

In dem soeben genannten Beispiel fanden wir eine Spulenfläche von 10.000 qcm. Wollen wir einen ganz extremen Fall wählen, so können wir bei Zulassung einer hohen Schwingungsdauer (40 Sekunden) als obere Grenze $F = 20.000$ qcm ansetzen, der Widerstand der Wicklung steigt dann auf etwa 5000 Ohm. Mit dem auf Seite 27 festgelegten Wert für die höchste Feldstärke ergibt sich für die obere Grenze der dynamischen Galvanometerkonstanten

$$q = 60 \cdot 10^6 .$$

3. Weg zur Steigerung der Empfindlichkeit: Die Verringerung der Richtkraft.

Dem Wert für die Richtkraft D kommt eine große Bedeutung zu, denn er ist charakteristisch für die Empfindlichkeit eines Meßinstrumentes wie keine andere Konstante. Während H und F, und selbst die Rähmchendimensionen bei den einzelnen Meßinstrumenten verhältnismäßig wenig und unregelmäßig voneinander abweichen, nimmt D mit steigender Empfindlichkeit immer kleinere Werte an. Die Skala der Werte für die Richtkraft, angefangen mit den robusten Registrierapparaten bis zu den empfindlichsten Spiegelgalvanometern, gibt eine klare Übersicht über die Empfindlichkeit der Galvanometer.

Wir haben uns hier die Frage vorzulegen, welchen kleinsten Wert man der Richtkraft geben kann. Wir müssen uns jedoch daran erinnern, daß wir nicht mehr freie Hand haben. Wir haben der Schwingungsdauer einen willkürlichen, festen Wert beigelegt, dann wurde das Verhältnis von Windungsfläche und Trägheitsmoment bestimmt und damit also auch die Richtkraft festgelegt. Nimmt man sehr große Schwingungsdauern in Kauf, so kann man bei dem System sehr kleine Richtkräfte wählen. Abgesehen davon, daß meßtechnisch Schwingungsdauern über 20 Sek. im allgemeinen nicht angewendet werden, hat die Erfahrung gezeigt, daß man die Richtkraft nicht beliebig verkleinern kann, ohne dem Galvanometer seine Brauchbarkeit zu rauben. Die Nullpunktssicherheit wird schließlich so klein, daß praktisch kein Empfindlichkeitsgewinn zu erzielen ist. Aus diesem Grunde hat man lange Zeit geglaubt, unter 0,6 Dyncm nicht heruntergehen zu können. Diesselhorst ist dann bei seiner Konstruktion auf 0,18 Dyncm gegangen.

Heute verwendet man sogar Richtkräfte von der Größenordnung von 0.01 und 0.001 Dyncm in der Erkenntnis, daß diese angewendet werden dürfen, wenn die Masse des Rähmchens in gleicher Weise reduziert wird. Allerdings ist dieser Weg für die stromempfindlichen Galvanometer weniger von Bedeutung. Hier arbeitet man meist mit größeren Spulen und größeren Richtkräften.

Wir können daher hier von den extrem kleinen Werten absehen und setzen als kleinste zulässige Richtkraft (nur bei stromempfindlichen Galvanometern) 0,1 Dyncm an. (Weiteres über Richtkräfte siehe unter Seite 66.)

Maximal erreichbare Stromempfindlichkeit.

Damit haben wir auch für die letzte, die Empfindlichkeit bestimmende Größe, den günstigsten Wert festgelegt. Setzen wir für die Spulenfläche 20.000 qcm ein und wählen eine Feldstärke von 3000 Gauß, so erhalten wir bei einer Direktionskraft von 0,1 Dyncm folgende Empfindlichkeit

$$\frac{H \cdot F}{D} = \frac{3000 \cdot 20\,000}{0{,}1},$$

d. h. unsere Stromempfindlichkeit für 1 μA bei 1 m Skalenabstand wird im günstigsten Falle

$$S_i = 120\,000.$$

Wir werden später bei dem Vergleich der im Handel befindlichen Galvanometer sehen, daß diese obere Grenze der Stromempfindlichkeit nahezu erreicht ist.

Beziehungen von S_i zu anderen Konstanten des Galvanometers.

Der Ausdruck $S_i = 200 \cdot \frac{q}{D}$ wird zur Berechnung der Stromempfindlichkeit eines Galvanometers im allgemeinen nicht herangezogen werden, da die Galvanometerkonstante q meist unbekannt ist und schwer zu bestimmen ist. Es empfiehlt sich dann die Benutzung anderer Ausdrücke, die aus der obigen Beziehung leicht gewonnen werden können. Wir greifen einige wichtige Umformungen heraus, die gleichzeitig einen Überblick über den Einfluß anderer wichtiger Galvanometerkonstanten (K, T_0, R) geben werden. Um zu einfachen Ausdrücken zu kommen, müssen wir uns allerdings auf den aperiodischen Grenzzustand beschränken. Unter Vernachlässigung der Luftdämpfung ist im aperiodischen Grenzzustand die Dämpfungskonstante

$$p = 2\sqrt{KD} = \frac{T_0 \cdot D}{\pi} = \frac{q^2}{R}$$

und die Stromempfindlichkeit S_i kann ausgedrückt werden durch

$$S_i = \sqrt{\frac{T_0 \cdot R}{\pi \cdot D}} = \sqrt{\frac{2R}{D \cdot \omega_0}}, \tag{24}$$

wovon die Schwingungsdauer T_0 des ungedämpften Systems und der Grenzwiderstand R mit hinreichender Genauigkeit experimentell leicht bestimmt werden können. Die Formel besagt, daß bei verschiedenen Galvanometern mit gleicher Direktionskraft und gleichem Grenzwiderstand die Empfindlichkeit proportional der Wurzel aus der Schwingungsdauer wächst. Wird dagegen das Trägheitsmoment K konstant gehalten, so wird

$$S_i = \sqrt{\frac{T_0^3 \cdot R}{4\pi^3 \cdot K}}, \tag{25}$$

es besteht also bei gleichem Grenzwiderstand Proportionalität mit $T_0^{3/2}$.

2. Das Drehspulgalvanometer mit hoher Spannungsempfindlichkeit.

Das stromempfindliche Galvanometer im niederohmigen Kreise. – Definition der Spannungsempfindlichkeit. – Dämpfungsreduktion durch Verkleinern der dynamischen Galvanometerkonstanten. – Konstruktionsformeln für spannungsempfindliche Galvanometer. – Einfluß der offenen Dämpfung und des Klemmenwiderstandes auf die Empfindlichkeit. – Widerstand der Zuleitungen. – Konstruktionsdaten für ein spannungsempfindliches Galvanometer.

Das Verhalten eines stromempfindlichen Galvanometers in einem niederohmigen Kreise.

Wir haben uns bisher allein mit der Frage beschäftigt, wie man durch einen gegebenen Strom einen möglichst großen Ausschlag der Drehspule erzielen kann. Diese Erwägungen haben uns zu einem Galvanometer mit bestimmten Werten für die Feldstärke, Windungszahl und Richtkraft geführt. Dabei haben wir die Widerstandsverhältnisse, sowie die Dämpfung und die Frage des jeweiligen Schwingungszustandes unberücksichtigt lassen können. Würden wir jedoch ein solches Galvanometer in irgend einer Schaltung benutzen, so würde es sich nicht immer als brauchbar erweisen; wir würden die Erfahrung machen, daß die hohe Empfindlichkeit nicht ausgenutzt wird. An einem Beispiel wollen wir das erläutern, um gleichzeitig Richtlinien für die Umkonstruktion zu gewinnen. Es liege die Aufgabe vor, den Spannungsabfall an einem Widerstand von 10 Ω zu messen, wenn dieser durch einen Strom von ungefähr $0{,}1 \cdot 10^{-6}$ Ampere durchflossen wird (siehe Abb. 9).

Wir haben oben die Forderung aufgestellt, daß wir aus meßtechnischen Gründen das Galvanometer in einem Kreise benutzen müssen, dessen Widerstand nahezu dem aperiodischen Grenzwiderstand entspricht. Die bei den Lösungen der Schwingungsgleichung gegebenen Beziehungen für die Dämpfung im aperiodischen Grenzzustande gestatten den erforderlichen Widerstand zu berechnen.

Es ist $p = 2 \cdot \sqrt{KD}$ und andererseits $p = \frac{q^2}{R}$, wenn wir die anderen Dämpfungsursachen gegen die elektromagnetische Dämpfung vernachlässigen. Die Gleichsetzung beider Beziehungen ergibt, wenn wir noch das Trägheitsmoment durch Schwingungsdauer und Richtkraft ausdrücken

$$R = \frac{q^2 \pi}{D \cdot T_0} \cdot 10^{-9}\ \Omega.$$

Bei einem Galvanometer mit $T_0 = 36$ Sekunden wird bei unserem Galvanometer

$$R \approx 3 \cdot 10^6\ \Omega.$$

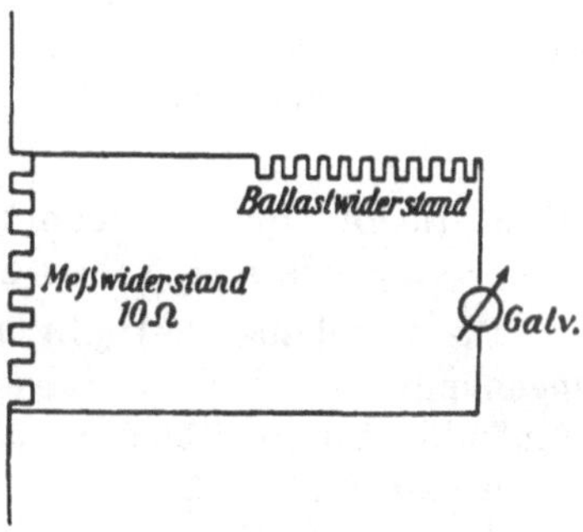

Abb. 9. Schaltung eines Spiegelgalvanometers.

Der Widerstand des Kreises — also des Galvanometers plus Meßwiderstand 10 Ω — ist gegen den Dämpfungswiderstand $3 \cdot 10^6\ \Omega$ zu vernachlässigen, so daß wir diesen großen Ballastwiderstand in unseren Galvanometerkreis einschalten müssen. (Vgl. Abb. 9.) Der Strom, der jetzt durch unser Galvanometer fließt, ist

$$\frac{10^{-6}}{3 \cdot 10^6} = 0{,}3 \cdot 10^{-12}\ \text{Amp.} = 0{,}3 \cdot 10^{-6}\ \mu A\ .$$

Dieser Strom ruft in unserem Galvanometer eine Ablenkung von $120\,000 \cdot 0{,}3 \cdot 10^{-6} = 0{,}036$ mm hervor. Selbst bei größerem Skalenabstand läßt sich dieser geringe Strom nur schwer nachweisen, d. h. unser bisher konstruiertes Galvanometer ist trotz seiner Empfindlichkeit in dieser Schaltung nicht brauchbar. Wie aus den ausführlichen Überlegungen klar hervorgeht, trifft die Schuld an dem Versagen des Galvanometers den zur Erzielung einer günstigen Dämpfung notwendig hohen Grenzwiderstand. Der Nachteil tritt besonders kraß hervor, wenn es sich, wie in unserem Beispiel, um Messung einer kleinen Spannung im niederohmigen Kreise handelt.

Unsere einfache Empfindlichkeitsformel $S_i = \frac{q}{D}$ bedarf in diesem Falle einer Ergänzung. Es kommt eben die Forderung hinzu, den Grenzwiderstand niedrig zu halten, oder anders ausgedrückt, der

Spannungsabfall des Galvanometers — System + äußeren Grenzwiderstand gerechnet — muß gleichzeitig klein werden. Bezeichnet man analog S_i als **Spannungsempfindlichkeit S_v die Anzahl mm Ausschlag, die durch die Spannung 1 μV auf einer 1 m entfernten Skala hervorgerufen** werden, so ergibt das Ohmsche Gesetz

$$S_v = \frac{S_i}{R}\,; \qquad S_i = S_v \cdot R\,. \tag{26}$$

Da der aperiodische Grenzwiderstand der kleinste Kreiswiderstand ist, bei dem das Galvanometer praktisch benutzt werden kann, ergibt sich bei ihm auch die größte Spannungsempfindlichkeit.

Richtlinien für die Konstruktion eines Drehspulgalvanometers mit hoher Spannungsempfindlichkeit.

Die Gleichung (26) gibt uns die Richtlinien für den Bau eines spannungsempfindlichen Galvanometers. Einmal muß die Stromempfindlichkeit groß bleiben und gleichzeitig der Dämpfungswiderstand R reduziert werden. Die letzte Forderung ist identisch mit der Aufgabe, die elektromagnetische Dämpfung klein oder unwirksam zu machen. Nun haben wir aber außer Erhöhung des Widerstandes andererseits kein Mittel in der Hand, die elektromagnetische Dämpfung in einfacher Weise auf ein vernünftiges Maß herunterzudrücken und haben von dieser Möglichkeit bisher allein Gebrauch gemacht *). Die beiden anderen die Dämpfung bestimmenden Größen H und F ändern gleichzeitig die Empfindlichkeit. Dabei ist allerdings ein Umstand günstig: die elektromagnetische Dämpfung nimmt proportional dem Quadrate der dynamischen Galvanometerkonstanten zu, die Empfindlichkeit dagegen wächst linear mit q. Durch Verkleinerung von HF müssen wir zu einem

*) Man hat auch auf anderen Wegen die elektromagnetische Dämpfung zu reduzieren versucht, um stromempfindliche Drehspulgalvanometer auch in niederohmigen Kreisen verwenden zu können. Einen nennenswerten Erfolg hat man bisher nicht erreicht. Von Interesse sind die Versuche von Rohmann [10]), der durch Ändern des magnetischen Feldes während des Ausschlages Empfindlichkeitssteigerungen erzielte. Das Verfahren ist recht umständlich und hat daher eine größere Verbreitung nicht gefunden. Ein weiterer Weg wäre folgender: Man koppelt zwei Drehspulgalvanometer so miteinander, daß die durch die Bewegungen der Drehspule induzierten EMK*e* entgegengesetzte Richtung haben. Man erreicht auf diesem Wege zwar ein rasches Ausschlagen des Galvanometers auch bei sehr kleinem Außenwiderstand, dann aber tritt eine rückläufige Beeinflussung ein und es dauert sehr lange, bevor der Endzustand erreicht ist. — Mehr Erfolg scheint folgendes Verfahren zu versprechen: Koppelt man die Galvanometerzuleitung induktiv mit einem zweiten Leiterkreise, so werden in diesem, infolge der Veränderlichkeit des Stromes, beim Ausschlage Spannungen induziert; diese müßten nach Verstärkung dem Galvanometer wieder zugeführt werden.

Galvanometer gelangen, das für den vorliegenden Zweck, kleine Spannungen zu messen, geeigneter ist. Wir werden dadurch zwar an Stromempfindlichkeit verlieren, dagegen an Spannungsempfindlichkeit gewinnen. Angenommen, HF würde durch Verkleinerung der Feldstärke oder der Spulenfläche auf den zehnten Teil unseres alten Wertes gebracht werden. Die Empfindlichkeit unseres Galvanometers geht dann von 120 000 auf 12 000 zurück. Der Grenzwiderstand beträgt dann etwa 30 000 Ω und der in dem Galvanometerkreis fließende Strom wird $30.10^{-6}\,\mu A$, und der bei 1 m Skalenabstand hervorgerufene Ausschlag wird 0,36 mm Skalenteile. Bei zehnmal geringerer Stromempfindlichkeit hat das abgeänderte Galvanometer die zehnfache Spannungsempfindlichkeit. Die angenommene Änderung des Galvanometers durch Verringerung der dynamischen Galvanometerkonstanten läßt sich an einem Galvanometer auf einfache Weise nicht durchführen. Die Verwendung von Elektromagneten, die eine bequeme Regelung der Feldstärke gestatten, haben in der Praxis wegen der Unbequemlichkeit eines besonderen Erregerkreises wenig Eingang gefunden. Empfehlenswerter ist die Verwendung eines magnetischen Nebenschlusses. Auf diesem Wege können bequem Feldänderungen bis zu 70% vorgenommen werden. Doch reicht diese Feldschwächung nicht aus, um ein gleichzeitig strom- und spannungsempfindliches Galvanometer zu erreichen, da der Systemwiderstand niemals einen für beide Fälle gleich günstigen Wert annehmen kann. Es bleibt also nur die Änderung der Spulenfläche: man baut zumeist mehrere Einsatzsysteme mit den gleichen Rähmchendimensionen aber verschiedener Windungszahl. Diese Einsatzsysteme können untereinander ausgetauscht werden, so daß man das für die Schaltung jeweils günstigste System aussuchen kann.

Der Einfluß der offenen Dämpfung und des Systemwiderstandes auf die Empfindlichkeit.

Entsprechend der Formel (26) gilt für die Spannungsempfindlichkeit

$$S_v = \frac{HF}{D \cdot R}. \tag{27}$$

Unter der Annahme, daß die elektromagnetische Dämpfung überwiegt, können wir für den aperiodischen Grenzfall eine wichtige Beziehung der Spannungsempfindlichkeit zu anderen Galvanometerdaten erhalten. Durch einfache Umformung oder durch Ableitung aus Formel (24) gewinnt man die Ausdrücke

$$S_v = \sqrt{\frac{T_0}{\pi \cdot D \cdot R}} = \sqrt{\frac{T_0^3}{4\pi^3 KR}} = \sqrt{\frac{2}{DR\omega_0}}, \tag{28}$$

$$(28\text{a}) \qquad S_v = \frac{2}{q} \cdot \sqrt{\frac{K}{D}} = \frac{T_0}{q \cdot \pi}.$$

Einfluß der offenen Dämpfung.

Sobald die offene Dämpfung p_0 in ihrer Größe nicht mehr zu vernachlässigen ist, kann sie in übersichtlicher Weise berücksichtigt werden. Eine einfache Rechnung ergibt

$$(29) \qquad S_v = \sqrt{\frac{T_0}{\pi D \cdot R}} \cdot \sqrt{1 - a_0}.$$

Hier ist a_0 gleich dem Dämpfungsgrad des offenen Galvanometers, also das Verhältnis der Luft- und Wirbelstromdämpfung zur Dämpfung im offenen Kreise. Die offene Dämpfung setzt die erreichbare Empfindlichkeit stets herab, doch ist der dadurch entstehende Einfluß für geringe offene Dämpfung nicht erheblich, wie Tabelle Nr. 3 zeigt, die dem Buche von W. Jaeger [1]) 2. Aufl. S. 213 entnommen ist.

Tabelle 3.

a_0	$\frac{\lambda}{2}$	$\sqrt{k}$	β	$\frac{Rk}{Ra}$
1.0	0	0	1.0	0
0.8	1.21	3.3	0.7	1.04
0.5	3.56	35.2	0.5	3.00

Man hat daher früher die offene Dämpfung absichtlich erhöht, um die Beruhigungszeit des offenen Galvanometers herabzusetzen. Reicht die Luft- und Wirbelstromdämpfung nicht aus, dann gibt man der Drehspule einige kurzgeschlossene Windungen. Da solche Zusatzwindungen das Trägheitsmoment unnötigerweise vergrößern, was besonders bei sehr kleinen Windungszahlen ins Gewicht fällt, sollte man davon absehen. Die Beruhigungszeit des offenen Galvanometers kann man ja bequem dadurch abkürzen, daß man das Galvanometer an den Klemmen mittels Taste kurzschließt. Diese Dämpfung ist dann so stark, daß die Galvanometerspule momentan angehalten werden kann.

Einfluß des Systemwiderstandes.

Für die Klärung der Richtlinien zur Erhöhung der Spannungsempfindlichkeit ist es nützlich, den gesamten Kreiswiderstand R in den Klemmenwiderstand *) R_k (Rähmchen- + Zuleitungswiderstand) und den äußeren Widerstand R_a zu zerlegen. Der Widerstand R_a wird vielfach mit äußerem Grenzwiderstand bezeichnet. Der Ausdruck (28) geht dann über in

*) oder Systemwiderstand.

$$(30)\qquad S_v = \sqrt{\frac{T_0}{\pi \cdot D \cdot R_a}} \cdot \frac{1}{\sqrt{1 + \frac{R_k}{R_a}}} = \sqrt{\frac{T_0}{\pi \cdot D \cdot R_a}} \cdot \beta .$$

R_a ist im allgemeinen durch die Schaltung vorgeschrieben, es ist daher erforderlich, R_k einen möglichst kleinen Wert zu geben.

Der unter gleichzeitiger Berücksichtigung des durch den Einfluß der offenen Dämpfung und des Verhältnisses $\frac{\text{Systemwiderstand}}{\text{äußerer Grenzwiderstand}}$ entstehende Empfindlichkeitsverlust ist für einige α und β-Werte aus Tabelle Nr. 3 zu entnehmen. Sieht man von den beiden Faktoren α und β ab, bleiben die beiden Empfindlichkeitsbeziehungen übrig

$$(31)\qquad S_v = \sqrt{\frac{T_0}{\pi D \cdot R_a}} \qquad S_v = \sqrt{\frac{T_0^3}{4\pi^3 K R_a}} .$$

Es liege die Aufgabe vor, für einen bestimmten Kreiswiderstand ein möglichst spannungsempfindliches Galvanometer zu konstruieren. Damit ist also R_a festgelegt. Im übrigen ergeben sich unmittelbar aus (31) folgende Richtlinien für die Systemdaten eines spannungsempfindlichen Galvanometers:

1. Es ist die höchst zulässige Schwingungsdauer T_0 zu wählen.

2. Der Klemmenwiderstand soll klein bleiben; für die Spule selbst wird man wenige Windungen wählen; man verringert dadurch gleichzeitig das Trägheitsmoment, was ebenfalls durch die Formeln als klein gefordert wird. Schwieriger ist es schon, die Widerstandswerte der Zuleitungen niedrig zu halten, da die notwendig kleine Richtkraft äußerst kleine Bänder und Spiralen erfordert. So läßt es sich nicht vermeiden, daß der „blinde Widerstand" der Zuführungen einen großen Anteil an dem Klemmenwiderstand des Galvanometers hat. Hier die Zahlen von einem Galvanometer, bei dem das Mißverhältnis besonders groß ist.

Widerstand des Rähmchens.....0,5 Ω
„ der Zuleitungen ...... 9 Ω

Galvanometer Nr. 9 der Tabelle 5 S. 55.

Es ist danach zwecklos, den Spulenwiderstand durch wenige Windungen dicken Drahtes herabzudrücken, wenn nicht gleichzeitig eine Reduktion der Zuleitungswiderstände erfolgt. Diese Überlegung führte Zernike [27]) zur Konstruktion eines Systems mit Quarzfadenaufhängung und besonderen Stromzuleitungen von möglichst geringem Widerstande und kleinem Anteil an der Richtkraft (s. a. S. 70).

3. Wird ein sehr kleines Trägheitsmoment gefordert. Bei gegebener Schwingungsdauer ist auch die Direktionskraft entsprechend klein zu wählen. Zusammenfassend gelten für die Konstruktion eines spannungsempfindlichen Galvanometers folgende allgemeine Gesichtspunkte:

Große Stromempfindlichkeit S_i muß unter Einhaltung einer sehr kleinen elektromagnetischen Gegenkraft erreicht werden. Da wegen der Dämpfung die dynamische Galvanometerkonstante klein bleiben muß, kann die hohe Empfindlichkeit nur durch äußerst kleine Richtkräfte erzielt werden. Damit ist auch ein kleines Trägheitsmoment festgelegt, will man mit der Schwingungsdauer in normalen Grenzen bleiben. Kleines Trägheitsmoment wird durch kleine Spulendimensionen, kleine dynamische Galvanometerkonstante durch kleine Windungsfläche und demzufolge auch durch kleine Systemwiderstände erreicht.

Das Charakteristische des spannungsempfindlichen Galvanometers im Vergleich mit dem stromempfindlichen ist daher:

kleiner Grenzwiderstand,
kleiner Systemwiderstand,

und meist auch kleinere Rähmchen und geringere Feldstärken.

Zahlenmäßige Unterlagen finden sich in der Tabelle 6 Seite 57 sowie bei den Galvanometern Nr. 6 und Nr. 8 der Tabelle 5. Obgleich Spulenfläche F und Trägheitsmoment K von ganz anderer Größenordnung sind, hat das für die Konstruktion charakteristische Verhältnis $\frac{F}{K}$ nahezu den gleichen Wert wie beim extrem stromempfindlichen Galvanometer.

3. Das Drehspulgalvanometer mit kurzer Schwingungsdauer.

Empfindlichkeit und Schwingungsdauer. — Richtkraft und Trägheitsmoment bei kurzschwingenden Galvanometern. — Elektrokardiographensystem.

Bei der Konstruktion der ersten Drehspulspiegelgalvanometer legte man fast ausschließlich Wert auf große Stromempfindlichkeit. Erst in weiterer Entwicklung — angeregt durch die zunehmende Verbreitung der Brückenmeßmethoden und der thermoelektrischen Messungen — suchte man daneben große Spannungsempfindlichkeiten zu erreichen. Im Laufe der Entwicklung kam noch eine weitere Forderung hinzu, die in neuester Zeit immer lauter erhoben wird: die Forderung nach kurzer Einstellzeit und damit auch nach kurzer Schwingungsdauer. Die früher gebräuchlichen Galvanometer hatten alle eine Schwingungsdauer von 10 bis 20 Sekunden. Von den damals noch vorherrschenden Drehmagnetgalvanometern war man in diesem Punkte nicht verwöhnt, da diese ausschließlich bei großer Schwingungsdauer benutzt werden konnten, wenn hohe Empfindlichkeit verlangt wurde.

Die meßtechnische Praxis fordert kurze Schwingungsdauer aus verschiedenen Beweggründen. Je kürzer die Einstellzeit, um so größer ist die Anzahl der Messungen, die in einer bestimmten Zeit durchgeführt werden können. Soll laufend eine größere Zahl von Beobachtungen unmittelbar hintereinander ausgeführt werden, so ist es störend, wenn das Galvanometer eine Schwingungsdauer von 10—15 Sekunden und dementsprechend eine lange Einstellzeit besitzt. Die Beruhigungszeit kann dagegen durch passende Wahl einer offenen Dämpfung oder durch eine Kurzschlußtaste weitgehend gekürzt werden.

In den genannten Fällen brachte die lange Einstellzeit immerhin nur eine Unbequemlichkeit mit sich; das Galvanometer mit großer Schwingungsdauer kann aber unbrauchbar werden, wenn Strom- oder Spannungsänderungen in sehr kurzen Zeiträumen gemessen werden sollen. Hier versagt das Drehspulgalvanometer mit seiner großen Trägheit und zeigt falsche Werte an. Die Aufgabe, Strom- und Spannungsschwankungen zu messen, die nur während sehr kurzer Zeiträume konstant sind, liegen besonders auf elektrochemischem und physiologischem Gebiet vor. Von dieser Seite ist auch mehrfach eine fruchtbare Anregung zur Konstruktion kurzschwingender Galvanometer ausgegangen.

Der Zusammenhang zwischen Schwingungsdauer und Empfindlichkeit

ist durch die uns schon bekannten Ausdrücke (24) und (25) geklärt. Sie zeigen, daß sowohl bei den strom- wie bei den spannungsempfindlichen Galvanometern die Reduktion der Schwingungsdauer einen Verlust an Empfindlichkeit zur Folge hat. Doch ist die Größe des Einflusses verschieden, je nachdem die Verkleinerung der Schwingungsdauer entsprechend der Formel

$$T = 2\pi \cdot \sqrt{\frac{K}{D}}$$

durch größere Richtkraft oder durch kleineres Trägheitsmoment bewirkt wird.

Verkleinerung der Schwingungsdauer durch größere Richtkraft.

Auf diesem Wege kann man zu jeder gewünschten Schwingungsdauer und jeder beliebig kleinen Einstellzeit gelangen. Die Empfindlichkeit aber nimmt bald unbrauchbar kleine Werte an: muß man doch die Richtkraft auf den 100 fachen Betrag bringen, um die Schwingungsdauer auf $^1/_{10}$ des Wertes zu reduzieren; gleichzeitig ist aber auch die Empfindlichkeit auf den 100. Teil zurückgegangen. Es bleibt also dann nur der Weg einer Verkleinerung des Trägheitsmomentes. Daß man zwecks Erreichung dieses Zieles die dünnste zulässige Drahtstärke verwendet, bedarf kaum der Erwähnung; bei spannungsempfindlichen Galvanometern ist auf die hiermit verbundene Erhöhung des Systemwiderstandes Rücksicht zu nehmen. Im übrigen steht danach nur der Weg einer passenden Wahl der Rähmchendimensionen offen. Bei Verwendung schmaler Rähmchen erzielt man starke Verkleinerungen der Schwingungsdauer, da das Trägheitsmoment ungefähr mit der 2. Potenz abnimmt. Um nicht gleichzeitig die Windungsfläche unwirksam klein zu machen, muß man zu einer langen schmalen Spule greifen. Bei spannungsempfindlichen Systemen mit ihrer kleinen Windungszahl liegen die Dinge günstiger. Bei Drehspulgalvanometern mit sehr großer Stromempfindlichkeit wird man eine beträchtliche Schwingungsdauer stets in Kauf nehmen. Folgerichtig muß man bei kurzschwingenden Galvanometern auch das Trägheitsmoment der übrigen Systemteile verkleinern. Wie weit man in dieser Richtung kommen kann, soll an einem System erläutert werden, das in dem Elektrokardiographen der Firma Siemens & Halske Verwendung findet. In einem 2 mm breiten Luftspalt eines 15 000 Gauß starken Elektromagneten schwingt eine winzige Spule, die aus etwa 8 Windungen eines 3 μ starken Wollastondrahtes besteht. Die Spule hat die Dimensionen 10 und 1,2 mm; sie ist in natürlicher Größe in Abbildung 8 unter Nr. 1 dargestellt. Das System trägt einen Spiegel von 0,5 $\times$ 0,5 mm. Bei der kleinen Schwingungsdauer von $^1/_{50}$ Sekunde für die volle Periode wird die recht hohe Stromempfindlichkeit $S_i = 1000$ erreicht; der Widerstand des Systems beträgt $\approx 2000\ \Omega$.

Es bedarf wohl kaum der Erwähnung, daß die Herstellung eines solchen Systems außerordentlich mühevoll ist und viel Geschicklichkeit erfordert.

Die konsequente Verfolgung des Prinzipes, durch Verkleinerung der trägen Masse die Schwingungsdauer herabzusetzen, führte schließlich ganz von dem Aufbau des Drehspulsystems ab, wie wir es bereits bei den stromempfindlichen Galvanometern kennen lernten. Man baute bald Systeme mit nur einer einzigen Windung, sogenannte Schleifengalvanometer und verließ das Drehspulprinzip vollständig bei den Saitengalvanometern. Zur Erzielung einer brauchbaren dynamischen Galvanometerkonstanten muß mit der Verkleinerung der Windungsfläche eine Vergrößerung der Feldstärke Hand in Hand gehen. Auf diesen Punkt kommen wir bei Besprechung der Saitengalvanometer zurück.

4. Das Drehspulgalvanometer für ballistische Messungen.

Allgemeines über die ballistische Methode.

Unsere vorhergehenden Betrachtungen beschränkten sich auf die Messung konstanter Ströme und Spannungen. Sobald sich die zu messenden elektrischen Größen ändern, ist man gezwungen, den ganzen zeitlichen Verlauf aufzunehmen (Oszillograph). Oder bei periodischer Änderung der Meßgröße kann man sich mit der Messung des Effektivwertes begnügen (Vibrationsgalvanometer, Elektrodynamometer, Hitzdrahtinstrumente). Drehspulgalvanometer mit großer Schwingungsdauer scheiden im allgemeinen für Messungen veränderlicher Größen aus, da die Drehspule wegen ihrer Tätigkeit den rasch wechselnden Strömen nicht folgt *). (Über kleine bei Durchgang von Wechselströmen auftretende Effekte vgl. Weißglaß [23].)

Nur in einem Falle geben Drehspulgalvanometer einen gewissen Aufschluß über die Intensität veränderlicher Ströme, und zwar dann, wenn es sich um einen rasch ablaufenden Strom, einen sogenannten Stromstoß handelt. Die Drehspule erfährt dann durch die gesamte hindurchgeflossene Elektrizitätsmenge eine Ablenkung und kehrt langsam in die Ausgangslage zurück. Die maximale Ablenkung bezeichnet man als ballistischen Ausschlag (vgl. Abb. 10). Wohlgemerkt, der Ausschlag läßt keine Rückschlüsse auf den Verlauf des Stromes während des Stoßes zu, sondern es kann lediglich die gesamte hindurchgeflossene Elektrizitätsmenge erfaßt werden.

Anwendungsgebiet der ballistischen Methode.

Eine charakteristische ballistische Messung ist die Bestimmung von Kapazitäten. Der Kondensator wird auf eine Spannung V geladen und dann durch ein Galvanometer entladen. Sobald aus dem Galvanometerausschlag die hindurchgeflossene Elektrizitätsmenge $Q = \int i dt$ ermittelt werden kann, folgt die Kapazität φ des Kondensators unmittelbar aus $\varphi = Q/V$. Bei dieser Schaltung ist der Ausschlag weitgehend unabhängig von einem zusätzlichen Kreiswiderstand, denn der Kreiswiderstand beeinflußt wohl die Zeitdauer aber nicht die Größe des Impulses.

Anders liegen die Dinge z. B. bei Messungen mit Induktionsspulen. Hier ist eine Induktionsspule von meist sehr kleinem Widerstande mit dem Galvanometer verbunden, es kommt also darauf hinaus, die kleinen induzierten Spannungen $\int e dt$ zu messen. Wir haben demnach auch bei den ballistischen Messungen auf den uns bekannten Unterschied zwischen Strom- und Spannungsempfindlichkeit zu achten.

*) Liegt jedoch ein unsymmetrischer Wechselstrom vor, dessen Mittelwert von Null verschieden ist, dann spricht auch das Drehspulgalvanometer an. Und zwar ergibt sich ein Ausschlag, der der Differenz der Mittelwerte der positiven und negativen Impulse entspricht. Dabei ist vorausgesetzt, daß die Frequenz des Wechselstromes weit höher als die Eigenfrequenz des Drehspulsystems liegt. Ist das Umgekehrte der Fall, dann folgt das Drehspulsystem jeder Intensitätsänderung (s. unten Oszillograph Abschn. II).

Analog der Strom- und Spannungsempfindlichkeit definieren wir die ballistische Empfindlichkeit S_Q. Es sei

S_Q = (erster maximaler) **Ausschlag in mm durch 1** μC (Mikrocoulomb) **bei 1 m Skalenabstand.**

Ehe wir zu Einzelheiten übergehen, sei eine allgemeine Bemerkung vorausgeschickt:

Die ballistische Empfindlichkeit kann aus der Gleichstromempfindlichkeit, der Schwingungsdauer und der Dämpfung berechnet werden; infolgedessen besitzt jedes Galvanometer eine ballistische Empfindlichkeit, und ein ballistisches Galvanometer unterscheidet sich prinzipiell durch nichts von einem gewöhnlichen Galvanometer. Nur muß die Auslese aus den Galvanometern für die einzelnen ballistischen Messungen nach bestimmten Gesichtspunkten erfolgen, die wir gleich erörtern wollen.

Für ballistische Messungen sind folgende Fragen von Interesse:

1. Unter welcher Bedingung ist der ballistische Ausschlag (erste maximale Ausschlag) ein Maß für die hindurchgeflossene Elektrizitätsmenge? Welche Fehler entstehen, wenn diese Bedingung nicht erfüllt ist?

2. Welche Faktoren beeinflussen die Größe des ballistischen Ausschlages, also die ballistische Empfindlichkeit?

3. Wie muß man den Bewegungsverlauf regeln, damit man den maximalen Ausschlag mit hinreichender Genauigkeit ablesen kann?

Die Beantwortung dieser Fragen können wir aus der Schwingungsgleichung (S. 12) herleiten. Wir gehen zunächst von der Voraussetzung aus, daß der Stromstoß abgelaufen ist, ehe das Drehspulsystem sich merklich in Bewegung gesetzt hat; die Zeitkonstante des Schließungskreises soll also klein sein gegenüber der Eigenschwingungsdauer des Galvanometers. Ist diese Voraussetzung erfüllt, so wirken auf das System, sobald es einmal in Bewegung ist, keine äußeren Kräfte. Das System wird also die Eigenbewegung ausführen, und es gilt die uns von S. 14 bekannte Differentialgleichung

$$\ddot{\varphi} + a\dot{\varphi} + \varphi = 0, \tag{32}$$

für deren Lösung wir dagegen jetzt andere Anfangsbedingungen ansetzen müssen. Es ist der Ausschlag des Systems zur Zeit $t = 0$

$$\varphi_{t=0} = 0\,. \tag{33}$$

Das System hat aber eine bestimmte Anfangs-Geschwindigkeit $\dot{\varphi}_0$, also $\dot{\varphi}_{t=0} = \dot{\varphi}_0$. Die Lösungen lauten dann:

$$\varphi = \frac{\dot{\varphi}_0}{\beta} \cdot e^{-a\tau} \cdot \sinh \beta\tau \quad (a > 1) \tag{34}$$

$$\varphi = \dot{\varphi}_0 \cdot \tau \cdot e^{-\tau} \qquad (a = 1) \tag{34 a}$$

$$(34\,b) \qquad \varphi = \frac{\dot{\varphi}_0}{\varepsilon} \cdot e^{-a\tau} \cdot \sin \varepsilon\tau \qquad (a < 1)\,.$$

Die Lösungen sind für einige Dämpfungsgrade in Abbildung 10 dargestellt. Sie sind identisch mit der Eigenbewegung, wenn wir der Zeitachse eine bestimmte von der Dämpfung abhängige Phasenverschiebung geben. Im übrigen lassen die Kurven bezw. das Lösungssystem 34 folgende Eigentümlichkeit erkennen:

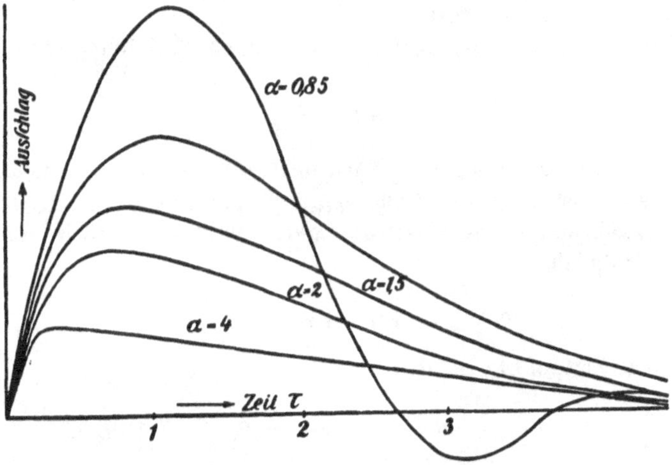

Abb. 10. Verlauf des ballistischen Ausschlags bei verschiedenen Dämpfungsgraden.

1. Der ballistische Ausschlag — d. i. das erste Maximum — nimmt mit zunehmender Dämpfung ab und wird bei unendlich großer Dämpfung Null.

2. Die Ausschlagszeit nimmt gleichzeitig mit zunehmender Dämpfung ab, dagegen nimmt die Rückkehrzeit zu.

Die Werte für die Ausschlagszeit und die Größe des ballistischen Ausschlages lassen sich leicht aus den Lösungen (34) herleiten. Eine einfache Rechnung *) führt zu folgenden Werten für die maximale Ablenkung

---

*) Durch Differentiation d. Gl. (34) S. 44 folgt unmittelbar für die Geschwindigkeit

$$\frac{d\varphi}{d\tau} = \dot{\varphi} = \frac{\varphi_0}{\varepsilon} \cdot e^{-a\tau} \cdot (-a \sin \varepsilon\tau + \varepsilon \cdot \cos \varepsilon\tau)\,.$$

Im Maximum ist notwendig $\varphi' = 0$.

Hieraus folgt

$$\operatorname{tg} \varepsilon\tau = \frac{\varepsilon}{a}$$

$$\tau = \frac{1}{\varepsilon} \cdot \left(\operatorname{arctg} \frac{\varepsilon}{a} + n\pi\right).$$

$$(35)\qquad \varphi_{\max} = \dot{\varphi}_0 \cdot e^{-\frac{a}{\beta}\operatorname{arctgh}\frac{\beta}{a}} \qquad (a > 1)$$

$$(35\,a)\qquad \varphi_{\max} = \frac{\dot{\varphi}_0}{e} \qquad (a = 1)$$

$$(35\,b)\qquad \varphi_{\max} = \pm\, \dot{\varphi}_0 \cdot e^{-n\pi\cdot\frac{a}{\varepsilon}} \cdot e^{-\frac{a}{\varepsilon}\cdot\operatorname{arctg}\frac{a}{\varepsilon}} \quad (a < 1)\,.$$

Folgerung: Bei allen Dämpfungsgraden ist der maximale Ausschlag proportional der Anfangsgeschwindigkeit.

Weiter leiten wir ab:

Die Integration der Differentialgleichung (32) führt zu:

$$(36)\qquad K[\dot{\varphi}]_0^t + P[\varphi]_0^t + D\int_0^t \varphi dt = 0\,,$$

hierbei sei t die Ausschlagszeit. Nach unserer Voraussetzung ist $\varphi_{t=0} = 0$ und weiter ist $\dot{\varphi}_0$ proportional $\varphi_{\max}$, d. h. $\dot{\varphi}_0 = c \cdot \varphi_{\max}$. Da auch im Rückkehrpunkte die Geschwindigkeit der Spule Null ist, gilt noch $\dot{\varphi}_t = 0$, folglich

$$(37)\qquad -K \cdot c \cdot \varphi_{\max} + P\varphi_{\max} + D\int_0^t \varphi dt = 0\,.$$

Zu jedem Zeitpunkte ist aber

$$\varphi = i\frac{q}{D} \quad \text{folglich} \quad D\int_0^t \varphi dt = q \cdot \int_0^t idt = q \cdot Q\,.$$

In Verbindung mit (37) folgt hieraus: die zu messende Elektrizitätsmenge ist dem ballistischen Ausschlag proportional.

Speziell für den Fall des ungedämpften Systems $P = 0$ gilt:

$$qQ = \omega_0 \cdot \varphi_{\max} \cdot K,$$

woraus die ballistische Empfindlichkeit

$$(38)\qquad S_Q = \frac{\varphi_{\max}}{Q} = \frac{q}{\omega_0 \cdot K} = S_i\omega_0$$

(ungedämpft) für $a < 1$ periodisch gilt dann

$$(38\,a)\qquad S_Q = S_i \cdot \frac{\omega_0}{c^{\frac{a}{\varepsilon}\operatorname{arctg}\frac{\varepsilon}{a}}}$$

für den aperiodischen Grenzzustand

$$(38\,b)\qquad S_Q = S_i \cdot \frac{\omega_0}{e}\,.$$

Ebenso folgt für die aperiodische Bewegung

$$\tau = \frac{1}{\beta} \cdot \operatorname{arctg}\frac{\beta}{a}\,.$$

Durch Einsetzen dieser τ-Werte in die Ausgangsgleichungen (34) ergeben sich die Ausdrücke für die maximalen Ablenkungen.

Folgerungen: Die ballistische Empfindlichkeit ist abhängig von der Dämpfung. Sie nimmt mit zunehmender Dämpfung ab und beträgt im aperiodischen Grenzzustand nur noch etwa den 2,7 ten Teil derjenigen des ungedämpften Systems. Für große Empfindlichkeit ist danach möglichst geringe Dämpfung anzustreben. Aus anderen Erwägungen heraus, die gleich besprochen werden sollen, sorgt man jedoch meist für eine stärkere Dämpfung des Systems. Weiter folgt aus (38): Die ballistische Empfindlichkeit wächst direkt proportional mit der statischen Empfindlichkeit*). Es gelten also die gleichen uns bekannten Richtlinien auch für die Konstruktion empfindlicher Galvanometer für ballistische Messungen. Die Empfindlichkeitsbeziehung (38) fordert weiter kleine Schwingungsdauer; gleiche Stromempfindlichkeit vorausgesetzt, besitzt also bei gleicher Dämpfung das rascher schwingende System die höhere ballistische Empfindlichkeit. Bei der Wahl eines ballistischen Galvanometers darf jedoch die Schwingungsdauer nicht zu klein werden im Verhältnis zur Zeitkonstanten des Galvanometerkreises. Bei Eisenmessungen mit der stets vorhandenen großen Selbstinduktion wird man Galvanometer mit großer Schwingungsdauer verwenden müssen.

Galvanometer mit Schwingungsdauern unter 1—2 Sekunden kommen für ballistische Messungen nicht in Betracht, da dann die statische Empfindlichkeit zu klein wird. Wir haben schon mehrmals betont, daß es stromempfindliche Galvanometer bei kleiner Eigenschwingungsdauer nicht gibt. Die starke Abnahme der ballistischen Empfindlichkeit bei abnehmender Schwingungsdauer kommt in der Tabelle 4 Spalte 4 zum Ausdruck.

Schärfe des Umkehrpunktes.

Noch ein anderer Gesichtspunkt ist für die Wahl einer höheren Schwingungsdauer maßgebend. Die Ablesung des ballistischen Ausschlages muß während der Bewegung des Lichtzeigers erfolgen. Wenn auch die Geschwindigkeit des Lichtzeigers im Umkehrpunkt selbst gleich Null ist, so genügt das nicht; die Bewegung muß auch in der Nähe des Umkehrpunktes hinreichend langsam verlaufen, damit der maximale Ausschlag mit genügender Genauigkeit ermittelt werden kann; ob das bei der Ausschlags- oder Rückkehrbewegung der Fall ist, ist zunächst gleichgültig. Wir haben gesehen, daß die Ausschlagsbewegung am langsamsten beim ungedämpften System erfolgt (vgl. Abb. 10). Die Ausschlagszeit, das ist die Zeit bis zur ersten Umkehr, ist also höchstens

$$\tau = \frac{2\pi}{4} \quad \text{oder} \quad t = \frac{T_0}{4}\,.$$

*) d. i. Empfindlichkeit S_i für konstanten Strom.

Tabelle 4.

Ballistische Bewegung.

Dämpfungsgrad	Gleichung der ballistischen Kurve	Maximale Ablenkung	Ballistische Empfindlichkeit	Ausschlagszeit *) (für maximale Ablenkung)	Rückkehrzeit
$\alpha = \infty$ unendlich stark gedämpft	$\varphi = 0$	$\varphi = 0$	$S_Q = 0$	—	—
$\alpha > 4$ stark aperiodisch gedämpft	$\varphi = \frac{\dot{\varphi}_0}{2\beta}\left(1 - \frac{\tau}{2\alpha}\right)$ **)	—	—	$\frac{1}{\alpha} \cdot \ln 2\alpha$	2α
$\alpha > 1$ schwach aperiodisch gedämpft	$\varphi = \frac{\dot{\varphi}_0}{\beta} \cdot e^{-\alpha\tau} \cdot \sinh \beta\tau$	$\dot{\varphi}_0 e^{-\frac{\alpha}{\beta} \operatorname{arctgh} \frac{\beta}{\alpha}}$	$S_Q = S_i \frac{\omega_0}{e}\left(\frac{\alpha}{\varepsilon}\right) \cdot \operatorname{arctg} \frac{\varepsilon}{\alpha}$	$\frac{1}{2\beta} \cdot \ln \frac{\alpha + \beta}{\alpha - \beta}$	—
$\alpha = 1$ aperiodischer Grenzfall	$\varphi = \varphi_0 \tau \cdot e^{-\tau}$	$\frac{\dot{\varphi}_0}{e}$	$S_Q = S_i \cdot \frac{\omega_0}{e}$	1	—
$\alpha < 1$ periodisch gedämpft	$\varphi = \frac{\dot{\varphi}_0}{\varepsilon} \cdot e^{-\alpha\tau} \cdot \sin \varepsilon\tau$	$\pm \dot{\varphi}_0 \cdot e^{-\frac{\alpha}{\varepsilon} \cdot \operatorname{arctg} \frac{\varepsilon}{\alpha}}$	$S_Q = S_i \frac{\omega_0}{e}\left(\frac{\alpha}{\beta}\right) \operatorname{arctgh} \frac{\beta}{\alpha}$	$\frac{1}{\varepsilon} \cdot \operatorname{arctg} \frac{\varepsilon}{\alpha}$	$t_n = \frac{\ln n}{\alpha \cdot \omega_0}$
$\alpha = 0$ ungedämpft	$\varphi = \dot{\varphi}_0 \sin \tau$	$\pm \dot{\varphi}_0$	$S_Q = S_i \cdot \frac{\omega_0}{e}$	$\frac{\pi}{2}$	∞

*) in τ Einheiten.
**) nur für den abklingenden Teil.

Für stärkere Dämpfungen nimmt die Ausschlagszeit ab und beträgt bei der gerade aperiodischen Bewegung nur noch etwa $^1/_6$ der ganzen Schwingungsdauer. Bei noch stärkeren Dämpfungen wird die Ausschlagszeit noch geringer, so daß man zu beliebig kleinen Ausschlagszeiten kommen kann. Qualitativ kann man das aus der Abb. 10 entnehmen, genauere Werte lassen sich leicht rechnerisch ermitteln (siehe Tabelle 4). Es will zunächst paradox erscheinen, daß ein System gegen stärkere Dämpfungen den maximalen Ausschlag rascher erreicht als bei schwachen Dämpfungen. Auf diesen Punkt kommen wir bei Besprechung des Fluxmeters Seite 51 nochmals zurück. Jedenfalls folgt aus diesen Überlegungen, daß die Geschwindigkeiten bei der Ausschlagsbewegung gedämpfter ballistischer Galvanometer für die Ablesung des ballistischen Ausschlages ungünstig große Werte annehmen.

Rückkehrzeit. Anders liegen die Verhältnisse bei der Rückkehrbewegung. Hier beobachten wir bei zunehmender Dämpfung größer werdende Rückkehrzeiten und daher auch geringere Geschwindigkeiten des Zeigers in der Nähe des Umkehrpunktes. Zur Erzielung einer größeren Ablesegenauigkeit ist also die stärkste Dämpfung einzustellen, die mit der Forderung nach Empfindlichkeit und unserer Voraussetzung Seite 44 vereinbar ist.

Die bei den verschiedenen Dämpfungsgraden zu erwartenden Werte für die Rückkehrzeit lassen sich aus den Lösungen (Tab. 4) rechnerisch ermitteln. Zu eindeutigen Werten kommt man auch hier nur dann, wenn man unter Rückkehrzeit die Zeit versteht, die bis zum Rückgang des Ausschlages auf einen bestimmten Bruchteil des Maximalwertes verstreicht.

Am einfachsten läßt sich die Rückkehrzeit für die periodische ballistische Bewegung berechnen. Um die Zeit anzugeben, in der die Ausschläge auf $\frac{1}{n}$ des Maximalausschlages abgeklungen sind, brauchen wir nur den Wert für die Einhüllende

$$e^{-a\omega_0 t} = \frac{1}{n}$$

zu setzen. Hieraus folgt unmittelbar

$$\text{(39)} \qquad \text{Rückkehrzeit } t' = \frac{\ln n}{a \cdot \omega_0},$$

d. h. die Rückkehrzeit nimmt mit zunehmender Dämpfung und steigender Eigenfrequenz ab. Im aperiodischen Grenzzustand berechnet sich die Rückkehrzeit t für $\frac{1}{n}$ des Maximalausschlages aus

$$\frac{\tau}{e^{\tau+1}} = \frac{1}{n},$$

woraus man für verschiedene Werte von n beispielsweise findet:

$$n = 100 \quad t = 5{,}22, \quad n = 500 \quad t = 7.$$

Bei etwas stärkerer Dämpfung ist die Berechnung nicht mehr in einfacher Weise möglich. Für ganz starke Dämpfungsgrade dagegen nehmen die Beziehungen wiederum eine einfache Form an; auf diesen Fall kommen wir gesondert zurück (vgl. S. 51).

Abhängigkeit des ballistischen Ausschlages von der Dauer des Stromstoßes.

Da diese Frage die Konstruktion des ballistischen Galvanometers nicht berührt, können wir uns hier auf die Wiedergabe einiger Ergebnisse beschränken. Wegen der umfangreichen Berechnungen verweisen wir auf die Originalarbeiten [29]) u. [30]). Unsere ganzen Überlegungen galten unter der Voraussetzung, daß die Elektrizitätsmenge abgeflossen ist, ehe das System merklich in Bewegung versetzt wird; oder anders ausgedrückt: Auf das System wirken keine äußeren Kräfte, so daß die Lösung der homogenen Differentialgleichung zur Beantwortung aller Fragen ausreichte. Da unsere Voraussetzung streng sicher niemals erfüllt ist, ist es von Interesse zu untersuchen, wie groß die Abweichung von dem idealen, momentanen Stoß sein darf, um einen Fehler bestimmter Größe hervorzurufen. Unter der Annahme, daß der Strom während der Stoßzeit konstant ist, ergibt die Rechnung, daß bei einer Genauigkeit von 1% die Stoßzeit $\Delta\tau = 0{,}5$ entsprechend $0{,}07\,T_0$ sein darf, d. h. bei einer Schwingungsdauer von 14 Sekunden muß der Stromstoß innerhalb ≈ 1 Sekunde abgelaufen sein. — Auch die Stromform ist von Einfluß auf die zulässige Stoßzeit bei ballistischen Messungen. Über einige diesbezügl. theoretische Richtlinien vergleiche Diesselhorst [30]) und Zöllich [35]).

Multiplikationsverfahren.

Der durch einen bestimmten Stromimpuls hervorgerufene Ausschlag kann vergrößert werden, wenn man die gleichen Stromimpulse dem Galvanometer mehrmals zuführt. Bei diesem sogenannten Multiplikationsverfahren wird noch vorausgesetzt, daß die Impulse stets dann gegeben werden, wenn der Lichtzeiger gleichsinnig durch die Ruhelage geht (wie bei Einschwingen einer Luftschaukel). Die ballistischen Ausschläge wachsen mehr und mehr, bis sie sich schließlich einem Grenzwerte nähern. Das Multiplikationsverfahren kann naturgemäß nur bei periodischer Dämpfung angewendet werden.

Durch rechnerische Überlegungen, wie wir sie ähnlich später in Abschnitt II S. 123 wiedertreffen werden, findet man für den Verstärkungsgrad V, das ist das Verhältnis der ballistischen Ausschläge bei dem gewöhnlichen und dem Multiplikationsverfahren,

$$(40) \qquad V = \frac{1}{1 - e^{-\lambda}} = \frac{1}{1 - \frac{1}{k}} = \frac{k}{k - 1}$$

oder für sehr kleine Dämpfungsgrade

$$(41) \qquad V = \frac{1}{2\pi a}.$$

Je geringer die Dämpfung ist, um so größer wird also der Verstärkungsfaktor V. Andererseits dauert es bei sehr kleiner Dämpfung recht lange, bis der Grenzwert erreicht wird. Es erübrigt sich an dieser Stelle ausführlicher auf dieses Meßverfahren, sowie auf eine ähnliche Methode, die sogenannte Zurückwerfungsmethode einzugehen. Über die hierbei auftretenden Fragen, wie z. B. die Rechtzeitigkeit, mit der die einzelnen Stromimpulse zu geben sind, vergleiche wiederum die Originalarbeiten von Dorn [29]), Diesselhorst [30]), Zöllich [35]). Für die Konstruktion der ballistischen Galvanometer bringen diese Überlegungen nichts Neues.

Das aperiodisch gedämpfte, ballistische Galvanometer. — Fluxmeter (Quantometer).

Die Bewegungsvorgänge bei sehr starker Dämpfung machen eine gesonderte Besprechung erforderlich. Die Spule geht dann fast augenblicklich in die neue Ruhelage über und kehrt sehr langsam in die Ausgangslage zurück. Dieser eigenartige Bewegungsverlauf wird um so ausgeprägter, je stärker die Dämpfung ist. Im allgemeinen gelten ohne weiteres die Überlegungen, wie wir sie soeben für das gewöhnliche ballistische Galvanometer angestellt haben. Doch ist eine Voraussetzung jetzt sicher nicht mehr erfüllt, und zwar die, daß der Stromstoß abgelaufen ist, ehe das System merklich in Bewegung geraten ist. Es muß also die Frage beantwortet werden, unter welchen Bedingungen überhaupt ein stark gedämpftes Galvanometer zu quantitativen, ballistischen Messungen verwendet werden darf.

Bewegungsgleichungen.

Bei sehr starker Dämpfung, etwa $a > 4$, nehmen die Bewegungsgleichungen eine vereinfachte Form an: Mit genügender Genauigkeit gilt nach einer gewissen Zeit $\sinh \beta\tau = e^{\beta \frac{\tau}{2}}$, so daß die abklingende Bewegung dargestellt wird durch

$$(42) \qquad \varphi = \frac{\dot{\varphi}_0}{2\beta} \cdot e^{(-\alpha+\beta)\tau}$$

oder für nicht zu große τ Werte

$$(43) \qquad \varphi = \frac{\dot{\varphi}_0}{2\beta} \cdot \left(1 - \frac{\tau}{2\alpha}\right).$$

Ebenso wird die ballistische Ausschlagszeit

$$(44) \qquad \tau = \frac{1}{2\beta} \cdot \ln \frac{\alpha + \beta}{\alpha - \beta}$$

für große Werte von α einfach zu

$$(44\,\text{a}) \qquad \tau = \frac{\ln 2\alpha}{\alpha}.$$

Ist der Kreiswiderstand auf den hundertsten Teil des aperiodischen Grenzwiderstandes gebracht, so ist α gleich 100, da im wesentlichen nur die elektromagnetische Dämpfung vorhanden ist und diese in einfacher Weise durch den Schließungswiderstand bestimmt ist. Aus Ausdruck (44 a) errechnet sich jetzt die Ausschlagszeit

$$\tau = \frac{\ln 200}{100} = \frac{5{,}3}{100} \approx \frac{1}{20}$$

von der im aperiodischen Fall. Für eine Schwingungsdauer des Galvanometers von 20 Sekunden wird so bei der oben angenommenen Dämpfung die Ausschlagszeit nur 0,15 Sekunden.

Für die Rückkehrbewegung hat Jones [32]) eine sehr interessante Gesetzmäßigkeit gefunden. Die Rückkehrbewegung verläuft sehr langsam, es läßt sich infolgedessen auch bequem die Zeit messen, die vergeht, bis der Ausschlag auf die Hälfte seines Maximalwertes zurückgegangen ist. J. beobachtete nun, daß diese „Halbwertzeit" immer die gleiche ist und unabhängig davon, von welchem Zeitpunkt der Bewegung man zu zählen beginnt, vorausgesetzt, daß man nicht zu nahe dem Wendepunkt arbeitet. Ist der Bewegungsverlauf dargestellt durch

$$\varphi = f(t), \text{ so ist } \frac{\varphi}{2} = \frac{f(t)}{2} = f(t + \vartheta)$$

wo ϑ die Halbwertzeit bedeutet. Aus der Bewegungsgleichung (42) folgt

$$\frac{\varphi}{\varphi/_2} = e^{(\alpha-\beta)\vartheta} \quad \text{und} \quad \vartheta = \frac{\ln 2}{\alpha - \beta}.$$

Entwickelt man $\alpha - \beta$ nach Potenzen von α und vernachlässigt alle Terme nach dem zweiten, so folgt

$$\frac{1}{2\alpha} = \frac{0{,}7}{\vartheta}$$

und hieraus, da $\alpha = \frac{q^2}{R}$

(45) $$R\vartheta = \text{const.},$$

d. h. die Rückkehrzeit wächst bei starker Dämpfung umgekehrt proportional mit dem Schließungswiderstand.

Anwendungen. Das stark aperiodisch gedämpfte Galvanometer kann zur bequemen Messung von magnetischen Feldern benutzt werden. Man hat dazu nur notwendig, eine sogenannte Tauchspule an das Galvanometer anzuschließen, deren Widerstand weit unter dem aperiodischen Grenzwiderstand des Galvanometers liegt. Zieht man die Spule aus dem magnetischen Felde heraus, bezw. öffnet und schließt den Erregerkreis des Elektromagneten, dann wird in der Spule eine EMK induziert, die einen ihr proportionalen ballistischen Ausschlag hervorruft.

Bei rein elektromagnetischer Dämpfung lautet die Bewegungsgleichung der Drehspule

$$K \cdot \ddot{\varphi} + \frac{q^2}{R} \cdot \dot{\varphi} + D \cdot \varphi = q \cdot \left\{\frac{E}{R} + \frac{L}{R} \cdot \frac{di}{dt}\right\}.$$

Hierin ist $E = \frac{d\Phi}{dt}$ die EMK, die bei der Bewegung der Spule im Felde von der Induktion Φ entsteht; L ist die Selbstinduktion des Galvanometerkreises. Die einmalige Integration führt zu

(46) $$K[\dot{\varphi}]_0^\vartheta + \frac{q^2}{R} \cdot \int_0^\vartheta \dot{\varphi} + D \cdot \int_0^\vartheta \varphi dt = \frac{q \int_0^\vartheta E dt}{R} + \frac{q \cdot L}{R} \cdot [i]_0^\vartheta.$$

Nach unseren Voraussetzungen ist sowohl $\dot{\varphi}$ als auch i am Anfangszeitpunkt und zur Zeit des maximalen Ausschlags $= 0$. Danach folgt aus (46) unmittelbar

(47) $$\Phi = \frac{RD}{q} \int_0^\vartheta \varphi dt + q \cdot \varphi_{\max}.$$

Bei verschwindend kleiner Richtkraft oder bei großen dynamischen Galvanometerkonstanten verschwindet der erste Term gegenüber dem zweiten und der zu messende Fluß Φ wird

(47 a) $$\Phi = q \cdot \varphi_{\max}.$$

Φ ist also proportional dem maximalen Ausschlage.

Unter gewissen Bedingungen kann also auch das stark aperiodisch gedämpfte Galvanometer zu quantitativen, ballistischen Messungen benutzt werden.

Das überaperiodisch gedämpfte ballistische Galvanometer kann auch zur Messung sehr kurzer Zeiten herangezogen werden. Näheres hierüber siehe z. B. bei Darbois u. Ribaud [36]).

Schließlich soll noch erwähnt werden, daß man nach Busch [37]) mit dem Fluxmeter Rückstandsmessungen an Kondensatoren ausführen kann.

Die Empfindlichkeitsdaten der Drehspulgalvanometer.

Überblick über die Empfindlichkeitsdaten. — Arbeitskonstanten und Konstruktionskonstanten. — Normalempfindlichkeit. — Absolute Empfindlichkeit. — Grenzen der Empfindlichkeit.

Die Ausführungen des vorigen Abschnittes haben wohl zur Genüge bewiesen, daß die verschiedenen Forderungen an die einzelnen Arten von Empfindlichkeit nur durch eine Anzahl von Galvanometersystemen mit verschiedenen Schwingungsdauern, System- und Grenzwiderständen erfüllt werden können. Das gilt besonders dann, wenn es sich um ganz extreme Forderungen handelt. Kann man sich mit mäßigen Empfindlichkeiten begnügen, so wird man stets den Vorteil einer allgemeineren Verwendbarkeit haben. Zudem sind Galvanometer mit geringeren Empfindlichkeiten in ihrer Benutzung nicht so subtil.

Die Tabelle 5 enthält einmal Empfindlichkeitsangaben von denjenigen im Handel befindlichen Galvanometern, die besonderes Interesse verdienen, da sie die zur Zeit extremsten Empfindlichkeitswerte besitzen; diejenigen Daten eines Galvanometers, die von besonderer Wichtigkeit sind, sind fett gedruckt. Für Galvanometer mit mittleren Empfindlichkeiten sind in der Tabelle gleichfalls einige Daten angegeben. Jede Firma, die sich mit der Herstellung wissenschaftlicher elektrischer Apparate befaßt, liefert eine Reihe von Galvanometersystemen, so daß unempfindlichere Galvanometer innerhalb des durch die extremen Empfindlichkeiten gegebenen Rahmens stets beschafft werden können, daher ist bei der Aufzählung keiner bestimmten Konstruktion der Vorzug gegeben. Schließlich sind für die Güte eines Spiegelgalvanometers noch andere Eigenschaften maßgebend.

Den in der Tabelle gemachten Empfindlichkeitsangaben liegen folgende Definitionen zugrunde; obgleich diese schon größtenteils erwähnt, werden sie hier zweckmäßig zusammengestellt.

1. Stromempfindlichkeit S_i, d. i. der Ausschlag in mm bei 1 m Skalenabstand, hervorgerufen durch 1 Mikroampere (μA).

2. Spannungsempfindlichkeit S_v, d. i. der Ausschlag in mm bei 1 m Skalenabstand, hervorgerufen durch 1 Mikrovolt (μV).

Gemäß Formel (26) kann man S_v aus S_i herleiten, indem man die

Tabelle 5.

Drehspulgalvanometer.

Nr.	Hersteller	Type bzw. Listennummer	S_i	S_v	S_Q	R_k	R_i	T_0	Spiegel mm	Bemerkungen
1	Leeds & Northrup	2290	**100 000**	1	5800	100 000	800	40	14	Rähmchen 5 d. Abb. 8
2	Hartmann & Braun	159	**20 000**	0,1	1500	200 000	2200	30	—	
3	Siemens & Halske	2415 ä	**10 000**	0,08	1200	120 000	2300	20	14	Rähmchen 6 d. Abb. 8
4	Cambridge	41811	**12 000**	0,23	1300	70 000	2800	22	—	
5	Carpentier	Fplat Nr. 2	2000	0,11	180	18 000	—	25	—	
6	Kipp & Zonen	Zc	2500—820	**11—34**	—	230—10	20	7	8	
7	Kipp & Zonen	—	200	4,2	360	—	47	**1,3**	6	Moll [23]) Rähmchen 1 d. Abb. 8
8	Hartmann & Braun	176	59	11	9	5,4	2,4	15	—	
9	Siemens & Halske	2421	82	3,3	13	25	10	15	14	Jaeger [14])
10	Siemens & Halske	2442	200	1	120	150	**60**	**4**	8	Diesselhorst [19]) Rähmchen 4 d. Abb. 8
11	Kipp & Zonen	—	100—40	2—5	—	40—0	7	**1,3**	8	Zernike [27]) Rähmchen 3 d. Abb. 8
12	Siemens & Halske	24	1250	—	48	—	350	**60**	14	

Stromempfindlichkeit durch den aperiodischen Grenzwiderstand R dividiert*).

3. Ballistische oder Coulombempfindlichkeit S_Q, d. i. der Ausschlag in mm bei 1 m Skalenabstand, hervorgerufen durch ein Mikrocoulomb (μC), wenn sich das Galvanometer im gerade aperiodischen Grenzzustand befindet. Die im vorigen Abschnitt gegebenen Formeln gestatten die Berechnung der ballistischen Empfindlichkeit für andere Dämpfungsgrade. Außer den Empfindlichkeiten enthält die Tabelle noch weitere, für die Bewertung eines Galvanometers erforderliche Angaben. Da ist zunächst der äußere Grenzwiderstand R_k und der zur Charakterisierung des Systems nützliche Wert des Systemwiderstandes R_i. Es kommen dann die weiter interessierenden Angaben über die Schwingungsdauer T_0 (volle Periode) sowie die Größe des Spiegels. In einer weiteren Spalte sind allgemeine Bemerkungen über die Eigenheiten des betreffenden Galvanometers enthalten.

Das Zahlenmaterial läßt folgende Gesichtspunkte erkennen:

Die maximalen Stromempfindlichkeiten von $S_i = 20.000$ bis 100.000 werden durch relativ hohe Grenzwiderstände 100.000 bis 200.000 Ohm und hohe Schwingungsdauern von 25 bis 40 Sekunden erkauft.

Die höchsten Spannungsempfindlichkeiten wären z. Zt. mit etwa 30 mm/μV anzugeben. Bei der Beurteilung dieser Zahlen ist noch zu berücksichtigen, daß solche Galvanometer schon zu den subtilsten Ausführungen gehören. Auf dem Gebiete der Spannungsempfindlichkeit ist man also durchaus noch nicht verwöhnt. Die nnter 6 und 11 genannten Instrumente sind mit magnetischem Nebenschluß ausgerüstet und überdecken daher einen gewissen Empfindlichkeitsbereich. Die Empfindlichkeitszahlen sind hier so zu verstehen, daß der jeweils hohen Stromempfindlichkeit die niedrige Spannungsempfindlichkeit zugeordnet werden muß, und umgekehrt.

Dieser Übersicht über die Arbeitskonstanten wollen wir eine Zusammenstellung der Konstruktionskonstanten einiger interessanter Galvanometer folgen lassen (Tabelle 6). Die erste Spalte enthält die Angabe über den Konstrukteur und die Herstellerfirma, sowie das Geburtsjahr des betreffenden Galvanometers. Die dann angegebenen Daten über das Trägheitsmoment K und die Richtkraft D lassen deutlich die geschichtliche Entwicklung erkennen: Man ist zu immer kleineren Werten übergegangen, um kleine Schwingungsdauer und hohe Spannungsempfindlichkeit zu erreichen. Die Zahlen für Windungsfläche, Feldstärke und dynamische Galvanometerkonstante

*) Von der Angabe der Leistungsempfindlichkeit ist hier abgesehen, da hierdurch der Überblick über die Galvanometereigenschaften nicht wesentlich gefördert wird.

zeigen einen gleichen Gang. Hierbei muß betont werden, daß die älteren Ausführungen mit ihrer relativ hohen Stromempfindlichkeit durchaus nicht ihre Daseinsberechtigung verloren haben, wie man vielleicht aus dieser geschichtlichen Entwicklung ableiten könnte.

Um die Arbeitskonstanten dieser Galvanometer zu näherem Vergleiche heranziehen zu können, ist die Ziffer angegeben, unter der das Galvanometer in der Empfindlichkeitstabelle 5 aufgeführt ist.

Tabelle 6.

Konstruktionsdaten einiger Drehspulspiegelgalvanometer.

Bezeichnung	Nr. aus Tabelle	K	D	H	F	q
Siemens-Halske, großes Modell (**1895**)	3	6,6	0,5	1000	$1100 \times 2{,}6 \times 3{,}2 = 9200$	$9200 \cdot 10^3$
Siemens-Halske, kleines Modell (**1910**)	10	0,08	0,18	500	$72 \times 0{,}9 \times 4{,}7 = 300$	$150 \cdot 10^3$
Kipp-Zonen (nach Moll) (**1922**)	7	0,002	0,12	700	$50 \times 0{,}55 \times 4 = 110$	$77 \cdot 10^3$
Kipp-Zonen (nach Zernike) (**1922**)	6	0,004	0,0025	700	$12 \times 0{,}5 \times 1{,}2 = 7{,}2$	$5 \cdot 10^3$

Normalempfindlichkeit. Anschließend an die soeben gegebene Übersicht über die Empfindlichkeitsdaten der Drehspulgalvanometer wollen wir die Empfindlichkeitsfrage von einem anderen Standpunkte aus aufrollen. Bisher haben wir das Problem der Empfindlichkeit vom Standpunkte der Konstruktion eines Galvanometers mit bestimmten Eigenschaften betrachtet. Hierbei waren uns die Beziehungen der verschiedenen Arten von Empfindlichkeiten zu den Galvanometerdaten von großem Nutzen. Wenn man die vielen Zahlen betrachtet, die zur Charakterisierung eines Galvanometers gegeben wurden, liegt die Frage auf der Hand, ob diese vielen Daten unbedingt notwendig sind; ob es nicht möglich ist, die Galvanometerempfindlichkeiten durch eine Zahl — die man zweckmäßig mit Normalempfindlichkeit bezeichnen würde — auszudrücken; dadurch würde zweifellos die Orientierung auch für denjenigen erleichtert, der die Auswahl eines bestimmten Galvanometers treffen muß. Auch wäre dann ein einfacher Vergleich in bezug auf die Leistungsfähigkeit verschiedener Galvanometer möglich. Schließlich sind doch die hochempfindlichen Meßinstrumente in der Hand des Physikers und des Technikers nur Mittel zum Zweck; ihre Handhabung und ihre Verwendung sollten daher möglichst bequem und einfach sein. Sicher würde bei leichter Orientierungsmöglichkeit über die wichtigsten

Daten manches Spiegelgalvanometer eine zweckmäßigere Verwendung finden; aber wer schreckt nicht vor einer Liste von Konstruktionsdaten zurück, wie sie z. B. eine Firma bei der Aufzählung von über 30 Galvanometersystemen gibt. Eine einfache Kennzeichnung des Galvanometertypus dürfte also sicher von Nutzen sein. Wir wollen sehen, wie weit dieses möglich ist.

Es ist an anderer Stelle schon betont worden, daß als rohes Maß für die Empfindlichkeit die Direktionskraft gelten kann; zu quantitativen Vergleichszahlen kommt man hier jedoch nicht. Für Empfindlichkeitsvergleichungen eignet sich schon besser die oben gefundene Beziehung (24)

$$S_i = \sqrt{\frac{T_0 \cdot R}{\pi D}}$$

die unter den praktisch wenig bedeutsamen Einschränkungen gilt, daß die offene Dämpfung a_0 gegen die elektromagnetische Dämpfung zu vernachlässigen und der Systemwiderstand klein gegen den Grenzwiderstand ist. Wir wollen jetzt eine Systemreihe auf folgender Grundlage entwickeln: wir nehmen die gleichen Aufhängebänder und Zuleitungsfedern, d. h. konstante mechanische Richtkraft D, sowie gleiche Rähmchendimensionen und gleiche Feldstärke. Die Verschiedenheit liege in der Zahl der Windungen, die den einzelnen Systemen gegeben sind. Mit dieser Abänderung wird sich das Trägheitsmoment mit zunehmender Windungszahl vergrößern, im Zusammenhang damit auch die Schwingungsdauer, der Grenzwiderstand, und schließlich werden Spannungs- und Stromempfindlichkeit andere Werte annehmen. Dieser Weg wird von den Firmen bei der Konstruktion einer Galvanometerserie von bestimmtem Typus meistens eingeschlagen. Wir wollen an einigen in den Preislisten veröffentlichten Zahlen prüfen, ob die Folgerung aus unserer Empfindlichkeitsformel stimmt.

Aus (24) folgt bei konstanter Richtkraft unmittelbar:

$$(48) \qquad \frac{S_i'}{S_i''} = \sqrt{\frac{T_0' R'}{T_0'' R''}}\,.$$

Die Firma Carpentier-Paris gibt für einen Galvanometertypus folgende Zahlen an:

Empfindlichkeit S_i	Schwingungs-dauer	Grenz-widerstand
1.96	3.4	6.2
7.4	3.9	74
19.6	3.6	595

Wir bilden die Ausdrücke gemäß obiger Formel:

$$\frac{7.4}{1.96} = 3.77 \; \ldots\ldots\ldots \; \sqrt{\frac{3.9 \cdot 74}{3.4 \cdot 6.2}} = 3.71\,,$$

$$\frac{19.6}{1.96} = 10 \; \ldots\ldots\ldots \; \sqrt{\frac{3.6 \cdot 595}{3.4 \cdot 6.2}} = 10$$

und finden bessere Übereinstimmung, als wir nach der Ungenauigkeit der Formel und der nur als Mittelwerte zu betrachtenden Bestimmungsdaten erwarten können.

Mit diesen Überlegungen sollte gezeigt werden, daß sich bei einer Galvanometerserie mit konstanter Richtkraft ein charakteristischer Wert angeben läßt, den man normale Empfindlichkeit nennen könnte. In Übereinstimmung mit W. Jaeger [1]) gehen wir von einem Galvanometer aus, dessen Grenzwiderstand $R = 1\ \Omega$ bei einer Schwingungsdauer $T_0 = 10$ Sekunden beträgt. Bei einer Richtkraft von $D = 0{,}6$ Dyncm, wie sie bei den aufgeführten Galvanometern verwendet ist, wird gemäß unserer Beziehung (24)

$$S_i = 200 \cdot 10^{-6} \sqrt{\frac{10^9 \cdot 10}{0.6\,\pi}} = 20 \cdot \sqrt{\frac{1}{0.6\pi}} = 14\,.$$

Von dieser normalen Empfindlichkeit $S_N = 14$ ausgehend, können wir die Strom- und Spannungsempfindlichkeit berechnen, die wir bei dieser Richtkraft erwarten dürfen. Stellt man bei einem Galvanometer eine größere normale Empfindlichkeit fest, so kann diese nur durch Verkleinerung der Richtkraft erreicht sein. Bei der Nachprüfung dieser Zahlen muß allerdings berücksichtigt werden, daß infolge der offenen Dämpfung und des Anteils des Systemwiderstandes die tatsächliche Empfindlichkeit hinter der berechneten zurückbleibt. Die auf diesem Wege ermittelten Zahlen können daher nur zur Orientierung dienen, und niemals die Eichung des Spiegelgalvanometers ersetzen.

Es tritt nun die Frage auf, ob durch Einführung der Normalempfindlichkeit, so, wie wir es eben getan haben, die Übersicht über die Galvanometer gefördert ist. Alle Galvanometer, die bei gleicher Direktionskraft noch so verschiedene andere Daten haben, besitzen danach die gleiche Normalempfindlichkeit. Diese Reduzierung wäre von Vorteil, wenn sich ein Galvanometer leicht in ein anderes überführen ließe. Aber in Wirklichkeit liegen doch die Dinge so, daß sich an einem bestimmten System die Richtkraft ebenso schwer ändern läßt, wie die Spulenfläche, das Trägheitsmoment oder der Grenzwiderstand. Jedenfalls haben wir der Größe D eine Vormachtsstellung eingeräumt, die ihr für die einzelnen Konstruktionen nicht zukommt. Wir haben trotz der gleichen „Normalempfindlichkeit" ganz verschiedene Galvanometer vor uns, die ganz andere Empfindlichkeiten zeigen, und sich zu ganz anderen Messungen eignen; nun soll der Sinn der Normalempfindlichkeit doch der sein, daß eine Galvanometerserie des gleichen Typus durch dieselbe Zahl charakterisiert werden kann. Wir haben also im Grunde nicht mehr erreicht, als durch die schon eingangs erwähnte Skala der Direktionskraft.

Andererseits würden wir bei gleichen Rähmchen, gleicher Wicklung und infolgedessen auch gleichem Trägheitsmoment verschiedene Normalempfindlichkeit erhalten, sobald wir die mechanischen Richtkräfte allein ändern. Um dieses zweckmäßig zu prüfen, formen wir den Ausdruck um:

$$S_i = \sqrt{\frac{T_0^3 \cdot R}{4\pi^3 K}}$$

hier ist die Direktionskraft durch Trägheitsmoment und Schwingungsdauer ersetzt. Bei unserer eben gemachten Annahme müssen sich danach die Empfindlichkeiten zweier Galvanometer einer Serie verhalten, wie

$$\text{(49)} \qquad \frac{S_i'}{S_i''} = \sqrt{\frac{T_0'^3 R'}{T_0''^3 R''}}.$$

Wir wählen zur Prüfung dieser Beziehung wiederum einige von der Firma Carpentier-Paris in den Handel gebrachten Galvanometer mit folgenden Daten:

	S_i	T_o	R
I.	0,16	0.96	1.78
II.	0,38	1,5	2,72
III.	1,97	3,38	6,2

Diese drei Galvanometer unterscheiden sich nur durch die Richtkraft, es muß also gelten

$$\frac{S_i'}{S_i''} = \frac{0,16}{0,38} = 0,422 \ldots \sqrt{\frac{(0,96)^3 \cdot 1,78}{(1,5)^3 \cdot 2,72}} = 0,417$$

$$\frac{S_i'}{S_i'''} = \frac{0,16}{1,97} = 0,082 \ldots \sqrt{\frac{(0,96)^3 \cdot 1,78}{(3,38)^3 \cdot 6,2}} = 0,081.$$

Wir finden auch hier genügende Übereinstimmung. Die Beziehung gestattet für die oben angenommene Umkonstruktion, die für eine bestimmte Empfindlichkeit erforderliche Direktionskraft zu berechnen. Die Daten des Ausgangsgalvanometers S_i, T_o und R lassen sich durch Versuch leicht bestimmen. Bemerkenswert ist hierbei das Resultat, daß die Empfindlichkeit des Drehspulgalvanometers einmal mit der Wurzel aus der Schwingungsdauer, das andere Mal mit der Potenz 3/2 sich ändert, je nachdem, ob die Direktionskraft oder das Trägheitsmoment konstant gehalten wird; man vergleiche die Ausdrücke (24) und (25). Da man weder D noch K allein ändern kann, ohne andere Konstanten des Galvanometers mit zu verändern, kommt diesem Ergebnis nur bedingte Bedeutung zu. Auf jeden Fall muß man bei der Reduktion verschiedener Galvanometer auf gleiche Schwingungsdauer in der Anwendung obiger Formeln vorsichtig sein.

Fehlt schon für die Drehspulgalvanometer unter sich ein einfacher Vergleichsmaßstab, so gilt das in weit höherem Maße bei Vergleich von Galvanometern verschiedener Typen. Man findet zuweilen Vergleichszahlen für Drehspul-, Saiten- und Nadelgalvanometer nach der Formel (24). Die Saitengalvanometer mit ihrer extrem kurzen Schwingungsdauer erhalten dann Zahlen von mehreren 100 000, während die Zahlen für

Drehspulgalvanometer und die der Drehmagnetgalvanometer bei 10 000 liegen. Es liegt auf der Hand, daß dieses Verfahren ein ganz falsches Bild gibt und mehr Verwirrung stiftet, als zur Orientierung dient.

Absolute Empfindlichkeit.

Die am Anfang dieses Abschnittes gestellte Frage, ob ein Drehspulgalvanometer durch eine Zahl (z. B. die Stromempfindlichkeit) genügend genau charakterisiert werden kann, muß also verneint werden. Die Angabe der drei Daten: Stromempfindlichkeit, Grenzwiderstand und Schwingungsdauer ist unbedingt erforderlich, die des Systemwiderstandes und der Spiegelgröße mindestens erwünscht. Aus diesen Angaben läßt sich dann die Spannungsempfindlichkeit und ballistische Empfindlichkeit errechnen, so daß die für die Auswahl des richtigen Galvanometers erforderlichen Unterlagen gegeben sind. Diese Zahlenangaben lassen sich also nicht umgehen, ja wir werden sehen, daß sie für eine vollständige Bewertung des Galvanometers nicht einmal ausreichen. Die Übersicht über die Auswahl der Galvanometer kann nur gefördert werden, wenn man mit wenigen Systemen den ganzen Bereich der Empfindlichkeiten umspannen kann.

Wir haben uns bisher darauf beschränkt, als Empfindlichkeit diejenige Ablenkung in mm anzugeben, die durch ein Millionstel der Stromstärke, bzw. Spannung usw. hervorgerufen wird, ohne uns näher über die Art der Übertragung der Drehbewegung der Spule zu kümmern. Es stecken also in dieser Empfindlichkeitsangabe zwei Vereinbarungen, bezüglich Abstand und Ausschlagsgröße, die wir noch etwas näher erörtern müssen. Da ist zunächst der Skalenabstand auf 1 m festgelegt. Zum Zwecke der Empfindlichkeitssteigerung wird man diesen Abstand auf den höchst zulässigen Wert vergrößern. Bei Ablesung mit Fernrohr kann eine solche Vergrößerung ohne Schwierigkeiten vorgenommen werden und findet nur eine Grenze in der Güte und Größe des Spiegels. Benutzt werden im allgemeinen Skalenabstände von $1^1/_2$ bis 4 m. Über 10 m Skalenabstand ist man selbst in Versuchsanordnungen nicht hinausgegangen.

Die Vergrößerung des Skalenabstandes bietet nun nicht immer zugleich eine Vergrößerung der Empfindlichkeit. Nur unter der Voraussetzung, daß das System in seiner Ausgangslage und nach der Ablenkung absolut ruhig steht, ist der Weg der Abstandsvergrößerung gangbar. So müssen bei 1 m Skalenabstand diese „Störungen" kleiner als $^1/_{10}$ mm sein, soll bei 10 m Skalenabstand die Ablesung auf weniger als 1 mm gewährleistet und damit ein Empfindlichkeitsgewinn erreicht sein. Wir sehen jedenfalls, daß die Verbesserung der Optik uns nur helfen kann bei ausgezeichneter Ruhelage des Systems. Von dieser haben wir aber bisher nichts erwähnt.

und müssen gestehen, daß unsere Empfindlichkeitsangabe trotz der vielen Daten noch sehr mangelhaft ist, und wir müssen statt der beabsichtigten Einschränkung der Zahlen noch eine hinzufügen, gewissermaßen als Maß für die Nullpunktssicherheit des Systems. Diese Angabe gestattet erst eine richtige Bewertung des Galvanometers. Denn wenn die Empfindlichkeit des Galvanometers bei sehr kleiner Direktionskraft mit einer großen Nullpunktsunsicherheit erkauft ist, dann ist der ganze Empfindlichkeitsgewinn illusorisch. Unsere Frage muß also lauten: Welche kleinste Stromstärke oder Spannung ist mit dem betreffenden Galvanometer noch nachweisbar?

Bei näherer Betrachtung dieser Frage kommt man in ein Netz von Schwierigkeiten: einmal hängen diese mechanischen Störungen, die die Unruhe des Systems hervorrufen, sehr von den augenblicklichen Verhältnissen ab. Es ist schwer, eine Norm für eine äußere Störung zu finden, die allgemein anerkannt, und nach der hinreichend bequem gearbeitet werden könnte. Die mechanische Ruhelage des Systems hängt sehr von den Symmetrieeigenschaften desselben ab und wird selbst bei den einzelnen Galvanometern ein und derselben Fabrikationsserie verschieden ausfallen. Solange kein einheitliches Maß für die Größe der Störungen vorhanden ist, werden die Aussagen über mechanische Störungsfreiheit nur qualitativen Charakter haben. C. Moll und H. Burger [39]) haben den Vorschlag gemacht, den mittleren Fehler in μV anzugeben, wobei das Galvanometer unter günstigsten Bedingungen beobachtet wird. Hierzu wird man einmal einen möglichst erschütterungsfreien Ort wählen und die vorhandenen mechanischen Störungen durch gute Aufstellung oder Aufhängung (vgl. S. 183) nach Möglichkeit beseitigen. Man wird weiter Luftstörungen fernhalten und für konstante Temperatur sorgen, damit Thermoströme möglichst ausgeschaltet werden. Die dann noch vorhandenen Schwankungen der Drehspule wird man durch starke elektromagnetische Dämpfung rasch beruhigen. „*Unter diesen günstigen Beobachtungsbedingungen führe man eine Reihe von Ablesungen aus, und zwar in Zeitintervallen, die etwa der Einstellzeit des Galvanometers entsprechen. Das Mittel aus diesen beobachteten Ablenkungen drücke man in Mikrovolt aus.*“ Diese Beobachtungen sind gewiß mühevoll und zeitraubend. Dafür stellt die Angabe des so gewonnenen mittleren Fehlers wenigstens einen Anhaltspunkt zur Beurteilung der Güte des Galvanometers dar. Man darf jedoch keine voreiligen Schlüsse hieraus ziehen, wie sich das Galvanometer in der Praxis unter irgendwelchen, zum Teil sicherlich viel ungünstigeren, Bedingungen verhält.

Jedenfalls geht aus unseren Überlegungen hervor, daß eine Empfindlichkeitsangabe, falls sie vollständig sein soll, über die Güte der Ruhelage nichts verschweigen darf. Denn hiervon ist die Größe des zulässigen Skalenabstandes und damit die nutzbare Empfindlichkeit wesentlich abhängig.

Die Grenzen der Empfindlichkeit.

In diesem Zusammenhang gewinnen Untersuchungen großes Interesse, die zeigen, daß die Grenze der Galvanometerempfindlichkeit nicht durch konstruktive Vorschriften allein gegeben ist, sondern auch durch physikalische Gesetze bedingt ist.

Allen Versuchen, die nutzbare Empfindlichkeit durch feinere optische Hilfsmittel zu steigern, wurde bisher in jedem Falle durch die in nahezu gleichem Maße steigende Unruhe des Lichtzeigers eine Grenze gesetzt. Diese restlichen Schwankungen, der man trotz aller Bemühungen nicht Herr werden konnte, faßte man ausschließlich als mechanische Störungen auf. Ising [40]) studierte ein von C. Moll und H. Burger [39]) veröffentlichtes Beobachtungsmaterial, das an einem gut erschütterungsfrei aufgestellten Galvanometer gewonnen war. Die dann noch übriggebliebenen Schwankungen deutete Ising nicht als mechanische Störungen, sondern gab ihnen eine ganz andersartige Erklärung. Er faßte diese kleinen Schwankungen als Wirkung der Brownschen Molekularbewegung der Luft auf, und errechnete aus gaskinetischen Gesetzmäßigkeiten die mittlere Größe des zu erwartenden Fehlers.

Es sei $\overline{\delta\varphi}$ der Mittelwert der ständigen Winkelbewegungen der Drehspule. Ist die mittlere kinetische Energie des Systems für einen Freiheitsgrad gleich ε, dann gilt

$$\frac{1}{2} D\overline{\delta\varphi}^2 = \varepsilon = \cdots 2 \cdot 10^{-14} \text{ Erg bei } 18^0\,\text{C., woraus } \overline{\delta\varphi} = \sqrt{\frac{2\varepsilon}{D}}.$$

Bei Umrechnung der Winkelgrade in mm Ablenkung bei 1 m Skalenabstand folgt dann als mittlere Schwankung des Galvanometerausschlags

$$a = \frac{4\,10^{-4}}{\sqrt{D}} \text{ mm/m.}$$

Auf S. 34 fanden wir für die Empfindlichkeit im aperiodischen Grenzfall, also für das Verhältnis $\frac{\delta\varphi}{\delta i}$ den Ausdruck $\sqrt{\frac{2R}{D\omega_0}}$, woraus für die mittlere Fehlerstromstärke $\overline{\delta i}$ folgt:

$$\delta i = \sqrt{\frac{\varepsilon\,\omega_0}{R}} \tag{50}$$

oder

$$\frac{\overline{\delta i}^2 \cdot R}{\omega_0} = \text{const.} \tag{50a}$$

Der letzte Ausdruck läßt erkennen, daß die durch die Brownsche Molekularbewegung bedingte Fehlerstromstärke um so kleiner ist, je höher der Widerstand R und je geringer die Eigenfrequenz des Galvanometers ist. Oder wir lesen den uns schon bekannten Erfahrungssatz heraus, daß hohe Stromempfindlichkeit, geringer Widerstand (entsprechend hohe Spannungsempfindlichkeit) und hohe Eigenfrequenz einander ausschließen. Für ein Galvanometer mit 2 Sekunden Schwingungsdauer und einem Grenzwiderstand von 50 Ohm ergibt sich aus obiger Formel für die durch die Brownsche Molekularbewegung hervorgerufene Empfindlichkeitsgrenze etwa

$$0{,}01\,nA \quad \text{und} \quad 0{,}6\,nV.$$

Die kleinste meßbare Stromstärke bzw. Spannung muß je nach der gewünschten Meßgenauigkeit entsprechend höher gewählt werden.

Zernike [41]) stellte ähnliche Überlegungen an und fand die gleichen Grenzwerte, will sie jedoch auf andere Ursachen (spontane Stromschwankungen) zurückführen. Das bisher veröffentlichte Beobachtungsmaterial reicht nicht aus, um eine klare Entscheidung zwischen den verschiedenen Auffassungen zu fällen. Das Ergebnis beider Untersuchungen ist jedenfalls, daß den Empfindlichkeitssteigerungen der Galvanometer eine ähnliche Grenze gesetzt ist, wie der Steigerung der optischen Vergrößerung durch die Beugungsgesetze.

Ausführungsformen der Drehspulspiegel-Galvanometer.

Allgemeine Gesichtspunkte. — Die einzelnen Baustücke. — Das bewegliche System. — Magnetgestell. — Sonderkonstruktionen.

Allgemeine Gesichtspunkte. Der großen Mannigfaltigkeit in den Galvanometerdaten steht eine weitgehende Gleichmäßigkeit in der äußeren Ausführung der einzelnen Konstruktionen gegenüber. Die Trennung des Spiegelgalvanometers in ein Magnetgestell (Unterteil) und in ein leicht auswechselbares Einsatzsystem ist allgemein eingeführt.

Das Einsatzsystem (vgl. Abb. 11) enthält die Drehspule nebst Zuleitung, die Systemachse mit Spiegel, kurz das ganze bewegliche System und außerdem die Justiervorrichtung, Torsionskopf und gegebenenfalls auch den Eisenkern. Einige ältere Systeme enthalten noch einen festen Vorwiderstand, der ungefähr dem äußeren Grenzwiderstand entspricht. Der Stromanschluß erfolgt entweder direkt an das Einsatzsystem oder über Kontaktfedern an Anschlußklemmen, die auf dem Unterteil angebracht sind. Die Anschlußklemmen sollen möglichst nahe beieinander liegen, um sie nötigenfalls bequem auf gleicher Temperatur halten zu können. Die Stromzuleitung an das Aufhängebändchen geschieht oft durch das Führungsrohr (f).

Abb. 11. Einsatzsystem zum Drehspulspiegelgalvanometer (S. u. H.).

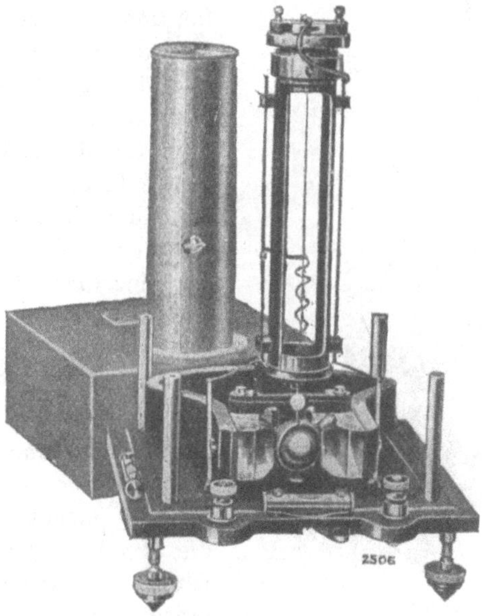

Abb. 12. Drehspulspiegelgalvanometer d. Fa. Cambridge (mit kreisförmigem Rähmchen).

Das Unterteil (vgl. Abb. 17) enthält als wesentlichsten Bestandteil den Magneten. Ein Sockel mit drei Fußschrauben erlaubt das Ausrichten des ganzen Galvanometers. Die Einstellung der Libelle gestattet nach einmaliger Justierung (vgl. S. 190) die bequeme Aufstellung

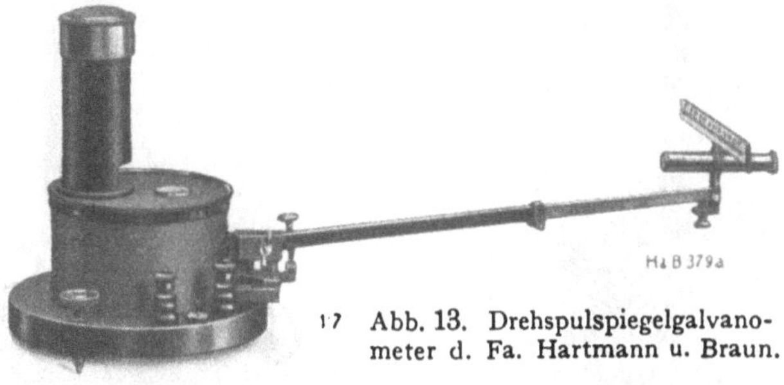

Abb. 13. Drehspulspiegelgalvanometer d. Fa. Hartmann u. Braun.

des Galvanometers an jedem anderen Orte. Zwecks ungehinderten Transports besitzen die Galvanometer eine Arretierung, durch die das Aufhängebändchen vor dem Zerreißen geschützt wird.

Die Lage des Magneten ist von großem Einfluß auf die äußere Form des Galvanometers. Horinzontale Lage bedingt eine gedrungene Form mit exzentrisch angebrachtem Einsatzsystem (vgl. Abb. 12 u. 13), vertikale Lage eine mehr schlanke, hohe Form. Ein Beispiel für diese Aus-

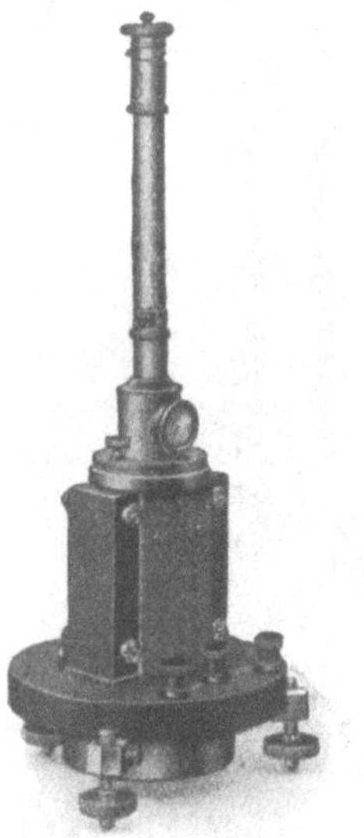

Abb. 14 a. Drehspulspiegelgalvanometer S. u. H. (große Type).

führungsform zeigt Abb. 14 a. Eine interessante, in Deutschland weniger bekannte Ausführung stellt das Wandmodell einer amerikanischen Firma (Abb. 15) dar. Die Abb. 12, 14 b und 16 geben weitere viel benutzte Konstruktionen wieder.

Nach diesen allgemeinen Bemerkungen kommen wir zu der näheren Besprechung der einzelnen Baustücke.

Das bewegliche System.

Richtkraftelemente. Die Natur der Richtkräfte kann im Prinzip ganz verschieden sein, doch werden fast ausschließlich die mechanischen Richtkräfte benutzt, die durch Verdrillung oder Spannung eines Drahtes entstehen. Daneben könnten auch magnetische Richtkräfte Verwendung finden. So brachten Reinganum [16]) und Dibbern [18]) an dem beweglichen System, aber außerhalb des magnetischen Feldes, Magnetnadeln an. Dann wurde das Galvanometer so im Erdfeld aufgestellt, daß die entstehende magnetische Richtkraft der mechanischen

Abb. 14 b. Drehspulspiegelgalvanometer nach Diesselhorst (S. u. H. kleine Type).

entgegenarbeitet. Hierdurch kann man eine beliebig kleine Richtkraft herstellen. Lediglich durch Verkleinern der Richtkraft steigert man mehr die Stromempfindlichkeit als die Spannungsempfindlichkeit, da letztere sich nur mit der Wurzel aus der Richtkraft ändert. (vgl. Formel S. 39). Auch an die Nullpunktssicherheit und die Proportionalität der Ausschläge muß man Zugeständnisse machen. Man hat daher diesen Gedanken, der zuerst begeistert aufgegriffen wurde, später praktisch kaum verwertet *). — Von den Richtkräften magnetischer Verunreinigungen war schon früher die Rede.

Die magnetischen Richtkräfte kann man auch durch eine zweite stromdurchflossene Spule erzeugen, die auf dem beweglichen System angeordnet ist. Die Größe dieser Richtkraft kann man durch die Stärke des Stromes und die Anzahl der Windungen regeln. Den Strom leitet man auf Federn mit verschwindend kleiner Direktionskraft zu. Beide Drehspulen sitzen auf einer gemeinsamen Systemachse und bilden meist einen Winkel von 90° miteinander. Diese Anordnung ist in der Technik unter dem Namen Kreuzspulsystem bekannt. Für die empfindlichen Galvanometer verspricht dieser an sich interessante Weg weniger Erfolg, weil das Trägheitsmoment des beweglichen Systems hierbei recht groß wird.

Abb. 15. Wandausführung eines Drehspulgalvanometers der Fa. Leeds & Northrup in Philadelphia.

Auch die Schwerkraft kann als Richtkraft verwendet werden. Eine kleine Gravitationsrichtkraft, die der mechanischen Richtkraft der Aufhängung entgegenwirkt, erreichten Wenner, Weibel und Weaver [20]) durch besondere Anordnung des unteren Befestigungspunktes. Jedoch kommt bei den empfindlichen Drehspulgalvanometern den magnetischen und Gravitationsrichtkräften nur eine untergeordnete Bedeutung zu. Wir können uns daher auf Angaben über die mechanischen Richtkräfte beschränken; von diesen allein soll in folgendem die Rede sein.

An gute Richtkraftelemente werden folgende Forderungen gestellt:

Das Material muß vollkommene Elastizität besitzen, d. h. nach den an sich kleinen Deformationen bei Ausschlag der Drehspule muß die alte Ruhelage wieder eingenommen werden, ohne daß Nachwirkungserscheinungen auftreten.

Das Material muß sich auf die gewünschte Stärke bringen und gut bearbeiten lassen. Erwünscht ist weiter hohe, mechanische Festigkeit,

*) Bei dem Galvanometer d. Fa. Leeds & Northrup Nr. 2290 (Nr. 1 der Tabelle 5) ist die wirksame Richtkraft gleich der Differenz der mechanischen und der durch die Verunreinigungen bedingten magnetischen Richtkraft.

so daß man die Drähte und Bänder bequem montieren und auswechseln kann. Diese guten Eigenschaften sollen auch bei längerer Benutzung des Galvanometers erhalten bleiben. Chemische Einflüsse (Oxydationen), Feuchtigkeit und Temperatureinflüsse sollen sehr gering bleiben.

Wird die Aufhängung gleichzeitig als Stromzuführung benutzt, dann treten noch weitere Forderungen hinzu. Die elastischen Eigenschaften dürfen sich bei Strombelastung nicht ändern. Wird das Galvanometer für ballistische Messungen benutzt, dann ist die Strombelastung wenn auch kurzzeitig, recht erheblich. Bei spannungsempfindlichen Galvanometern spielt außerdem der Widerstand eine große Rolle. Hiervon war bereits früher in anderem Zusammenhang die Rede. Die besten elastischen Eigenschaften besitzt Quarz, das die früher viel verwendeten Kokon- und Seidenfäden in der Galvanometrie vollständig verdrängt hat *). Quarz kann aber nicht für Stromzuleitungen benutzt werden und scheidet daher als Aufhängungsmaterial für Drehspulsysteme aus, wenn man nicht besondere Stromzuleitungen verwenden will. Man könnte zwar bei stromempfindlichen Galvanometern die Quarzfäden durch dünnen, metallischen Überzug leitend machen, so daß sie immer noch die guten elastischen Eigenschaften behalten (siehe Saitengalvanometer). Der hohe Widerstand (10—30000 Ohm) würde bei stromempfindlichen Galvanometern nicht störend sein. Wegen der schwierigen Herstellung und subtilen Behandlung hat man davon abgesehen. Man besitzt auch Materialien, deren elastische Eigenschaften hohen Anforderungen genügen und die sich bequem in die erforderlichen Dimensionen bringen lassen. Da ist an erster Stelle die Phosphorbronze zu nennen, die sich aus etwa 79% *Cu*, 10% *Sn*, 10% *Pb*, 1% *P* zusammensetzt. Die Anteile von Blei und Phosphor sind sehr verschieden. Verwendet wird weiter vielfach Silberbronze mit einer ähnlichen Zusammensetzung, nur tritt an Stelle des Phosphors ein Silberanteil. Wenn es nicht auf große Empfindlichkeit ankommt und infolgedessen auch keine kleinen Direktionskräfte benötigt werden, hat man auch Stahldrähte mit gutem Erfolge benutzt.

Sollen die Zuleitungen nur einen kleinen Anteil an dem Widerstande des Systems haben, verwendet man gern die gut leitenden Materialien Silber und Kupfer. Kupfer bietet gleichzeitig den Vorteil, daß thermoelektrische Kräfte leichter ausgeschaltet werden können.

---

*) Eigenschaften des Quarzmaterials. Nach Threlfell Phil. Mag. 1890. II. 99—118 ist die Tragfähigkeit eines 0,014 mm starken Quarzfadens 10 Gramm. Der Elastizitätsmodul für Quarz beträgt 2900 kg/qmm. Über Herstellung von Quarzfäden siehe z. B. E. v. Angerer, Handbuch der Experimentalphysik von Wien-Harms Bd. I 402—414; ebenda auch Herstellung von Spiegeln S. 283. Hier finden sich auch Anleitungen zur Herstellung eines metallischen Überzuges von Quarzfäden.

Die Größe der Richtkraft in Abhängigkeit von Material und geometrischer Form von Drähten und Bändern*).

Für Drähte mit dem Durchmesser d cm, der Länge l cm und dem Torsionsmodul F Dyn/qcm wird die Richtkraft

$$D = \frac{\pi}{2l}\left(\frac{d}{2}\right)^4 \cdot F \text{ Dyn. cm} \tag{51}$$

Bänder üben eine geringere Richtkraft aus als Drähte von gleichem Querschnitt. Daher lassen sich in Bandform geringe Richtkräfte herstellen, die gleichzeitig genügende Festigkeit besitzen. Wird ein Band gewalzt, so daß die eine Seite b des entstehenden rechteckigen Querschnitts klein ist gegenüber der anderen Seite a, so gilt bei der Länge l des Bandes die Richtkraft

$$D = \frac{1}{3l}\, a b^3 \cdot F \text{ Dyn. cm} \tag{52}$$

Tabelle 7 enthält die Direktionskräfte in Dyn. cm von einigen gebräuchlichen Drähten und Bändern. Die Zahlen können nur zur Orientierung dienen, da der Wert für den Torsionsmodul besonders bei den Legierungen starke Verschiedenheiten aufweist. Als Material für die Aufhängebänder verwendet man meist Phosphorbronzedrähte von 1/100 bis 6/100 mm ⌀, die dann auf etwa 1 mm Breite gewalzt werden. Die Länge der Bänder liegt in der Regel zwischen 6 und 12 cm.

Tabelle 7.

Nr.	Material	Torsionsmodul $\times 10^8$ Dyn/cm²	Querschnitt in mm			Richtkraft bei 10 cm Länge in Dyn/cm	Widerstand bei 10 cm Länge in Ohm
			Durchmesser	Breite	Dicke		
1	Phosphorbronze	4000	—	0,07	0,005	0,087	15
2	„	„	—	0,15	0,01	0,2	10
3	„	3000	0,063	—	—	7	4
4	Silber	2700	0,018	—	—	0,11	3
5	„	2700	—	0,1	0,0005	0,000012	30—40
6	Kupfer	4200	0,018	—	—	0,083	—
7	„	4200	—	0,1	0,0005	0,000018	30—40
8	Quarz	2400	0,003	—	—	0,00003	—
9	„	2400	0,001	—	—	0,0000004	—

*) Bifilare Aufhängung wird heute kaum verwendet; die hierfür geltenden Formeln sind daher nicht wiedergegeben.

Die unteren Zuleitungsfedern haben im allgemeinen nur einen kleinen Anteil an der Richtkraft. Sie bestehen aus einigen Gängen 10 bis 50 μ starken Bronze- oder Silberdrahtes. Das unter 6 und 8 genannte Silber- und Kupferband *) wird als Stromzuführung in dem Galvanometer nach Zernike (s. Tabelle 5 Nr. 11) verwendet. Das System hängt hier an einem Quarzfaden, dessen Torsionskraft etwa 10 mal größer ist als die der Zuleitungsbänder. Das Einziehen neuer Bänder und Federn kann bei den meisten Galvanometern bequem vorgenommen werden. Die Firmen liefern für ihre Galvanometer Ersatzteilkästchen mit Bändern und Federn passender Länge. Die Anschlußstellen sind bei den Galvanometern stets bequem zugänglich, schon um festzustellen, ob etwa auftretende Störungen durch Oxydation dieser Teile (Lötstellen!) entstanden sein können.

Systeme mit Zuleitungsfedern können bequem durch Heben des Systems arretiert werden. Bei Systemen mit gespannten Bändern macht eine bequeme Arretierung Schwierigkeiten.

Das Rähmchen. Die Gesichtspunkte, die für den Bau von Rähmchen verschiedener Gestalt und Größe maßgebend sind, haben wir schon früher erörtert. Abb. 12 läßt ein kreisförmiges Rähmchen erkennen, wie sie heute nur noch selten verwendet werden. Abb. 11 stellt ein Einsatzsystem des Spiegelgalvanometers von Siemens & Halske (große Type) mit rechteckigem Rähmchen dar**). Die Rähmchen sind frei gewickelt ***), die einzelnen Windungen werden durch Collodium oder Schellack zusammengehalten. Besitzt das Galvanometer auch im offenen Zustande eine elektromagnetische Dämpfung, so ist das durch einige Kurzschlußwindungen auf dem Rähmchen erreicht. In einer Ausführung von Hartmann & Braun sind diese Windungen nicht kurzgeschlossen, sondern führen über Zuleitungsfedern an besondere Klemmen, so daß diese zusätzliche elektromagnetische Dämpfung durch verschiedene Widerstände geregelt werden kann. Auf diese Weise ist man in der Lage, sich einer größeren Anzahl von Schaltungen anzupassen, muß dafür aber auch in bezug auf Empfindlichkeit und Schwingungsdauer Opfer bringen.

Das Drahtmaterial ist in den meisten Fällen Kupfer. Die Isolierung besteht aus einmaliger Seidenumspinnung oder aus Emaillelackierung. Diese Isolation ist bei den geringen Spannungen völlig ausreichend. Tritt beim Wickeln zufällig ein Schluß zwischen einigen Windungen auf, so schadet das im allgemeinen nichts, wenn durch das Bindematerial

*) Dieses dünne Silber- und Kupferband kann durch Walzen nur schwer gewonnen werden; es wird daher auf elektrolytischem Wege hergestellt.

**) Im Bilde durch die Schutzkappe verdeckt.

***) D. h. sie sind nicht auf Metallrähmchen gewickelt.

die Windungen genügend fest liegen und keine unsicheren Kontakte entstehen können.

Besonderer Wert ist auf genügend eisenfreies Material zu legen, daß gegebenenfalls in eisenfreien Vorrichtungen gezogen werden muß. Sehr oft liegen die Verunreinigungen auch in der Umspinnung, da das Seidenmaterial während der Verarbeitung mit Eisen in innige Berührung kommt, auch diese Fehlerquelle muß man nach Möglichkeit ausschalten.

Magnetgestell. Galvanometerunterteil.

Der Magnet muß genügend kräftig und von hinreichender Konstanz sein. Kleine langsame Änderungen schaden nichts, da das Galvanometer vor jeder Meßreihe wieder geeicht wird. Elektromagnete verwendet man für Drehspulgalvanometer heute kaum noch, da man die erforderlichen Feldstärken bequem durch permanente Magnete herstellen kann. Die Magnete bestehen zumeist aus Kobalt-Chrom-Stahl und haben entweder die Gestalt eines Hufeisens oder sind, wie neuerdings vielfach, kreisförmig. Früher baute man den Magneten aus einzelnen Stahllamellen auf, um bei der gleichen Größe des Magneten eine höhere Liniendichte zu erreichen, da das größere Dimensionsverhältnis der Lamellen eine geringere Entmagnetisierung bedingt (vgl. S. 93). Heute verwendet man fast ausschließlich massive Magnete, da man diese genügend kräftig und konstant herstellen kann.

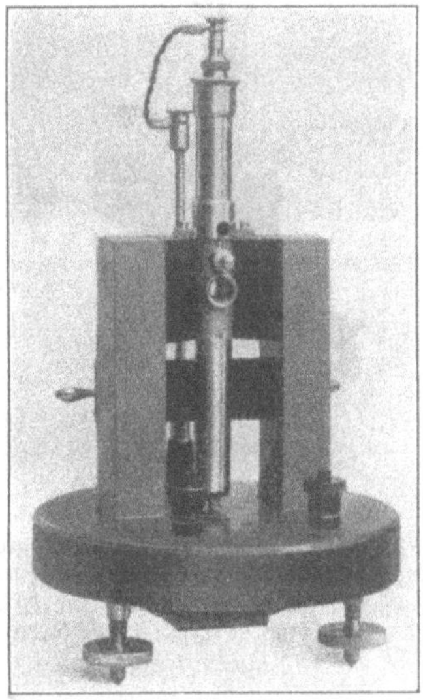

Abb. 16. Kurzschwingendes Drehspulgalvanometer nach Moll (Kipp & Zonen) mit gespanntem System.

Die Abbildungen 12—16 lassen deutlich die verschiedenen Magnetformen erkennen.

Polschuhe und Eisenkern. In Abb. 6 sind zwei Ausführungen der Polschuhe zu erkennen. Der Luftspalt beträgt 1—2 mm; je kleiner der Luftspalt, um so größer ist die Konstanz der Magnete, um so kleiner ist aber auch der Einfluß der Fremdfelder und die Streuung nach außen. Auf die Empfindlichkeit ist die Größe des Luftspaltes von keinem so großen Einfluß, wie man vielleicht erwarten könnte. Beträgt der Luftspalt statt 1 mm 3 mm, so nimmt die Liniendichte nach einer Tabelle aus Keinath[5]) um etwa 35% ab, dafür nimmt aber die Güte des radialen Feldes mit zunehmendem Luftspalt rasch ab. Über den Einfluß der Temperatur auf die Magnete siehe S. 78.

Magnetischer Nebenschluß. Durch eine Brücke aus weichem Eisen werden die Kraftlinien aus dem geraden Wege zwischen den beiden Polen abgesaugt. Die Schwächung des Feldes erfolgt nach Maßgabe der Stellung des Nebenschlusses. Abb. 17 zeigt den magnetischen Nebenschluß eines ballistischen Galvanometers. Hier dient er weniger dazu, die Empfindlichkeit zu verändern, als die Möglichkeit zu geben, die Dämpfung auf einen bestimmten Wert einzustellen. Das Galvanometer der Firma Kipp & Zonen (Abb. 19) besitzt gleichfalls einen magnetischen Nebenschluß, der durch die Kordelschraube (in Abb. 19 rechts sichtbar) geregelt werden kann. Hiermit kann das magnetische Feld bis auf etwa ein Drittel seines Höchstwertes geschwächt werden.

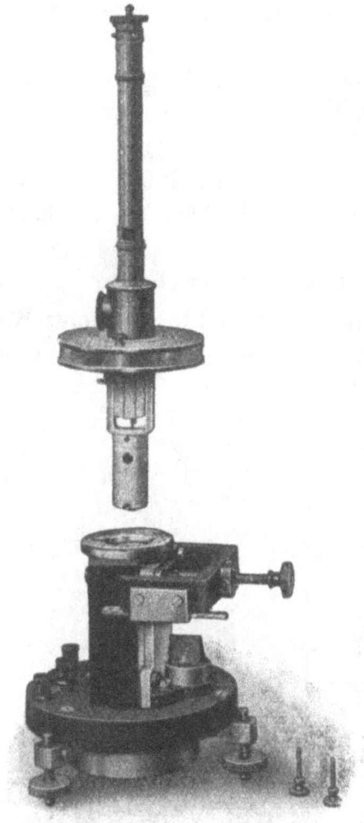

Abb. 17. Ballistisches Galvanometer mit magnetischem Nebenschluß und besonderen Zusatzträgheitsmomenten (S. u. H.) nach Abb. 18. (Daten siehe Nr. 12 der Tabelle 5.)

Sonderkonstruktionen. Für bestimmte Messungen sind im Laufe der Zeit Sonderausführungen entwickelt worden, die noch kurz der Erwähnung bedürfen. An erster Stelle soll das ballistische Galvanometer mit Zusatzträgheitsmoment genannt werden. Ist für ballistische Messungen mit großer Zeitkonstante (Eisenmessungen) die erforderliche große Schwingungsdauer bei den normalen Systemen nicht erreicht, benutzt man gern ein System mit besonderen Zusatzgewichten, siehe Abb. 17 und 18. Durch diese Anordnung ist die Schwingungsdauer auf etwa 60 Sekunden gebracht. Im übrigen entspricht das System der üblichen normalen Ausführung. Wir wissen, daß durch diese toten Trägheitsmomente keine hohen ballistischen Empfindlichkeiten erzielt

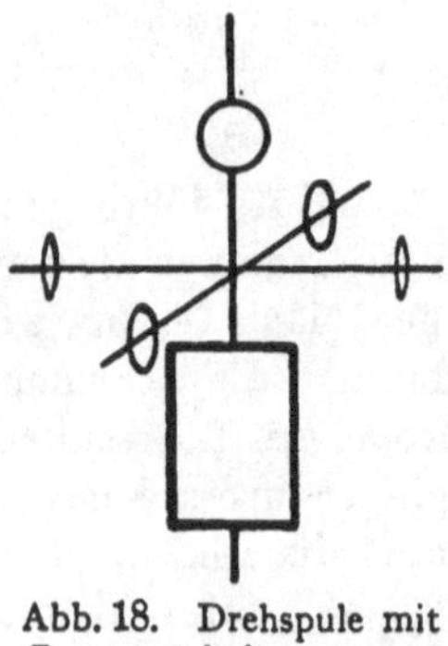

Abb. 18. Drehspule mit Zusatzträgheitsmoment.

werden können, jedoch hat die Anordnung den Vorteil, daß das Einsatzsystem jederzeit durch ein anderes für andere Messungen ausgetauscht werden kann. — Die Fa. Carpentier-Paris baut ein ballistisches Galvanometer, bei dem die erforderliche hohe Schwingungsdauer durch ein großes Rähmchen von 150 mm Breite und 64 mm Höhe erhalten wird (siehe Abb. 8).

Abb. 19. Drehspulspiegelgalvanometer der Fa. Kipp & Zonen in Delft. (Daten siehe Nr. 6 der Tabelle 5.)

Differentialgalvanometer. Als weitere Sonderausführung wäre das Differentialgalvanometer *) zu nennen. Die Spule besitzt hier zwei nahezu gleiche Wicklungen, die dementsprechend an vier Zuführungsklemmen geführt werden. Schickt man zwei Ströme entgegengesetzter Richtung, aber gleicher Intensität

Abb. 20. Doppelspiegelgalvanometer nach Saladin (S. u. H.).

*) Wird verwendet z. B. bei der Methode des übergreifenden Nebenschlusses zur Messung kleiner Widerstände.

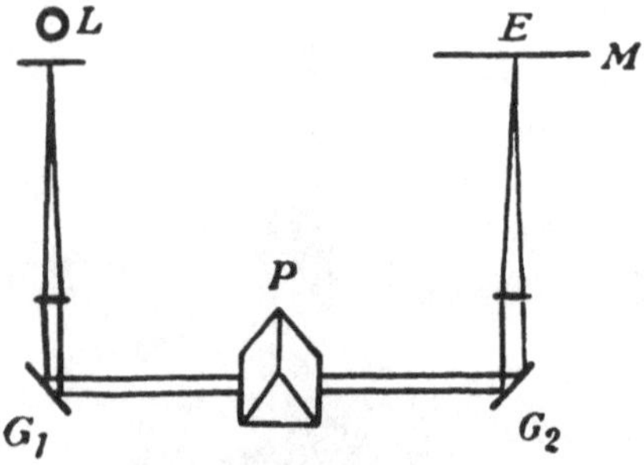

Abb. 21. Prinzipschaltung (Lichtweg) zum Saladin-Apparat.

durch das System, so wird das Galvanometer in Ruhe bleiben; auf diese Weise läßt sich die Gleichheit zweier Ströme prüfen. Es ist sehr schwierig, die Gleichheit der Wicklungen so weit zu treiben, daß eine hohe Differentialempfindlichkeit erreicht wird.

In der Meßtechnik spielen heute die Differentialmethoden keine große Rolle mehr, Differentialgalvanometer kommen daher mehr und mehr außer Gebrauch.

Doppelspiegelgalvanometer zur Aufzeichnung von Flächenkurven.

Besonderer Erwähnung bedarf jedoch eine Kombination zweier Galvanometer nach Abb. 20 zur Aufzeichnung von Flächenkurven. Der Anordnung liegt folgende Beobachtung zu Grunde: Die Bewegung

Abb. 22. Empfindliches Zeigergalvanometer mit Bändchenaufhängung (S. u. H.).

eines Lichtzeigers in der Horizontalebene erscheint nach Reflektion an einem um 45° gegen die Strahlrichtung geneigten Spiegel als Bewegung in einer Vertikalebene. Hiervon machten Saladin und Le Chatelier (1904) Gebrauch, um die Angabe zweier Galvanometer zu einer Kurve zu vereinigen (siehe Schaltung Abb. 21). Der Strom durch das Galvanometer G_1 löst eine vertikale Bewegung des Lichtzeigers der Lampe L auf der Mattscheibe M aus, während der Strom durch das Galvanometer G_2 in gewöhnlicher Weise eine horizontale Bewegung des Lichtzeigers verursacht. Jeder Kurvenpunkt entsteht also durch Superposition der Bewegungen beider Galvanometer; das Umkehrprisma P übernimmt die gleiche Funktion wie oben der geneigte Spiegel. Der Apparat wird in der Metallographie zur Aufzeichnung von Haltepunktskurven verwendet: das eine Galvanometer schreibt die Temperatur des Vergleichskörpers auf (Abszisse), das andere Galvanometer zeichnet die Temperaturunterschiede zwischen Vergleichs- und Versuchskörper auf (Ordinate). — Auch zur Lösung ähnlicher Aufgaben auf anderen Gebieten kann das Doppelspiegelgalvanometer verwendet werden, nur sind die Galvanometersysteme in ihrer Empfindlichkeit, Eigenschwingungsdauer und Dämpfung entsprechend zu wählen.

Kurz erwähnt werden sollen noch Demonstrationsspiegelgalvanometer für Verwendung in Hörsälen; sie besitzen einen besonders großen Spiegel (20 mm Durchmesser) um leicht einen überall sichtbaren Lichtzeiger zu erhalten. Desgleichen hat man für Verwendung auf Schiffen besondere Konstruktionen entwickelt, die bei den Schwankungen und mechanischen Störungen ein einwandfreies Arbeiten gewährleisten. Verwendet werden hierfür zumeist gespannte Systeme.

Die empfindlichsten Zeigergalvanometer.

Es bedeutet eine große Vereinfachung des Aufbaus, wenn man für eine meßtechnische Aufgabe ein Spiegelinstrument durch ein Zeigergalvanometer ersetzen kann. Hochempfindliche Zeigergalvanometer beanspruchen daher ein großes praktisches Interesse, und es hat nicht an Bemühungen gefehlt, hochwertige empfindliche Zeigergalvanometer zu schaffen. Die Überlegenheit des Drehspulprinzips kommt auch hier zum Ausdruck: die empfindlichsten Zeigergalvanometer, die wir besitzen, sind nach diesem Prinzip gebaut. Die Empfindlichkeiten, die wir zu erwarten haben, können wir durch einfache Überlegung überschlagsweise errechnen. Nehmen wir eine Zeigerlänge von 10 cm an, so erreichen wir nur den 20. Teil der Empfindlichkeit gegenüber dem gleichen Instrument mit Spiegel bei 1 m Skalenabstand (vgl. S. 24). Weiter wird das Trägheitsmoment und damit die Schwingungsdauer durch den materiellen Zeiger und dessen Gegengewicht vergrößert. Systeme mit extrem hohen Empfindlichkeiten, wie wir sie bei Spiegelinstrumenten mit der langen Schwingungsdauer kennen lernten, kann man daher für Zeigergalvanometer nicht verwenden. Unter Berücksichtigung dieser beiden Gesichtspunkte — Reduktion der Zeigerlänge und der

Schwingungsdauer — stehen die nachfolgenden Zahlen der Tabelle 8 in Einklang mit den hochempfindlichsten Systemen der Tabelle Nr. 5.

Tabelle 8.

Die empfindlichsten Drehspulzeigergalvanometer.

Nr.	Hersteller	Listennummer	S_i	S_v	R_i Ω	R_k Ω	
1	Siemens u. Halske	2397	4	0,004	700	1000	Die Schwingungsdauer beträgt bei allen Instrumenten 8 bis 12 Sekunden.
2	Leeds u. Northrup	2310_c	4	≈ 0,002	250	1800	
3	Siemens u. Halske	2402	7	≈ 0,005	750	1500	
4	Leeds u. Northrup	2310_d	8	0,0007	1000	11000	
5	Hartmann u. Braun	198	25	0,005	500	3000	
6	Cambridge	41821	30	—	1000	—	
7	Hartmann u. Braun	192	1,2	0,25	5	0	
8	Cambridge	41821	3	0,3	10	—	

Die Genauigkeit dieser hochempfindlichen Zeigergalvanometer darf man nicht überschätzen; sie besitzen keine Temperaturkompensation und haben wegen des meist sehr hohen Kupfergehaltes der Drehspule einen beträchtlichen Temperaturkoeffizienten. Bei Instrumenten, deren System keine Bändchenaufhängung besitzt, sondern in Spitzen gelagert ist, treten leicht Reibungsfehler auf, denn die mechanischen Direktionskräfte sind sehr gering. Diese Galvanometer sind sorgfältig zu behandeln und vor jedem Transport zu arretieren. In Abb. 22 und 23 sind zwei typische Konstruktionen von empfindlichen Zeigergalvanometern wiedergegeben.

Von Interesse ist eine Ausführung von Galvanometern, die sowohl mit Zeiger als auch mit Spiegel ausgerüstet sind und wahlweise mit der einen oder anderen Beobachtungsart benutzt werden können.

Das Instrument Abb. 24 stellt ein bequem transportables Spiegelgalvanometer dar; es kann gewissermaßen als Zwischenform von Zeiger- und Spiegelgalvanometer angesehen werden. Das Fernrohr ist auf dem Galvanometer montiert, und die Skala kann auf dem Deckel des Instrumentes aufgesteckt werden. Auf diese Weise läßt sich zwar nur ein Skalenabstand von 30 cm erreichen, jedoch ist die durch die Fernrohrablesung gewonnene Empfindlichkeitssteigerung für manche Zwecke sehr wertvoll.

Über einige weitere Eigenschaften des Drehspulspiegel-Galvanometers.

Thermokräfte. Wir haben bereits eingangs unserer Betrachtungen erwähnt, daß mit Rücksicht auf höchste Steigerung der Empfindlichkeit andere Forderungen unerfüllt bleiben müssen. Dazu gehört auch die Thermokraftfreiheit. Wenn man die vielen Metalle übersieht, die die Strombahn eines Drehspulgalvanometers bilden, gewinnt man den Eindruck, als hätte man es darauf abgesehen, eine höchst empfindliche Thermosäule zu bauen: Von den Anschlußklemmen aus Kupfer oder Messing geht es zu der Zuführungsfeder aus Bronze oder Silber; dann geht die Strombahn durch die Kupferwindungen des Rähmchens, dann folgt die Systemachse (Messing) und dann das Aufhängeband (Phosphorbronze), und schließlich als Rückleitung wiederum Messing oder Kupfer. Bei der großen Verschiedenheit der Zusammensetzungen lassen sich allgemeingiltige Werte für die Thermokräfte gar nicht angeben. Auch selbst bei Galvanometern gleichen Aufbaus wäre es ein heikles Unterfangen, ge-

Abb. 23. Empfindliches Zeigergalvanometer der Fa. Cambridge.

Abb. 24. Transportables Drehspulspiegelgalvanometer mit Fernrohr der Fa. Leeds & Northrup in Philadelphia.

nauere Zahlen zu nennen. Weiß man doch, daß Legierungen, die sich nur wenig in ihrer chemischen Zusammensetzung unterscheiden, verschieden große Thermokräfte hervorrufen können. Störend werden ja auch erst die Thermoströme und diese sind abhängig von der Spannungsempfindlichkeit des Galvanometers und dem Widerstande des Stromkreises.

Coley[26]) hat ein Galvanometer untersucht, dessen Strombahn vollständig aus Kupfer bestand. Gegenüber dem normalen Instrument gleicher Type konnte er die Thermoströme auf den zehnten Teil reduzieren, aber nicht zum Verschwinden bringen.

Es ist also stets notwendig, den Galvanometerkreis vor Temperaturdifferenzen zu schützen. Der Einbau in Watte wird in den meisten Fällen genügend Abhilfe schaffen. Arbeitet man mit dem gleichen Kreiswiderstande, so kann man auch bei Vorhandensein von Thermoströmen einwandfreie Messungen vornehmen, indem man den Nullpunkt zugrunde legt, der bei Temperaturgleichgewicht eingenommen wird (falscher Nullpunkt).

Temperaturkoeffizient. Ein weiterer Einfluß der Temperatur liegt in der Änderung der Konstanten (magnetische Feldstärke, Elastizität der Aufhängung) und damit auch in der Empfindlichkeit des Galvanometers. Die Dinge liegen hier nicht so ungünstig, da der Temperaturkoeffizient des magnetischen Feldes negativ ist, während er für die Aufhängung positiv und von gleicher Größenordnung ist. Nach Zeleny[13]) beträgt der Temperaturkoeffizient für das magnetische Feld — 0,00035, für Phosphorbronze dagegen + 0,00063. Für ein Galvanometer mit Phosphorbronzebändern und verhältnismäßig kleinem Kupferanteil ist der Temperaturkoeffizient positiv und beträgt etwa + 0,03%. Bei Systemen mit hochohmigen Kupferspulen kann man den Temperaturkoeffizienten des Kupfers + 0,4% zugrunde legen.

Die Selbstinduktion eines Drehspulgalvanometers interessiert im allgemeinen nicht. Nur bei ballistischen Messungen kann sie von Bedeutung sein. Hier jedoch kann der Selbstinduktionskoeffizient bei Systemen mit Eisenkern recht beträchtliche Werte annehmen, da der Selbstinduktionskoeffizient von der Magnetisierung des Eisenkerns, also auch von dem Galvanometerstrome abhängt.

Geschichtliches.

Die erste Anordnung, die man als Drehspulgalvanometer bezeichnen kann, ist 1867 von William Thomson (Lord Kelvin) in seinem Heberschreiber (Syphon recorder) angegeben worden. Einen großen Anteil an der Entwicklung haben dann Deprez und d'Arsonval (1882), Weston (1888), Ayrton und Mather (1890). Die in dieser Zeit konstruierten Galvanometer bleiben jedoch in ihrer Empfindlichkeit noch weit hinter den damals vorherrschenden Nadelgalvanometern zurück. Empfindliche Systeme sind erst gegen Ende des vorigen Jahrhunderts gebaut worden. Grundlegende Konstruktionen wurden in Deutschland von den Firmen Edelmann, Siemens und Halske, Hartmann und Braun gebaut (s. a. Sack[9])). Mit der Steigerung der Empfindlichkeit trat die elektromagnetische Dämpfung immer mehr in Erscheinung und damit das eigentümliche Verhalten der Drehspulgalvanometer in geschlossenen Stromkreisen. Die Klärung der Schwingungszustände und den Zusammenhang zwischen Galvanometerdaten und Empfindlichkeit verdanken wir vor allem Jaeger [11]) und White [12]). Mit dem Anfang dieses Jahrhunderts beginnt die Siegeslaufbahn des Drehspulgalvanometers. Es gelang nach diesem Prinzip technische Meßgeräte höchster Präzision zu bauen. Weiter konnten Galvanometer mit recht ansehnlichen Empfindlichkeiten erzielt werden. Den Drehmagnetgalvanometern konnte jetzt erfolgreich Konkurrenz gemacht werden. Die in jener Zeit angegebenen Konstruktionen sind auch heute noch nicht als überholt zu erachten.

Nun folgt Kleinarbeit, mühselige Kleinarbeit kann man sagen, wenn man bedenkt, daß in dem Verhältnis zu großem Arbeitsaufwand nur wenig Neuland gewonnen ist. Das Ziel ist im allgemeinen spannungsempfindliche, kurzschwingende Galvanometer. Jeder noch so kleine Fortschritt ist nur schwer zu erreichen gewesen, war dafür aber stets von großer Bedeutung für die elektrische Meßtechnik. Als hervorragende Arbeiten über neuere Konstruktionen sind Diesselhorst 1908 [19]) (schmales Rähmchen), Moll 1923 [24]) (gespanntes System) und Zernike 1922 [27]) (äußerst kleine Direktionskräfte) zu nennen. Im Mittelpunkt des heutigen Interesses stehen theoretische und experimentelle Untersuchungen über die Empfindlichkeitsgrenze der direkten Strommessung.

B. Drehmagnetgalvanometer (Nadelgalvanometer) *).

Prinzip. — Geschichtliche Entwicklung. — Empfindlichkeit und Konstruktionsdaten. — Bau der Spulen. — Astasierungsverfahren. — Magnetische Schirmwirkung. — Konstruktion der Gehänge. — Normalempfindlichkeit. — Die erreichbaren Empfindlichkeiten. — Ausführungsformen. — Vorzüge und Nachteile der Drehmagnettype.

Prinzip. Mit der Bezeichnung Drehmagnetgalvanometer ist schon das Prinzipielle der Anordnung zum Ausdruck gebracht. Einer oder mehrere leicht drehbare Magnete werden durch das Magnetfeld feststehender, stromführender Spulen abgelenkt. Benutzt wird hier das gleiche elektrodynamische Prinzip wie bei den Drehspulgalvanometern, nur haben Magnet und Spule ihre Rollen getauscht.

Bei der völligen Gleichheit des physikalischen Prinzips könnte man zunächst vermuten, daß die Ausführungen über das Drehspulgalvanometer nur unwesentlich zu ergänzen wären. In der Tat werden wir auf viele wichtige Punkte zurückgreifen können. Aufbau, Konstruktion und Gebrauch sind aber doch so unterschiedlich, daß eine gesonderte Besprechung erforderlich ist. Im übrigen wollen wir die Ausführungen dieses Abschnittes recht kurz fassen, da zurzeit die Drehmagnettype bei weitem nicht die Bedeutung hat, wie die Drehspulgalvanometer.

Geschichtliche Entwicklung. Dem Leser wird der soeben gegebene Überblick über die Entwicklung der Drehspulgalvanometer noch im Gedächtnis sein, so daß es zweckmäßig ist, hier entsprechende Bemerkungen über die Drehmagnetgalvanometer anzuschließen.

Die ersten Galvanometer sind nach dem Drehmagnetprinzip gebaut worden und machen von den allerersten Entdeckungen der modernen Elektrizitätslehre Gebrauch. Die Arbeiten von Örsted und Ampere aus dem Jahre 1824 klärten bereits die Ablenkung einer Magnetnadel durch den elektrischen Strom, doch beschränkten sich diese Untersuchungen mehr auf allgemeine Entdeckungen und waren nicht speziell auf die Strommessung gerichtet. Wenige Jahre darauf wurde von Schweiger und Poggendorf die verstärkte Wirkung mehrerer um die Magnetnadel geführter Windungen erkannt (vgl. Abb. 25). Diese noch heute gebräuchliche Anordnung bezeichnet man

*) In Deutschland bisher allgemein Nadelgalvanometer genannt; diese Bezeichnung sagt weniger über die Konstruktion aus, zudem ist die Verwechslung mit Zeigergalvanometer möglich.

als Multiplikator. Zu gleicher Zeit erkannte Ampere, daß das erdmagnetische Feld unwirksam gemacht werden müßte, um die Ablenkung bei schwächsten Strömen beobachten zu können.

Zur Erreichung dieses Zieles wurde zumeist die Anordnung von Nobili angewendet (siehe Abb. 25). Zwei Magnetnadeln werden in der Weise starr miteinander verbunden, daß die ungleichen Pole übereinander stehen. Die so angeordneten Magnete werden astatisches Nadelpaar genannt *). Durch diese drei Entdeckungen — Ablenkung der Magnetnadel durch den elektrischen Strom, Empfindlichkeitssteigerung durch den Multiplikator und die Schwächung des Erdfeldes — waren die drei wesentlichsten Gesichtspunkte für die Konstruktion der Drehmagnetgalvanometer festgelegt.

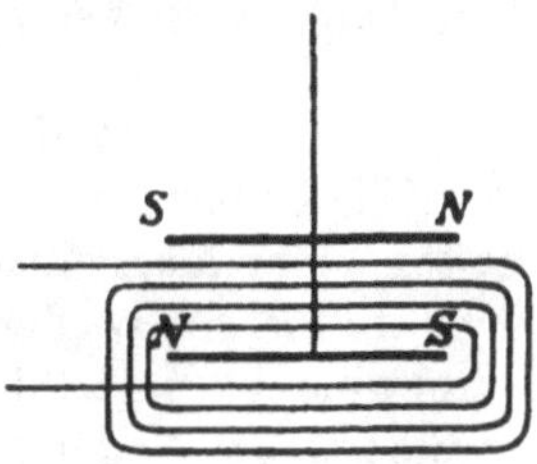

Abb. 25. Astatisches Magnetsystem nach Nobili.

Das erste nach diesem Prinzip gebaute empfindliche Spiegelgalvanometer ist von W. Weber (1852) Abhandlungen Leipzig I, S. 599, angegeben worden. Ein magnetisierter Stahlspiegel hängt an einem Kokonfaden inmitten einer kupfernen Hohlkugel; ein Loch in der Kugel gestattet die Bewegung des Spiegels mit Fernrohr und Skala zu beobachten. Vollkommener war das kurz darauf von Wiedemann (1853) angegebene Galvanometer mit einem festen Magneten nach Hauy Pogg. Ann. 89, 1853, S. 504 zur Aufhebung des erdmagnetischen Feldes.

Wesentliche Verbesserungen erfolgten durch die Einführung von Magnetsystemen, die bei starkem magnetischen Moment ein kleines Trägheitsmoment besaßen. Diese Entwicklung ist mit den Namen Thomson (1858), Siemens (1884), Weiß (1895), Broca (1896) verknüpft. Näheres über diese Magnetsysteme siehe S. 93. In den neunziger Jahren führten du Bois und Rubens mit großem Erfolge das durch Eisen geschützte Galvanometer ein. Die höchsten Empfindlichkeiten sind mit den zierlichen Magnetsystemen von Paschen [45]) und Abott [51]) erreicht worden.

Um die Wende des vergangenen Jahrhunderts war die Entwicklung der Drehmagnetgalvanometer für lange Zeit zum Abschluß gekommen. Die inzwischen eingeführten Drehspulgalvanometer machten ihnen den Rang streitig, obgleich mit diesen die hohen Empfindlichkeiten nicht erreicht wurden. Dafür konnten aber die extremsten Empfindlichkeiten der Drehmagnetgalvanometer infolge der durch die Starkstromanlagen zunehmenden magnetischen Störungen nicht mehr ausgenutzt werden.

---

*) Näheres über astatische Anordnung siehe S. 85.

So haben sie im Laufe der Zeit ihre hervorragende Bedeutung mehr und mehr verloren. Ob sie ihre alte Vormachtstellung wieder erlangen, hängt lediglich davon ab, ob es gelingt, auch die empfindlichsten Galvanometer gegen magnetische Störungen ausreichend zu schützen. An dieser Stelle sei bemerkt, daß an magnetisch sehr wenig gestörten Stellen die Drehmagnetgalvanometer in ihren Empfindlichkeitsdaten auch heute noch nicht überholt sind.

Empfindlichkeit und Konstruktionsdaten.

Wir knüpfen an die auf S. 7 gegebene Betrachtung über das Verhalten einer Magnetnadel in einem Magnetfelde an. Das Magnetfeld denken wir uns wieder homogen, aber hervorgebracht durch Multiplikatorwindungen. Ist die Richtkraft der Nadel gleich D, so wird bei dem Strome J die Nadel eine Ablenkung α erfahren, die wieder durch die für kleine Winkel geltende Gleichgewichtsbedingung gegeben ist:

$$(1) \qquad D \cdot \alpha = q \cdot J$$

woraus die Stromempfindlichkeit

$$(2) \qquad S_i = \frac{q}{D}$$

q ist wieder die dynamische Galvanometerkonstante, d. h. q ist das mechanische Drehmoment der vom Strom 1 C. G. S. durchflossenen Spule. Soweit liegen die gleichen Verhältnisse wie beim Drehspulgalvanometer vor. Dagegen treten ganz andere Gesichtspunkte auf, wenn wir daran gehen, D und q aus den Galvanometerdimensionen zu berechnen. Zunächst die Richtkraft: Die Richtkraft ist im wesentlichen magnetisch. Ist das resultierende Moment aller Systemsmagnete gleich M *), und bewegen diese sich in einem Felde von der Stärke H, ist die magnetische Richtkraft gleich MH. Hierzu tritt die meist zu vernachlässigende Richtkraft D' des Aufhängefadens.

Wir kommen zur Berechnung der dynamischen Galvanometerkonstanten q. Die mechanische Wirkung des Spulenstromes auf das drehbare Magnetsystem ist nach dem Biot-Savartschen Gesetz S. 6 umso größer, je stärker der Magnet ist, auf den die Spule wirkt, und zwar ist die Wirkung dem resultierenden, magnetischen Moment M' proportional. Man kann also setzen

$$(3) \qquad q = M'G$$

hierin bezeichnet man G als die Galvanometerfunktion der Spule; diese bedeutet nach den soeben gegebenen Erklärungen das Drehmoment, welches von der vom Einheitsstrom durchflossenen Spule auf einen Magneten von der Stärke 1 ausgeübt wird. Nach diesen Erläuterungen für D und q können wir (2) schreiben

*) Über das resultierende Moment der astatischen Systeme siehe S. 86.

$$(4)\qquad S_i = \frac{q}{D} \cdot = \frac{M'G}{MH + D'}.$$

Für den Fall, daß das System nur aus einem oder mehreren gleichgerichteten Magneten von der Gesamtstärke M besteht und auf diesen das Spulensystem wirkt, gilt unter Vernachlässigung der mechanischen Richtkraft D'.

$$(4a)\qquad S_i = \frac{G}{H}.$$

Die Stromempfindlichkeit ist also unabhängig von der Stärke des Magneten, wohl aber wird mit zunehmender Stärke der Magnete die Richtkraft stärker; dieselbe Empfindlichkeit wird demnach bei kleinerer Schwingungsdauer erreicht.

Anders bei astatischen Systemen, wo das resultierende Moment M' den Beitrag zur Richtkraft gibt, die Einzelstärke aber die dynamische Galvanometerkonstante bedingt. Wir behalten dann wieder bei kleiner mechanischer Richtkraft

$$(5)\qquad S_i = \frac{M'G}{MH}.$$

Durch Einführung des Trägheitsmomentes K und der Schwingungsdauer T erhält man

$$(6)\qquad S_i = \frac{1}{4\pi^2}\left(\frac{M'}{K}\right) \cdot G \cdot T_0^2.$$

Die Empfindlichkeit wächst quadratisch mit der Schwingungsdauer, man wird also zweckmäßig die höchst zulässige Schwingungsdauer wählen. Weiter folgen aus (6) die beiden wichtigsten Konstruktionsrichtlinien für Drehmagnetgalvanometer:

1. Die Galvanometerfunktion G ist möglichst groß zu machen. Auf welchem Wege das erreicht wird, soll im Folgenden ausführlich erörtert werden.

2. Der Faktor $\frac{M'}{K}$, also das Verhältnis vom gesamten magnetischen Moment zum Trägheitsmoment, muß ein Maximum werden. Beim Drehspulgalvanometer fanden wir ähnlich $\frac{F}{K}$, siehe S. 28.

Wir stellen uns wiederum die Aufgabe, ein hochempfindliches Galvanometer zu konstruieren, und gehen wie früher S. 28 von einer bestimmten Schwingungsdauer aus; dann bleibt für den Konstrukteur noch die Aufgabe, den beiden Faktoren $\frac{M'}{K}$ und G günstigste Werte zu geben. Da der erste Faktor nur das bewegliche System, der zweite Faktor nur die festen Spulen betrifft, können wir beide Funktionen getrennt behandeln.

Der Bau der Spulen.

Bei den Drehspulgalvanometern waren wir in der glücklichen Lage, diese dynamische Galvanometerkonstante als einfache Funktion von zwei wichtigen Konstruktionsdaten zu finden. (Es war $q = H \cdot F$). Bei den Drehmagnetgalvanometern läßt sich ein solcher Ausdruck nur für einen ganz speziellen, einfachen Fall finden: Besteht die Wicklung aus n kreisförmigen Windungen von gleichem Radius R, so wirkt auf einen im Mittelpunkt des Kreises befindlichen Magneten von der Stärke M die Kraft

$$(7) \qquad K = \frac{2\pi n M}{R} \quad \text{(Biot-Savartsches Gesetz).}$$

Hierbei ist noch vorausgesetzt, daß der Magnet klein im Verhältnis zum Radius ist. Diese Anordnung wird Tangentenbussole genannt und hat eine gewisse Bedeutung für die absolute Strommessung, für empfindliche Messungen dagegen ist sie unbrauchbar. Hier muß man höhere Windungszahlen wählen und die Spule dicht an die Magnetnadel heranbringen.

Galvanometerfunktion. Liegen viele Windungen dicht um eine Magnetnadel, sind also unsere vereinfachenden Voraussetzungen nicht mehr erfüllt, dann wird der Ausdruck (7) im allgemeinen kompliziert. Es lassen sich nur folgende Richtlinien aufstellen:

Bei gleichem Wickelraum, aber verschiedener Drahtdicke wächst die dynamische Galvanometerkonstante mit der Wurzel aus dem jeweiligen Widerstande. Würde z. B. der Querschnitt des Drahtes verdoppelt werden, dann geht auch nur die Hälfte der Windungen auf den gleichen Spulenkörper, damit ist der Widerstand auf den vierten Teil zurückgegangen. Die Hälfte der Windungen in gleicher Anordnung zum Magneten bedingt aber die Hälfte der Empfindlichkeit. Bei sehr dünnen Drähten gilt diese Überlegung nicht mehr streng, da dann der Anteil der Umspinnung immer größer wird. Zwecks Raumausnutzung hat man hier zuweilen zu Drähten mit rechteckigem Querschnitt gegriffen. Auch hat man Emaillelackdrähte an Stelle der üblichen seidenumsponnenen Drähte verwendet.

Wicklung nach Maxwell. Bei gegebenem Wicklungsraume kann die Wirkung dadurch erhöht werden, daß man nach Maxwell *) die dem Magneten näher gelegenen Windungen aus dünnerem Draht wickelt als die äußeren Windungen. Man stuft im allgemeinen die Drahtstärken nur 2—3 mal ab, da eine feinere Unterteilung keinen erheblichen Empfindlichkeitsgewinn bringt; siehe hierüber neuere Versuche von Coblentz [55]).

*) Lehrbuch d. El. u. d. Magn. 1883 Bd. II S. 448.

Astasierungsverfahren.

Herstellung einer konstanten Richtkraft. Bei den Drehspulgalvanometern benutzten wir fast ausschließlich die mechanische Richtkraft, bei den Drehmagnetgalvanometern dagegen ist die Richtkraft zum größten Teil magnetisch und damit abhängig von der Stärke des Feldes, in dem sich das System befindet. Ehe wir zur Besprechung der Konstruktionsrichtlinien für das bewegliche System kommen, müssen wir daher Überlegungen über die magnetische Richtkraft vorausschicken.

Zur Erzielung einer hohen Empfindlichkeit muß die Richtkraft $D = MH$ des Systems sehr klein gemacht werden. Die Richtkraft muß aber auch die Bedingung der Konstanz erfüllen oder sich wenigstens stetig und nur sehr langsam verändern. Das erdmagnetische Feld und vor allem magnetische Störungsfelder von Starkstromanlagen wechseln oft Größe und Richtung, diese müssen daher als Richtkraft für unsere Galvanometer ausgeschaltet werden. Es ist sehr schwierig, dieser Forderung in idealer Weise zu genügen. Zur Lösung dieses Problems gibt es prinzipiell zwei Verfahren, die wir nun erörtern wollen. Von der Art der Lösung dieser Fragen hängt auch der äußere Aufbau der Gehänge, ja der Drehmagnetgalvanometer ab.

Zweck der Astasierung. Einleitend zu diesem Abschnitt bemerkten wir, daß Nobili die astatische Anordnung lediglich zur Empfindlichkeitssteigerung gewählt hatte. Wenn auch noch heute dieser Gesichtspunkt als wichtig erachtet werden muß, so tritt doch noch ein weiterer in den Vordergrund. Macht man durch astatische Anordnung der Magnete das resultierende, magnetische Moment und damit auch die Richtkraft sehr klein, dann wird schließlich die Schwingungsdauer so groß, daß es einer zusätzlichen Richtkraft bedarf, um die Schwingungsdauer wieder auf einen vernünftigen Wert zu bringen. Macht man die zusätzlichen Richtkräfte konstant — und es macht keine Schwierigkeit, konstante einstellbare Richtkräfte anzubringen —, so hat man die Störungskräfte ausgeschaltet.

Je höher man die Astasie treiben kann, je kleiner M' wird, um so größer kann man das konstante Richtfeld wählen, um so unwirksamer werden dann auch die Störungsfelder sein. Umgekehrt folgt daraus, daß man die Astasie um so weiter treiben muß, je stärker die Störungsfelder sind.

Erläuterung des astatischen Verfahrens. Zwei Magnete werden gemäß Abb. 25 starr miteinander verbunden. Wären die magnetischen Momente gleich groß und lägen alle vier Pole in einer Ebene und symmetrisch zur Systemachse, dann würde das resultierende magnetische Moment Null sein. Die Richtkraft wäre dann lediglich durch die Torsion der Aufhängung gegeben. Diese wird bei Verwendung eines sehr dünnen Quarzfadens (in der Größe von 1 μ) so klein, daß sehr hohe Empfindlichkeiten bei allerdings sehr hohen Schwingungsdauern erreicht werden könnten. Praktisch ist es aber nicht möglich, vollständige Astasie zu erreichen. Sind die beiden magnetischen Momente m_1 bzw. m_2 und bilden ihre magnetischen Achsen den Winkel γ, wie übertrieben in Abb. 26 gezeichnet, so wird das resultierende magnetische Moment M'

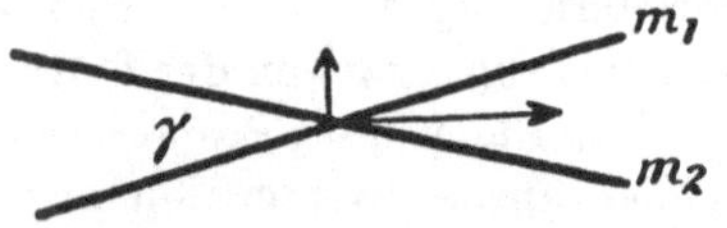

Abb. 26. Astatische Nadeln.

$$M' = \sqrt{(m_1 - m_2)^2 + 4m_1 \cdot m_2 \cdot \sin^2 \frac{\gamma}{2}} \, .$$

Durch die stets vorhandene Ungleichmäßigkeit $m_1 \neq m_2$ und verschiedene Lage der Magnete (Winkel γ) läßt sich kein hoher Grad der Astasie erreichen. Jedenfalls reicht die so erhaltene Störungsfreiheit für viele Fälle nicht aus. Man konnte aber auf folgendem Wege eine wesentliche Besserung erzielen:

Das resultierende magnetische Moment wollen wir uns in zwei Komponenten zerlegt denken. Die eine in Richtung der vertikalen Systemachse, diese ist auf die Drehung des Systems ohne Einfluß. Die andere Komponente liege in der achsensenkrechten Ebene. Außerhalb des beweglichen Systems bringt man nun ein magnetisches Feld an, das die gleiche Stärke, aber die entgegengesetzte Richtung wie die Komponente in der achsensenkrechten Ebene besitzt. Dadurch schwächt man das variable Erdfeld an der betreffenden Stelle.

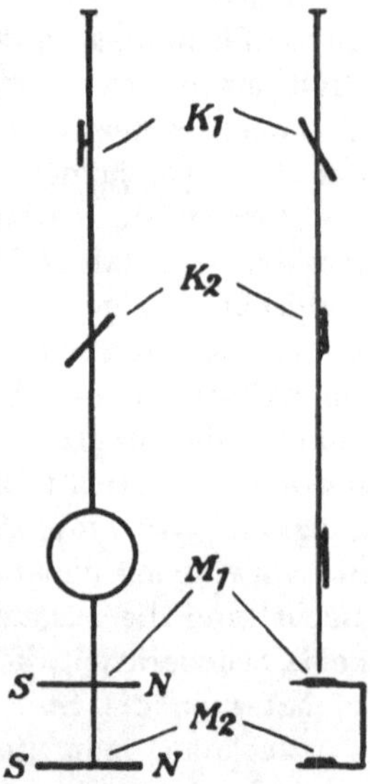

Abb. 26 a. Astatisches System nach Nernst.

Neues Verfahren nach W. Jaeger und W. Nernst. DRP. 408 613, 21 e/I. Eine völlige Astasierung war nach dem alten Verfahren nicht möglich; man machte die Beobachtung, daß das System plötzlich umschlug, sobald man das Galvanometer durch Aufhebung des Richtfeldes empfindlicher machen wollte. Die Unruhe des Systems zeigte, daß das Galvanometer der Wirkung der äußeren Felder nicht entzogen war. Hier ermöglichte ein von W. Jaeger und W. Nernst [58]) angegebenes Verfahren eine weitere Verbesserung der Astasierung. Bei vollem Erfolg dieser Methode hätte man auf jeden Panzer verzichten können.

Wir denken uns das resultiernde Moment in drei Komponenten zerlegt, von denen wieder eine in der Systemachse und die beiden anderen in der dazu senkrechten Ebene liegen. Die beiden letzteren Komponenten wollen wir in zwei zueinander senkrechten Richtungen a und b orientieren. Diese beiden schädlichen Komponenten a und b kann man unwirksam machen, wenn man nach Nernst und Jaeger an dem beweglichen System zwei Magnete so anordnet, daß der eine a und der andere b kompensiert. Das prinzipiell unterschiedliche gegen das frühere Astasierungsverfahren ist also die Verminderung des gesamten beweglichen magnetischen Moments M, wogegen die frühere Methode das magnetische Feld H schwächte. Bei beiden wird die magnetische Richtkraft MH geschwächt und die fortschreitende Astasierung macht sich durch Steigen der Schwingungsdauer bemerkbar.

Die Form des beweglichen Systems (Gehänge), siehe Abbildung 26a, m_1 und m_2 sind die beiden Hauptmagnete aus Cobalt-Chrom-Stahl von etwa 10 mm Länge bei 2,5 × 0,8 mm Querschnitt. Die beiden Kompensationsmagnete k_1 und k_2 haben eine Länge von 7 mm und 0,5 mm ∅. Das Galvanometer muß nach einer besonderen Anleitung *)

*) Astasierung des Galvanometers nach Nernst. Man bringe die kleinen Kompensationsmagnetchen durch Drehen in eine vertikale Lage. Nachdem bei der in Bild 26b skizzierten Aufstellung ein

Abb. 26 b.

mittlerer Skalenteil in das Gesichtsfeld des Fernrohrs gebracht ist, wird in der Galvanometerebene — d. i. die Horizontalebene in Höhe der Spule — in einer bestimmten Entfernung (etwa 2—3 m) durch einen Magneten eine künstliche, reproduzierbare Störung hervorgerufen. Ist die Stärke des Störungsmagneten so bemessen, daß er die zehnfache Ablenkung einer Magnetnadel hervorruft gegenüber den stets vorhandenen Störungen, so würden die ständigen Ablenkungen nur $^1/_{10}$ mm betragen, falls ich die künstlichen Störungen bis zu 1 mm zum Verschwinden bringe. Im allgemeinen wird ein Magnet von 30—40 cm Länge mit einem magnetischen Moment von 30—40000 C. G. S. ausreichend sein. Ein solcher Störungsmagnet wird in Lage I (Bild 26b) gebracht und die Größe und Richtung des Ausschlages beobachtet, dann wird der Magnet gewendet und der Stand des Lichtzeigers wieder notiert. Aus diesen Ablenkungen ersieht man, welche von beiden astatischen Nadeln M_1 und M_2 die stärkere ist. Diese durch die magnetische Ungleichheit der Nadeln bedingte Ablenkung muß nun durch Drehen der unteren Kompensationsnadel beseitigt werden. Es wird nun meist nach mehreren Einstellungen gelingen, den Einfluß des Störungsmagneten auf etwa 1 mm zu reduzieren. Man überkompensiert nun zweckmäßig, d. h. die letzten Ablenkungen müßten nicht durch ein Verstärken, sondern durch eine schwächende Wirkung

eingestellt werden. Bei einiger Übung gelingt die Astasierung in etwa 15 Minuten. — Mit einem solchen System wurde in verschiedenen Ausführungen eine Normalempfindlichkeit von 80—100 erreicht (vgl. a. Hasché [58])). Für höhere Empfindlichkeiten muß das System in bezug auf Gewicht und Größe stark verringert werden. Versuche in dieser Richtung sind noch nicht abgeschlossen. — Auch nach dem Astasierungsverfahren von Jaeger und Nernst gelingt es nicht, die Magnetsysteme gegen starke magnetische Störungen zu schützen. Das liegt vor allem an der großen räumlichen Ausdehnung, die das Nadelpaar und die Kompensationsmagnete notwendig besitzen muß. Infolgedessen reicht die Astasie insbesondere bei inhomogenen magnetischen Feldern nicht aus.

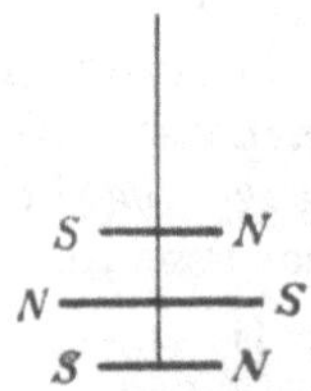

Abb. 26 c. Astatisches Dreifachmagnetsystem.

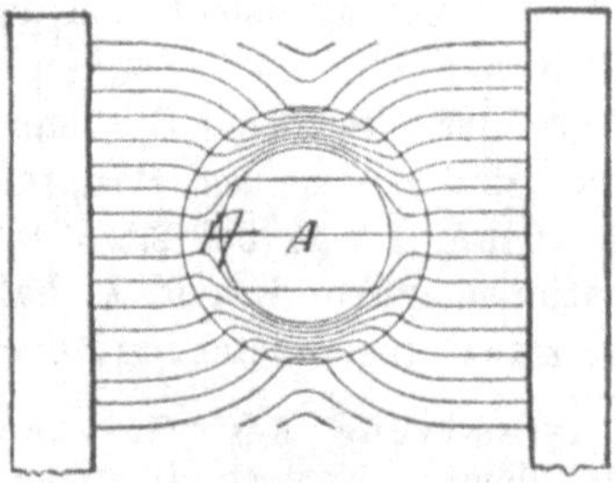

Abb. 27. Magnetische Schirmwirkung. durch Eisenring A

In dieser Hinsicht scheint man mit einem Dreifachmagnetsystem nach Abb. 26 c weiter zu kommen; doch wird hier das Trägheitsmoment größer und die Anordnung der Spulen komplizierter.

Magnetische Schirmwirkung.

Die Schwierigkeiten, eine hinreichende Astasie der Magnetsysteme zu erreichen, führten zu der Ausbildung eines zweiten Schutzverfahrens. Man brachte zu diesem Zweck das zu schützende Magnetsystem in das Innere von Eisenschalen. Die Kraftlinien der störenden, veränderlichen Richtkräfte verlaufen dann zum größten Teil im Eisen und werden so von dem Magneten ferngehalten (s. Abb. 27). Die Anordnung läuft also wieder darauf hinaus, das magnetische Richtfeld H zu schwächen. So aussichtsreich dieses Verfahren auf den ersten Blick auch sein mag, so

des Kompensationsmagnetchens fortgeschafft werden. Man kann dann durch einen oder mehrere Eisenringe am äußeren Zylinderrohr die weitere Astasierung bequem durchführen, ohne das Gehänge zu berühren. In der gleichen Weise bringt man die Störungen des Magneten aus Lage II zum Verschwinden, indem man zur Kompensation das obere Magnetchen verwendet. Da die beiden Kompensationen nicht ganz unabhängig voneinander sind, wird man, wenigstens für die groben Störungen, die Astasierung der Komponenten abwechselnd vornehmen.

ergeben sich doch bei der praktischen Durchführung eine Reihe von Schwierigkeiten, auch heute sind diese noch nicht zur vollen Zufriedenheit gelöst, obgleich in allerletzter Zeit die Verwendung eines besonders günstigen Eisenmaterials neue Hoffnungen erweckt. Jedenfalls ist es bisher nicht gelungen, durch die Panzerung Störungen so weit zu beseitigen, daß den Drehmagnetgalvanometern ihre frühere weite Verbreitung wieder gesichert ist. Hierzu trägt auch der Umstand bei, daß infolge der ständig im Zunehmen begriffenen Starkstromanlagen immer schärfere Anforderungen an den Schutz gestellt werden.

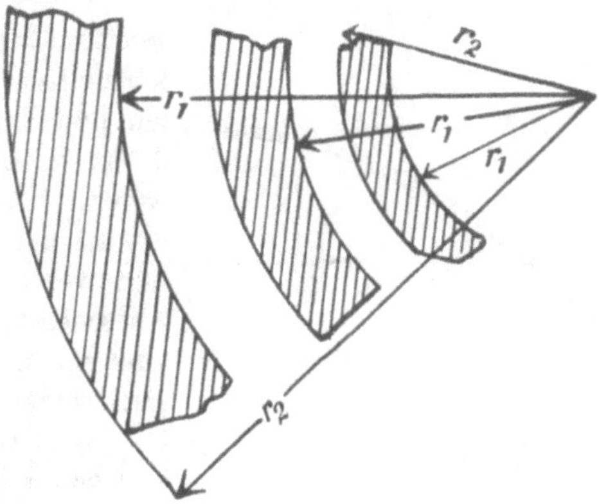

Abb. 28. Magnetischer Panzer mit geometrisch abnehmender Panzerstärke.

Eine Reihe von theoretischen und experimentellen Untersuchungen hat sich mit der Schirmwirkung des Eisens befaßt. Auf die vollständige Wiedergabe der zum Teil recht umständlichen Formeln, die für die Kugel- und Zylinderpanzer entwickelt wurden, können wir hier verzichten. Hier seien nur einige interessante Formeln erwähnt, die unter den vereinfachten Annahmen gelten, daß die Radien der Panzerschalen in geometrischer Progression abnehmen (vgl. Abb. 28). Ist das Verhältnis der äußeren zu den inneren Radien $\frac{r_2}{r_1} = m$, dann ist der Schutz

$$(10) \qquad Sch = \frac{1}{\left(\frac{r_2}{r_1}\right)^{n - 1/2}} \cdot K_n ,$$

worin n die Zahl der Panzerschalen ist. K_n berechnet sich nach der Formel:

$$(11) \qquad K_n = \left(2m^2 + \frac{\mu}{4}\,[m^2 - 1]^2\right) K_{n-1} - m^4 \cdot K_{n-2}$$

z. B. für $n = 2$

$$K_2 = \left(2m^2 + \frac{\mu}{4} \cdot [m^2 - 1]^2\right) \cdot \left(\frac{\mu}{4}\,[1 - m^{-2}]\right) - m^2 .$$

Hierin ist μ die Permeabilität.

Die wichtigsten praktischen Ergebnisse dieser Untersuchungen lassen sich in folgenden Sätzen zusammenfassen:

1. Das Material muß eine hohe Anfangspermeabilität besitzen.

2. Der Panzer ist möglichst dicht an das zu schützende System zu bringen.

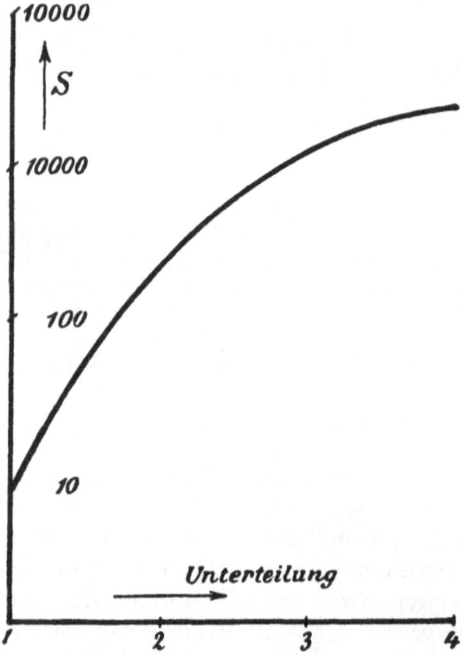

Abb. 29. Schirmwirkung in Abhängigkeit von der Zahl der Panzerschalen.

3. Der Panzer besteht zweckmäßig aus mehreren konzentrischen Kugelschalen und konaxialen Zylindern; doch von einer gewissen Unterteilung ab nimmt die Schutzwirkung nur wenig zu. Für die Zwischenlagen ist Luft oder ein anderes unmagnetisches Material zu wählen.

4. Besonders günstig erweist sich eine Anordnung, bei der die Dicke der einzelnen Schalen in geometrischer Progression abnimmt (s. Abb. 28).

5. Kugelschalen verhalten sich etwas günstiger als Zylinder. Auf jeden Fall müssen die Panzer vollständig geschlossen sein. Öffnungen und Stoßfugen sind nach Möglichkeit zu vermeiden. Wo sie für den Lichtweg und für die Montage unumgänglich notwendig sind, sind sie in verschiedene Ebenen zu legen.

In Ergänzung dieser Richtlinien geben wir noch eine graphische Darstellung (Abb. 29). Die Kurve veranschaulicht die starke Zunahme der Schirmwirkung bei schwachen Unterteilungen $n = 1, 2, 3, 4$. Bei weiter wachsender Unterteilung wird die Schirmwirkung nur wenig erhöht. Die Kurve gilt für eine bestimmte Permeabilität, jedoch bleibt auch bei anderen Werten von μ der Charakter der Kurve der gleiche.

Die nachstehende Tabelle zeigt die Abhängigkeit von der Permeabilität; bei der konstanten Zahl der Schichten (5) wurde gefunden:

für $\mu = 50$ $S = 200$
„ $\mu = 100$ $S = 1100$
„ $\mu = 200$ $S = 11000$.

Diese Tabelle beweist die ungeheure Bedeutung der Permeabilität. Die Schirmwirkung S ist nach dem in der Anmerkung *) gegebenen Verfahren gemessen worden.

Die im allgemeinen erreichbaren Permeabilitäten liegen bei 100 bis 200, ausgesuchtes Material erreicht auch 400. Ob aber diese Zahlen auch für das bearbeitete Material gelten, muß dahingestellt bleiben. Die praktischen Ergebnisse entsprechen jedenfalls diesen hohen Permeabilitätswerten nicht. Man tut daher gut, sich vor weitgehender Auslegung der Formel (10) zu hüten.

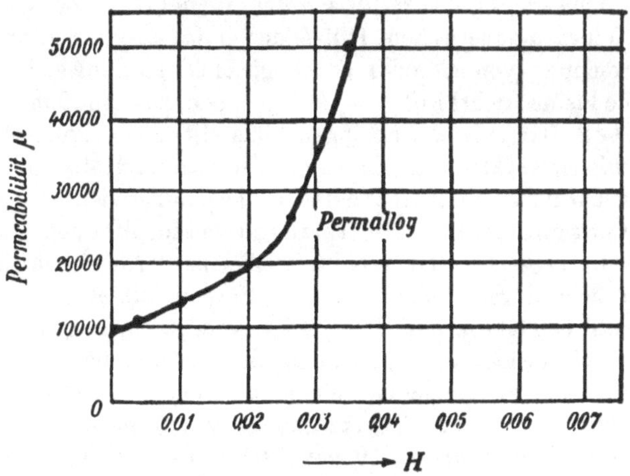

Abb. 30. Permeabilität des Permalloy.

Im Jahre 1923 veröffentlichten H. Arnold und G. Elmen in „The Electrician“ eine Arbeit über Eisennickellegierung von außerordentlich hoher Anfangspermeabilität. Bei einem Material, das sie Permalloy nannten, und das aus ungefähr 80% Nickel und 20% Eisen (mit Verunreinigungen an Co Mn Cu Si) bestand, erreichten sie μ-Werte von 10 000 bis 30 000 (siehe graphische Darstellung Abb. 30).

*) Die Schirmwirkung S ist in folgender Weise bestimmt worden: Das Galvanometer wird von zwei Stromschleifen umgeben, die ähnlich gebaut sind und in der gleichen Vertikalebene liegen. Während die eine Stromschleife das Galvanometer eng umschließt, befindet sich die andere in größerem Abstande davon. Schickt man durch die beiden Rahmen zwei Ströme entgegengesetzter Richtung, dann heben sich die magnetischen Felder innerhalb der kleineren Stromschleife auf und das Galvanometer wird in Ruhe bleiben. Umgibt man nun das Galvanometer und den inneren Rahmen mit dem zu untersuchenden Panzer, dann wird man die Stromstärke in dem äußeren

Die Verunreinigungen sind nicht von so großem Einfluß auf diese Eigenschaften als gerade die Wärmebehandlung, und diese ist recht kompliziert. Nun aber das Wichtigste: Der Einfluß von Formänderungen auf die μ-Werte ist sehr bedeutend, und das ist sicher mit ein Grund dafür, daß Permalloy als Schutzmaterial für Galvanometer bisher nicht ganz die Hoffnungen erfüllt hat, die man bei den 30mal größeren Permeabilitätswerten nach den theoretischen Überlegungen erwarten mußte. Das gibt Anlaß zu allgemeinen Bedenken, wie weit die Ausdrücke (10), (11) ihre Gültigkeit haben *). Immerhin sind wohl hübsche Erfolge bei Verwendung von Permalloy in der Galvanometrie zu erwarten (vgl. a. S. 143.)

Konstante Richtkraft. Hat man dem System durch Astasierung, d.i. Schwächung des resultierenden Moments M, oder durch Anwendung eines magnetischen Hilfsfeldes bzw. durch Schirmwirkung, d. i. Schwächung von H, oder durch gleichzeitige Anwendung beider Wege, eine kleine Richtkraft $D = MH$ gegeben, dann muß man jetzt ein konstantes Richtfeld anbringen, das die Schwingungsdauer des Systems wieder verkleinert. Dabei ist vorausgesetzt, daß die mechanische Richtkraft des Aufhängefadens gegenüber der kleinsten auftretenden magnetischen Richtkraft zu vernachlässigen ist.

Das konstante Richtfeld stellt man zumeist durch einen Magneten her; durch Nähern und Entfernen dieses Magneten hat man es dann bequem in der Hand, die Stärke in einem großen Bereich zu regeln. Natürlich kann man auch die mechanische Richtkraft benutzen, die dann aber regelbar sein muß. Benedicks [56]) hat eine Anordnung für eine bifilare Quarzaufhängung angegeben, mit der die Richtkraft im Verhältnis 1 : 40 geändert werden kann. Dieser Weg bietet den Vorteil einer großen Konstanz der Richtkraft, auch sind diese mechanischen Direktionskräfte weitgehend unabhängig von der Temperatur.

Rahmen vergrößern müssen, um wieder Gleichheit der magnetischen Felder und die alte Ruhelage des Galvanometers zu erreichen. Das Verhältnis der Stromstärken mit und ohne Panzer ist dann gleich der Schirmwirkung S.

*) Gegen die obigen Überlegungen lassen sich folgende Bedenken erheben:

1. Infolge der entmagnetisierenden Wirkung ist das wahre Feld in dem Schutzpanzer nur ein Bruchteil des Störungsfeldes. Man muß also den μ-Wert für sehr kleine Feldstärken kennen; dieser Wert läßt sich schwer bestimmen.

2. Ein konstantes Erdfeld oder auch ein konstantes Störungsfeld läßt sich durch einen permanenten Magneten aufheben. Es kommt also nicht auf die absolute Stärke der magnetischen Felder an, sondern darauf, wie sich das Eisen bei kleinen Änderungen dieser Störungsfelder verhält.

3. Versuche haben gezeigt, daß das Eisen infolge Bearbeitung andere Permeabilitätswerte erhält, und zwar so, daß die Permeabilität stets kleiner wird.

Konstruktion der Gehänge. Für die Konstruktion des beweglichen Systems haben wir nur eine wichtige Richtschnur: Nach Ausdruck (6) steigt die Empfindlichkeit mit dem Verhältnis

$$\frac{M}{K} = \frac{\text{magnetisches Moment}}{\text{Trägheitsmoment.}}$$

Dies ist die wichtigste Forderung, die man auf mehreren Wegen zu erfüllen suchte.

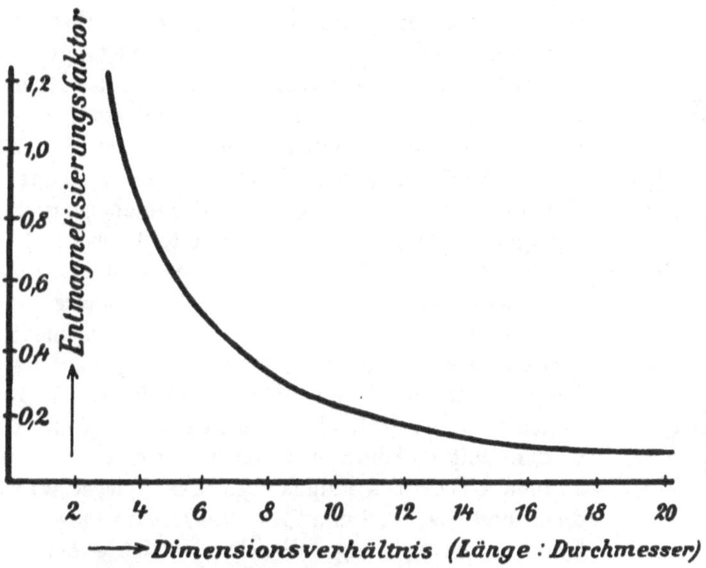

Abb. 31. Entmagnetisierung in Abhängigkeit vom Dimensionsverhältnis.

Magnetsystem nach Thomson.

Diese Ausführung hat wohl die meiste Verbreitung gefunden; der Anordnung liegt folgender Gedanke zugrunde: Bei abnehmender Magnetlänge verringert sich das Trägheitsmoment rascher als das magnetische Moment. Kurze, schmale Magnete sind daher vorteilhafter als dicke, lange Magnete. Kann man das Trägheitsmoment des Spiegels und der übrigen Systemteile gegenüber dem der Magnetchen vernachlässigen, so kommt man zu der Regel, daß Länge und Durchmesser der Magneten gleich groß und gleich 1 — 2 mm gemacht werden sollen. Zu diesen extrem kleinen Dimensionen darf man jedoch nicht übergehen, da dann die Entmagnetisierung jeden Vorteil aufhebt. Abb. 31 zeigt die Abhängigkeit des Entmagnetisierungsfaktors *) für verschiedene Dimensionsverhältnisse. Für große Werte von

*) Der Entmagnetisierungsfaktor ist in folgender Weise definiert: Der freie Magnetismus der Pole wirkt schwächend auf das Feld im Innern des

$$\frac{\text{Länge}}{\text{Durchmesser}}$$

ist die entmagnetisierende Wirkung noch klein, nimmt jedoch schon beträchtliche Werte an, sobald das Dimensionsverhältnis kleiner als 5 wird. Man hat bei sehr kleinen Magnetchen die entmagnetisierende Wirkung dadurch abzuschwächen gesucht, daß man die Magnete etwas gebogen und paarweise angeordnet hat. Ein Gehänge des Thomsonschen Typus ist in Abb. 32 dargestellt. Damit die Magnete einander nicht beeinflussen, muß ein bestimmter Abstand eingehalten werden. Eingehende Überlegungen über günstiges Dimensionsverhältnis, Abstand der Magneten, sind kürzlich von Daynes[56a]) angestellt worden, jedoch ohne zu prinzipiell neuen Gesichtspunkten zu führen.

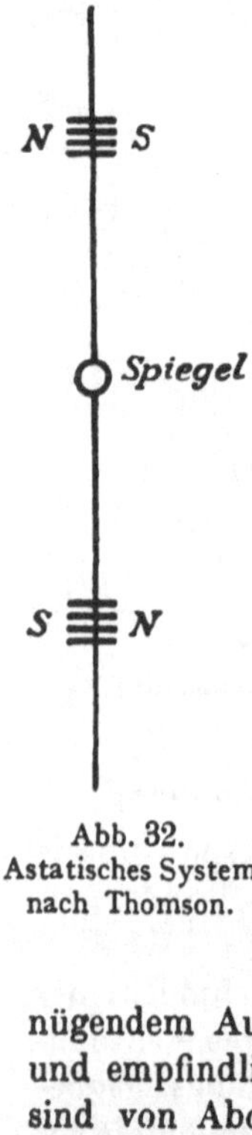

Abb. 32. Astatisches System nach Thomson.

In Verfolgung des Thomsonschen Prinzips sind Gehänge mit winzig kleinen Magnetchen und sehr geringen Systemgewichten hergestellt worden. Die Daten der gebräuchlichsten Systeme sind in Tab. Nr. 9 zusammengestellt. Das unter Nr. 2 genannte System von Paschen gehört noch immer zu den leichtesten Ausführungen, die fabrikationsmäßig hergestellt werden. Paschen hat 1893[45]) ein Gehänge mit folgenden Dimensionen benutzt: Je 13 Magnetchen von 1—1,5 mm Länge wurden mit 0,03 mm Abstand zu beiden Seiten eines dünnen Glasfadens aufgeklebt. Der Spiegel war 30 μ dick und hatte 2 mm Ø. Das Gesamtgewicht des Systems betrug 5 mg. Paschen erreichte bei 7″ und 60 Ω Spulenwiderstand eine Empfindlichkeit von $7{,}10^{-11}$ Amp. für 1 mm Ausschlag bei 1 m Skalenabstand; das entspricht einer Normalempfindlichkeit $S_i = 4000$. Bei ausreichender Geduld und genügendem Aufwand an Zeit kann man im Einzelfalle noch leichtere und empfindlichere Systeme bauen. Rekordzahlen in dieser Richtung sind von Abott[51]) angegeben. Hand in Hand mit Verkleinerung der Magnete muß auch das Gewicht der übrigen Systemteile u. a. auch des Spiegels verringert werden. Der Vorteil der Thomsonschen Anordnung besteht darin, daß man die Galvanometerspulen sehr nahe an die Magnete heranbringen kann und so eine kräftige Wirkung auf das System erzielt. Die Schwierigkeiten liegen in der Astasierung, da die beiden Nadelgruppen notwendig einen größeren Abstand besitzen müssen. Bei den kleinen Systemen werden auch die mechanischen Störungen recht groß.

Magneten zurück. Um zu der wirksamen Feldstärke H_1 zu gelangen, muß man von der an dem betreffenden Orte herrschenden Feldstärke H den Wert gI abziehen, wo g der Entmagnetisierungsfaktor und I die Magnetisierung ist.

Tabelle 9.

Systeme für Drehmagnetgalvanometer.

Nr.	Bezeichnung	Anzahl der Magnete	Größe d. Magnete Länge in mm	Größe d. Magnete Durchmesser in mm	angeordnet in einem Rechteck von	Spiegel-Größe mm	Gewicht des ganzen Systems mg	Länge des Quarzfadens mm	Bemerkungen
1	Thomson astatisch	2×2×7	5	0,25	5,5×6 mm	8	300	40	schweres System
		2×2×5	2,5	0,15	2,5×4 mm	3	60	40	leichtes System
2	Paschen astatisch	2×13	1,5	—	1,5×0,5	2	5	50	
3	Abott astatisch	48	1,4	0,008	—				
4	Downing	2×5	0,9	0,25×0,1	—	1×3	4,5	—	
5	Coblentz	2×4	2	0,1	—	1,5×2,5			
6	du Bois-Rubens	2×7	5	0,25	5×6 in einer Gruppe	8	200	40	schweres System
		2×5	2,5	0,15		3	40	40	leichtes System
7	Nernst	2	10	2×0,8	—	8	1000	60	System ist noch mit 2 Kompensationsmagnetchen versehen

Magnetsystem nach Nobili.

Ganz andere Dimensionsverhältnisse (vgl. Tab. 9 Nr. 7) besitzt die wohl zuerst von Nobili verwendete Anordnung. Die beiden astatischen Magnete können nahe aneinander gebracht werden; der dann allerdings vorhandene kleine Raum bietet nur für eine Spule Platz. Dabei ist aber der Umstand günstig, daß der Spulenteil zwischen den beiden Nadeln auf beide Magnete in dem gleichen Drehungssinne wirkt. Mit dem Nobili-System lassen sich hohe Empfindlichkeiten nur mit günstigstem Magnetmaterial erreichen. Es ist ein starkes magnetisches Moment erforderlich, damit das Verhältnis $\frac{M'}{K}$ bei dem großen Trägheitsmoment keine zu ungünstigen Werte annimmt. Bisher hat man die Empfindlichkeit der Thomson-Systeme noch nicht erreicht, doch kann sich das Bild ändern, sobald man kräftigere Magnete herstellen kann.

Abb. 33. Astatisches System nach Broca.

Neben diesen beiden wichtigsten Ausführungen gibt es noch andere, heute aber kaum noch benutzte Anordnungen. Wir können sie daher übergehen und verweisen lediglich auf ältere Handbücher der Physik, siehe auch [1]).

Nur ein Magnetsystem soll noch Erwähnung finden, da es eine recht hübsche Lösung der Aufgabe darstellt, wie man das Trägheitsmoment bei starkem magnetischen Moment sehr klein halten kann. Das Magnetsystem wurde von Weiß [47]) angegeben und von Broca [46]) verbessert. Es besteht (vgl. Abb. 33) aus zwei Stahldrähten von 45 mm Länge bei 2 mm ∅. Die Drähte sind parallel und vertikal an der Systemachse angebracht; sie sind so magnetisiert, daß sie an dem Ende gleiche Polarität haben. Zwei solcher Drähte werden wie in Abb. 33 miteinander verbunden; es entsteht so ein Magnetpaar wie beim Thomsonsystem, jedoch ist die Entmagnetisierung wegen des günstigen Dimensionsverhältnisses sehr gering. Die Astasie ist von dem Parallelismus der Nadeln abhängig. Extrem hohe Empfindlichkeiten lassen sich mit der Brocaschen Anordnung nicht erreichen.

Die Empfindlichkeit der Drehmagnetgalvanometer.

Normalempfindlichkeit. Einen Überblick über die bei den Drehmagnetgalvanometern erreichbaren Empfindlichkeiten gewinnen wir am besten durch Einführung der Normalempfindlichkeit. Aus Gleichung (6) S. 83.

$$S_i = \frac{1}{4\pi^2} \cdot \left(\frac{M'}{K}\right) \cdot G \cdot T_0^2$$

entnehmen wir, daß die Empfindlichkeit mit dem Quadrat der Schwingungsdauer zunimmt; weiter wissen wir, daß die Galvanometerfunktion proportional der Wurzel aus dem Spulenwiderstande wächst. Es ist also

$$S_i \sim \sqrt{R} \cdot T_0^2 .$$

Unter Normalempfindlichkeit wird derjenige Ausschlag in mm verstanden, der bei 1 m Skalenabstand durch 1 Mikro-Ampere hervorgerufen wird, wenn der Spulenwiderstand 1 Ohm und die Schwingungsdauer für eine volle Periode 10 Sekunden beträgt. Aus der Normalempfindlichkeit kann die Empfindlichkeit für andere Spulenwiderstände und andere Schwingungsdauern leicht errechnet werden; denn es ist

$$S_i = S_N \cdot \sqrt{R} \cdot T_0^2 .$$

Es sei beispielsweise die Normalempfindlichkeit $S_N = 800$, dann würde die Empfindlichkeit bei einer Schwingungsdauer von 20 Sekunden viermal größer sein und bei einem Spulenwiderstande von 400 Ohm nochmals auf das Zwanzigfache gesteigert werden. Die Stromempfindlichkeit unter diesen Bedingungen ist also

$$S_i = 800 \cdot 4 \cdot 20 = 64\,000.$$

Die Normalempfindlichkeit von 800 entspricht also schon einer recht hohen Empfindlichkeit der Drehspulgalvanometer. In Tabelle 10 sind die Normalempfindlichkeiten der wichtigsten Drehmagnetgalvanometer angegeben. Des weiteren enthält die Tabelle die Widerstände der den Galvanometern beigegebenen Spulensätze. Wegen der Empfindsamkeit gegen die magnetischen Störungen kann man die Galvanometer bei den höheren Schwingungsdauern meist nicht verwenden, so daß man praktisch über die schon bei den Drehspulgalvanometern erreichten Stromempfindlichkeiten nicht wesentlich hinauskommt.

Die Tabelle 10 enthält dann weiter noch Angaben über Spiegelgröße sowie über die Art des magnetischen Schutzes. In der letzten Spalte ist auf die Tabelle 9 verwiesen, die nähere Daten über die Gehänge der betreffenden Galvanometer enthält.

Verlauf des Ausschlages.

Die im Abschnitt A über Drehspulgalvanometer besprochenen Bewegungsgleichungen können wir ohne weiteres auf das Drehmagnetgalvanometer übertragen. Nur ist der Umstand zu berücksichtigen, daß die elektromagnetische Dämpfung hier im allgemeinen sehr klein ist, da die dynamische Galvanometerkonstante von ganz anderer Größenordnung ist. Als Beleg hierfür geben wir in Anlehnung

Tabelle 10.

Drehmagnetgalvanometer.

Nr.	Type	Hersteller	Magnetischer Schutz	Normal-empfindlichkeit S_N	Spulensatz	Spiegel	Gehänge wie in Tabelle 9 Nr.	Bemerkungen
1	Paschen	Cambridge	astatisch, mit Eisenpanzer	4000	4 Spulen je 3 Ω 4 Spulen je 1000 Ω	1 mm Durchm.	2	—
2	Coblentz	Leeds & Northrup	„ „	3000	4 Spulen je 10 Ω	1,5 × 2,5	5	—
3	Downing	Cambridge	„ „	35000	4 Spulen je 3 Ω	2,5 qmm	4	Panzer aus Permalloy
4	du Bois-Rubens	Siemens & Halske	nicht astatisch mit Eisenpanzer	800	2 Spulen je 5, 100 oder 2000	3	6	leichtes Gehänge
5	Broca	Cambridge	astatisch	150	2 Spulen je 5 Ω oder 50 oder 500 Ω	4 × 5	—	—
6	Nernst	(Siemens & Halske)	astatisch	100	3 Ω oder 1600 Ω	8	7	—
7	du Bois-Rubens	Siemens & Halske	nicht astatisch mit Eisenpanzer	80	wie bei 4	8	6	schweres Gehänge

an Tabelle 7 eine Zusammenstellung über die Konstruktionskonstanten zweier charakteristischer Drehmagnetgalvanometer (Tabelle 11).

Tabelle 11.

Nr.	Galvanometer der Tabelle 10	D	K	q
1	Nr. 2	0,000 004	0,000 01	$0,2 \cdot 10^3$
2	Nr. 7	0,028	0,07	$14 \cdot 10^3$

Unter 1 sind die Daten für ein Galvanometer nach dem Thomson-Prinzip, unter 2 für ein solches nach dem Nobili-Prinzip angegeben. Danach haben wir bei dem letzteren eine wesentlich stärkere elektromagnetische Dämpfung zu erwarten. In der Tat kann man an Galvanometern nach diesem Prinzip, wie das Galvanometer nach Nernst, bei kleinem äußeren Widerstand aperiodische Einstellung durch elektromagnetische Dämpfung erhalten. In allen anderen Fällen muß man zur Herstellung eines günstigen Schwingungszustandes Luftdämpfung verwenden; zu diesem Zwecke besitzen die schwereren Gehänge eine besondere Dämpfungsscheibe. Wirbelstromdämpfung durch Einbringen des Systems in Kupferhüllen ist nur bei kräftigen Magneten wirksam.

Abb. 34. Panzergalvanometer nach du Bois-Rubens (S. u. H.). (Daten s. Tab. 10 Nr. 4).

Die größte Empfindlichkeit der Versuchsanordnung wird beim Drehmagnetgalvanometer erreicht, wenn der Galvanometerwiderstand r gleich dem Widerstand des äußeren Stromkreises R gemacht wird; denn die Stromstärke wächst proportional $\frac{1}{R+r}$, der Ausschlag aber ungefähr mit $\sqrt{r}$ und mit der Stromstärke, also mit $\frac{\sqrt{r}}{R+r}$. Dieser Ausdruck wird für $r = R$ zu einem Maximum.

Ausführungsformen.

Die Drehmagnetgalvanometer zeigen im allgemeinen weitgehende Übereinstimmung in ihrem äußeren Aufbau. Aus den zahlreichen Instrumenttypen greifen wir daher nur drei charakteristische heraus.

1. Panzergalvanometer nach du Bois-Rubens mit nichtastatischem System. Magnetischer Schutz nur durch Eisenpanzer.

Die Ausführung ist aus Abb. 34 ersichtlich. Ein Gestell aus Hartgummi trägt zwei aufsteckbare, bequem auswechselbare Spulen. Die Spulen werden mit Widerstandsbeträgen von je 5 oder 100 oder 2000 Ohm hergestellt und können hintereinander und parallel geschaltet werden. Die Spulen besitzen je die Form einer Halbkugel und sind in eine Eisenschale von 3 mm Wandstärke und 60 mm Durchmesser eingebettet. Auf diesen Panzer folgt mit einem Abstand von 20 mm ein zweiter 6 mm starker Kugelpanzer. Auch dieser Panzer besteht zur bequemen Montage aus zwei Hälften, die mit den Schnittflächen fest aufeinander gedrückt werden können. Die Trennungsflächen der beiden Kugelpanzer liegen in zwei zueinander senkrechten Ebenen. Die dritte Schutzhülle ist ein Zylinder von 180 mm Höhe und 8 mm Wandstärke; oben und unten wird der Zylinder durch Eisenplatten abgeschlossen. Auf dem großen Kugelpanzer befindet sich oben eine Öffnung, durch die ein Führungsrohr geht, welches die in der Abbildung ersichtlichen Astasierungsmagnete trägt. Das Gehänge ist nach dem Thomsonschen Prinzip gebaut, besitzt jedoch nur eine Gruppe von Magneten (vgl. Tabelle 9 Nr. 6), da es nicht astatisch ist. Der Spiegel befindet sich in dem untersten Teil des Gehänges und ragt so aus den beiden Kugelschalen heraus. Für den Lichtweg durch den Zylinderpanzer ist dieser mit einer Öffnung versehen.

2. Galvanometer nach Nernst mit astatischem System ohne jeden Eisenschutz.

Das Prinzip dieses Galvanometers, insbesondere die Konstruktion des Gehänges ist bereits ausführlich besprochen. Der Aufbau des Galvanometers ist außerordentlich einfach (vgl. Abb. 35): Die wesentlichsten Teile sind die Spule nebst Halter, die Arretierung und das Führungsrohr, welches zur bequemeren Astasierung zwei Eisenringe trägt.

3. Galvanometer nach Paschen mit magnetischem Schutz durch Astasie und Eisenpanzer.

Das Charakteristische dieser Galvanometer liegt darin, daß sie zwei Spulenpaare besitzen müssen. Dadurch läßt sich durch Hintereinander- und Parallelschalten der vier Spulenwicklungen ein großer Widerstandsbereich umfassen. Die Galvanometer besitzen aber auch dadurch einen etwas komplizierteren Aufbau, wie aus Abb. 36 ersichtlich. Von der Form und Wicklung der Spulen war bereits früher

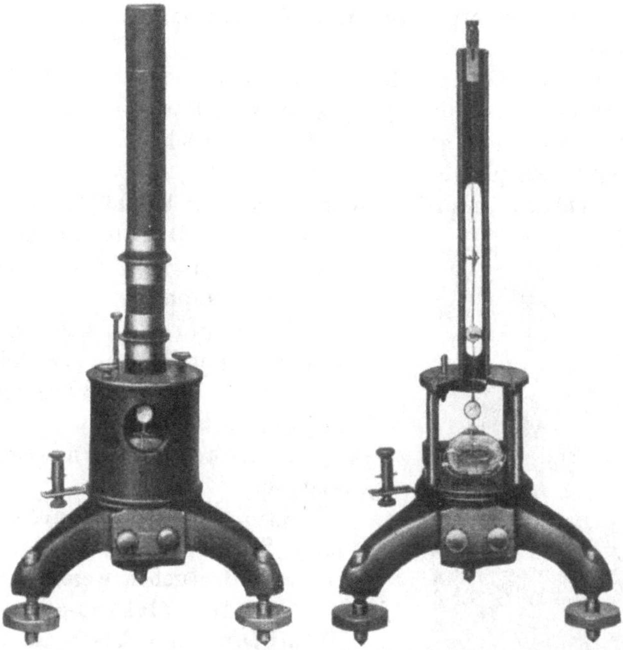

Abb. 35. Astatisches Drehmagnetgalvanometer nach Jaeger und Nernst (S. u. H.).

die Rede; die Daten des Gehänges sind unter Nr. 2 der Tabelle 9 angegeben. Eine schematische Zeichnung des Systems ist in Abb. 32 enthalten. Das Galvanometer wird von der Firma Cambridge-London hergestellt und ist in neuester Zeit bezüglich Aufbau und Schutzmaterial verbessert worden. Abb. 36 zeigt das Galvanometer und die ab-

Abb. 36. Astatisches Drehmagnetgalvanometer nach Paschen (Fa. Cambridge).

genommenen Zylinderpanzer, Abb. 36a das fertig zusammengesetzte Instrument.

Bezüglich der Grenzen der Empfindlichkeit sind auch für das Drehmagnetgalvanometer Überlegungen angestellt worden (vgl. [64])). Über die experimentellen Unterlagen gilt das gleiche, was auf S. 63 bezüglich der Drehspulgalvanometer gesagt ist.

Zum Schluß dieses Abschnittes stellen wir Vorzüge und Nachteile der Drehmagnettype im Vergleich zu den Drehspulgalvanometern zusammen.

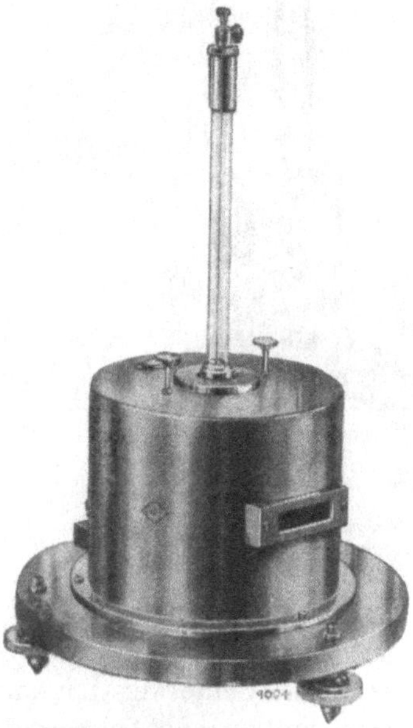

Abb. 36 a. Paschen-Galvanometer (zusammengesetzt).

Vorzüge: 1. Die erreichbare Stromempfindlichkeit ist sehr groß, zumal wenn man große Einstellzeiten in Kauf nehmen kann.

2. Hohe Spannungsemfindlichkeit, da

a) den Galvanometerspulen ohne Schwierigkeit ein kleiner Widerstand gegeben werden kann,

b) die elektromagnetische Dämpfung nur klein ist und mit einem sehr kleinen Außenwiderstand gearbeitet werden kann.

3. Die Galvanometerspulen mit verschiedenen Windungszahlen können leicht ausgewechselt werden. Mit einem Instrument kann daher ein großer Strom- und Spannungsmeßbereich erfaßt werden.

4. Die Richtkraft und damit die Schwingungsdauer und die Empfindlichkeit können durch einen Handgriff in weiten Grenzen geändert werden.

5. Das Drehmagnetgalvanometer besitzt keine beweglichen, stromführenden Teile. Alle diesbezüglichen Schwierigkeiten, die wir beim Drehspulsystem kennen lernten, fallen fort.

6. Die ganze Strombahn kann bequem aus Kupfer hergestellt werden, wodurch Unempfindlichkeit gegen Thermoströme erreicht wird.

Nachteile: 1. Subtile Behandlung; die Drehmagnetgalvanometer müssen stets vor Berührung mit Magneten und auch gegen stärkere Felder geschützt werden. Dazu die Vorsichtsmaßregeln, die bei Behandlung aller Systeme mit Quarzfadenaufhängung gelten.

2. Schwierigere Einstellung. Die Richtkraft ändert sich stets, wenn auch in kleinen Grenzen, Nachjustieren ist von Zeit zu Zeit erforderlich, es fehlt stete Meßbereitschaft.

3. Die Empfindlichkeit ist proportional dem Quadrat der Schwingungsdauer. Mit Drehmagnetgalvanometern läßt sich infolgedessen die Forderung nach kleiner Einstellzeit bei gleichzeitig großer Empfindlichkeit nicht erfüllen.

4. Für ballistische Messungen wenig geeignet; einmal ist die ballistische Empfindlichkeit — wegen der notwendig großen Schwingungsdauer — nicht sehr groß, und weiter werden die bei ballistischen Stromstößen auftretenden großen Stromdichten dem Magnetismus der Nadeln und oft auch dem Eisenpanzer gefährlich.

5. Die Proportionalität der Ausschläge ist nicht so gut wie bei den Drehspulgalvanometern.

6. Fast alle Drehmagnetgalvanometer besitzen keine Arretierung. Nach Transport nicht meßbereit.

7. Es besteht die Schwierigkeit, gegen magnetische Störungsfelder hinreichend zu schützen.

Der letzte Punkt wiegt so schwer, daß er allein für die Bedeutung des Drehmagnettyps ausschlaggebend wurde.

Unter günstigen örtlichen Verhältnissen, wo die magnetischen Störungen sehr gering sind und infolgedessen der magnetische Schutz vollkommen ausreicht, wird das Drehmagnetgalvanometer wegen seiner großen Vorzüge auch heute noch gern benutzt werden.

C. Saitengalvanometer.

Geschichtliche Bemerkungen. — Prinzip. — Die stromdurchflossene Saite im Magnetfeld. — Empfindlichkeit. — Bewegungsverlauf bei Durchgang eines konstanten Stromes. — Saitenmaterial. — Magnet. — Die erreichbaren Empfindlichkeiten. — Ausführungsformen. — Schleifengalvanometer der Fa. Carl Zeiß. — Vorzüge und Nachteile der Saitengalvanometer.

Geschichtliche Bemerkungen. Das Saitengalvanometer benutzt die Tatsache, daß lineare, stromdurchflossene Leiter in einem Magnetfelde in Bewegung versetzt werden, sobald sie in einer bestimmten Weise angeordnet sind. Diese Tatsache ist schon seit mehr als einem Jahrhundert bekannt. Zur Strommessung jedoch ist dieses Verfahren verhältnismäßig spät herangezogen worden. Im Jahre 1897 hatte der französische Telegrapheningenieur Ader [65]) zum Nachweis der rasch folgenden elektrischen Zeichen auf Unterseekabeln das erste Saitengalvanometer konstruiert. Ein 20 μ starker Kupfer- oder Aluminiumdraht von 1 m Länge war in einem 0,5 mm breiten Luftspalt eines permanenten Magneten angebracht. Er benutzte noch keine mikroskopische Vergrößerung und doch soll es ihm möglich gewesen sein, 0,2 Mikro-Ampere nachzuweisen.

Die bekannten Schwierigkeiten in der Konstruktion hochempfindlicher Galvanometer, die auf rasch wechselnde elektrische Zeichen ansprechen, führten Einthoven (1902) zu dem nach ihm benannten Saitengalvanometer. Die Entwicklung dieser Galvanometertype ist so eng mit dem Namen Einthoven verknüpft, daß die Bezeichnung „Einthovensches Saitengalvanometer" vollauf gerechtfertigt ist. Die Fortschritte gegenüber Ader erreichte Einthoven u. a. durch die Verwendung dünner versilberter Quarzfäden und äußerst starker Elektromagnete. Die von Einthoven vor jetzt mehr als 25 Jahren angegebene Apparatur kann auch heute noch nicht als überholt angesehen werden. Höhere Empfindlichkeiten sind später nicht erreicht worden. Die Abänderungen beschränken sich auf konstruktive Verbesserungen. Diese betreffen den Aufbau der Magnete, die Konstruktion des Einsatzsystems, Auswechselbarkeit der Saite und die mikroskopische Optik.

Prinzip. Die mechanische Wirkung des Stromes, der durch die Saite geleitet wird, gehorcht wieder dem Biot-Savartschen Gesetz: Ein stromdurchflossener Leiter wird in einem Magnetfeld senkrecht zu den magnetischen Kraftlinien bewegt. Die drei Richtungen der Kraftlinien, der Saite und der Bewegung stehen aufeinander senkrecht. Die Ausschlagsrichtung kann durch die Linke-Hand-Regel bestimmt werden. Die Wirkung auf das bewegliche System ruft eine Seitwärtsbewegung und nicht wie bei den anderen Galvanometertypen eine Drehbewegung hervor. Die Bewegung der Saite kann infolgedessen nicht durch einen Spiegel übertragen werden. An Stelle der Lichtzeigerablesung tritt die Beobachtung mit dem Mikroskop. Hiermit ist gleichzeitig der Vorteil verbunden, daß die Masse des Spiegels fortfällt, die bei den erforderlichen dünnen Saiten einen beträchtlichen Anteil hätte.

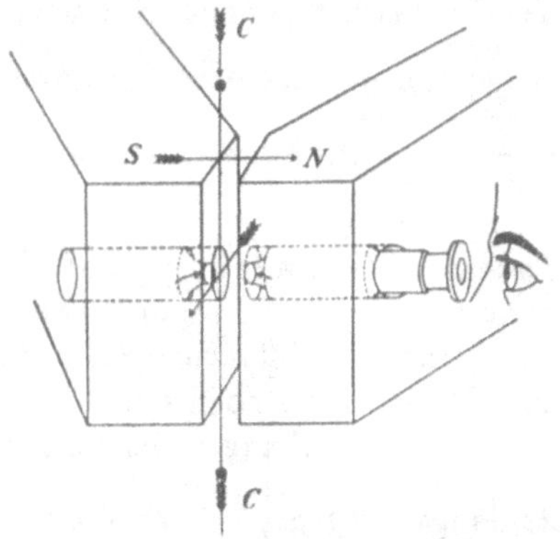

Abb. 37. Schema des Saitengalvanometers.

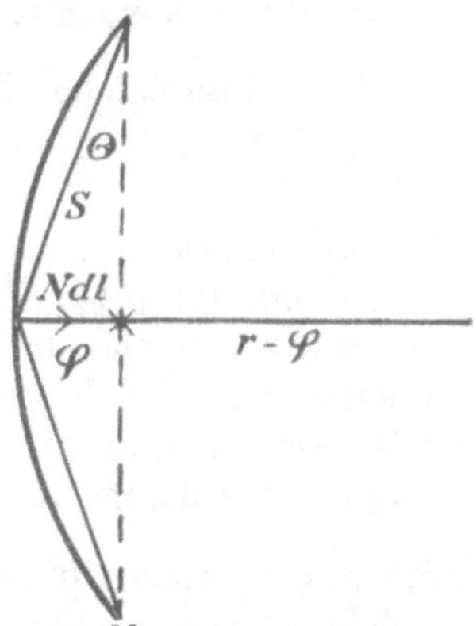

Abb. 38. Saitenspannung.

Ist der Faden an den beiden Enden *c* und *c* (vgl. Abb. 37) festgehalten, dann tritt keine Bewegung des ganzen Fadens, sondern nur eine Ausbiegung ein. Da die Ablenkung im mittleren Fadenteil am stärksten ist, wird lediglich dieser Teil beobachtet. Je kleiner die zurückhaltenden Kräfte, je kleiner also die Fadenspannung, um so größer werden bei einem bestimmten Strom die Ausschläge der Saitenmitte. — Da die Bewegung der Saite senkrecht zur Richtung der magnetischen Kraftlinien erfolgt, muß zur Beobachtung des Ausschlages der Magnet in Richtung der Kraftlinien durchbohrt werden. Hierdurch wird die Homogenität des Magnetfeldes gestört; von dem Einfluß dieser Durchbohrung auf die Empfindlichkeit wird noch weiter unten die Rede sein. Wichtiger aber ist, daß durch die Durchbohrung des Magneten konstruktive Schwierigkeiten entstehen, zumal die Magnete äußerst kräftig sein müssen.

Die stromdurchflossene Saite in einem homogenen Magnetfeld.

Nach dem oben angeführten Gesetz baucht sich die stromdurchflossene Saite aus. Näheres über die neue Gestalt, die durch einen konstanten Strom hervorgerufen wird, läßt sich durch folgende Überlegung gewinnen. Es sei:

S die Fadenspannung in Dyn,
H die Feldstärke in Gauss,
I die Stromstärke in CGS-Einheiten.

Ist die Spannung der Saite überall gleichmäßig gleich S, dann gilt bei den der Abb. 38 zu entnehmenden Bezeichnungen

$$(1) \qquad \sin \Theta = \frac{N\,dl}{S}$$

für kleine Ablenkungen $\Theta = \frac{N\,dl}{S}$. Die Normalkomponente der Spannung bildet also mit der Fadenspannung S einen Winkel Θ; für diesen Winkel gilt zugleich $\Theta = \frac{dl}{r}$ folglich $\frac{1}{r} = \frac{N}{S}$. Die Normalkomponente N ist aber gleich $H\,I$.

Das gilt für jeden Punkt des Fadens und daraus folgt, daß die Krümmung über die ganze Saite konstant ist. Unter unseren Voraussetzungen nimmt die vom konstanten Strom durchflossene Saite die Gestalt eines kreisförmigen Leiters an. Drückt man noch den Krümmungsradius r durch die direkt beobachtbare Ablenkung φ der Saitenmitte aus, so erhält man bei einer Saitenlänge l wegen $\frac{l^2}{4} = (2r - \varphi) \cdot \varphi$ (siehe Abb. 38).

$$(2) \qquad \frac{l^2}{8\varphi} = \frac{S}{HJ}; \quad \varphi = \frac{HJl^2}{8S}.$$

Hierbei ist das quadratische Glied von φ wegen der Kleinheit der Ablenkung vernachlässigt.

Die Fadenspannung S ersetzt man zweckmäßig durch die Schwingungsdauer T_0 und die Masse der Längeneinheit m (lineare Dichte). Zwischen diesen drei Größen gilt die Beziehung

$$(3) \qquad T_0 = 2l \cdot \sqrt{\frac{m}{S}}$$

danach wird aus (2) und (3)

$$(4) \qquad \varphi = \frac{HJT_0^2}{32m}.$$

Empfindlichkeit.

Hieraus folgt für die Empfindlichkeit, d. i. der Ausschlag in mm für den Strom 1 μA

$$S_i = \frac{\varphi}{J} = \frac{H \cdot v}{32\,m} T_0^2,$$

worin v die angewendete Vergrößerung bedeutet.

Diese Empfindlichkeitsbeziehungen fassen die vorstehend angedeuteten Richtlinien für die Konstruktion eines stromempfindlichen Saitengalvanometers in eine schärfere Form. Es wird gefordert

1. ein möglichst hoher Wert für die magnetische Feldstärke H,
2. kleine lineare Dichte m, also möglichst leichtes Material, das
3. unter geringer Spannung S steht,
4. es ist möglichst große Schwingungsdauer T_0 anzustreben; da m und S bereits vorgeschrieben sind, muß man eine möglichst lange Saite verwenden.
5. Bei spannungsempfindlichen Instrumenten ist gleichzeitig der Widerstand der Saite klein zu machen.

Soweit scheinen die Dinge sehr einfach zu liegen. Jedoch muß man der Feldstärke einen extrem großen Wert geben und schwach gespannte, dünne Saiten verwenden, um zu Empfindlichkeiten zu kommen, die mit denen der Drehspul- und Drehmagnetgalvanometer vergleichbar sind. Zur Erläuterung geben wir ein Zahlenbeispiel für die Konstruktionsdaten eines Saitengalvanometers:

$H = 32{,}000$ Gauß,
$T_0 = 0{,}001$ Sekunde,
$m = 10^{-6}$ gr/cm,
$\varphi = 10^{-5}$ cm (entspricht 1/10 mm bei 1000facher Vergrößerung),
$I = 0{,}1\ nA$.

Die Ablenkung durch $0{,}1\ nA$ (Nanoampere) *) beträgt also $^1/_{10}$ mm bei der Anwendung der sehr starken Vergrößerung 1 : 1000. Diese Empfindlichkeit würde einem stromempfindlichen Drehspulgalvanometer entsprechen. Nehmen wir an, daß die Saite 10 cm lang ist, dann besagen die Zahlen, daß ***eine Saite von nur 10 millionstel gr in einem Felde von 33.000 Gauß schwingen muß!*** Die Konstruktion, der Aufbau, die Handhabung können bei solchen extremen Forderungen nicht einfach sein. Wählt man für ein Konstruktionselement einen bequemeren Wert, so bedeutet das eine Verschärfung der anderen Daten, wenn die gleiche Empfindlichkeit erreicht werden soll. Trotz dieser schwierigen experimentellen Bedingungen ist es gelungen, eine Reihe sehr praktischer Konstruktionen herauszubringen, so daß das Saitengalvanometer ein unentbehrliches Hilfsmittel in der elektrischen Meßtechnik geworden ist.

Bewegungsverlauf bei Durchgang eines konstanten Stromes.

Die nähere Formulierung der Kräfte, denen die stromdurchflossene Saite im Magnetfeld unterliegt, gibt uns Unterlagen für ihre Bewegungsgleichung. Der Strom I habe eine beliebige Zusammensetzung, zeige

---

*) 1 nano-Ampere = 10^{-9} Ampere.

aber einen stetigen Verlauf und lasse sich in Teilglieder einer Fourierschen Reihe auflösen. Setzen wir die Trägheits-, Richt- und Dämpfungskräfte, sowie die mechanischen Kräfte des elektrischen Stromes ein, so erhalten wir die aus der Theorie der Saitenschwingungen bekannte Form der Differentialgleichung *):

$$\frac{\partial^2 \ddot{\varphi}}{\partial t^2} + \frac{P}{m} \frac{\partial \dot{\varphi}}{\partial t} - S \cdot \frac{\partial^2 \varphi}{\partial x^2} = \sum_{n=1}^{\infty} \frac{H J_n}{m} \cos n \omega t \cdot \sin \frac{n \pi x}{l}.$$

Es hat hier nicht viel Zweck, die Lösungen dieser Gleichung zu verfolgen, da sich aus ihnen wertvolle Unterlagen für die Konstruktion kaum gewinnen lassen.

Betrachten wir jedoch nur das mittlere Element der Saite und beschränken uns auf konstante Ströme, dann reduziert sich obige Gleichung auf die uns bekannte Form

$$m \ddot{\varphi} + P \cdot \dot{\varphi} + D \varphi = H i l$$

woraus der Endausschlag $\varphi = \frac{H i l}{D}$. Die Lösungen dieser Differentialgleichung sind fast identisch mit den auf Seite 15 wiedergegebenen, infolgedessen gelten auch die schon früher gezogenen Folgerungen. Für den Bewegungsverlauf sind wieder Eigenschwingungszahl und Dämpfungsgrad maßgebend. Bei der Bestimmung der Eigenschwingungsdauer stößt man jedoch auf eine Schwierigkeit. Die schwach gespannte Saite, für die man die Empfindlichkeit bestimmen will, führt nur eine aperiodische Bewegung aus, infolgedessen versagt unser früher auf S. 20 angegebenes Verfahren zur Bestimmung der Eigenschwingungsdauer. In diesem Falle muß die Eigenfrequenz auf einem anderen Wege ermittelt werden, der auf S. 194 kurz angedeutet ist. Die Dämpfung P ist nur zu einem kleinen Teil elektromagnetisch. Dieser Anteil kann berechnet werden und beträgt bei sinngemäßer Übertragung unserer früheren Ausdrücke

$$p_{\text{elektromagn.}} = {}^2/_3 \cdot \frac{l^2 \cdot H^2}{R}.$$

Das Saitenmaterial.

Die Saite ist die Seele der ganzen Apparatur. Ihre mechanischen und elektrischen Eigenschaften, ihre Zentrierung in dem Magnetfelde sind von größter Bedeutung. Für diesen Punkt ist daher die meiste experimentelle Arbeit geleistet worden. Viele Untersuchungen befassen sich mit dieser Aufgabe, zumal auch bei dem Saitenelektrometer die gleiche Aufgabe zu lösen war.

---

*) φ ist die Ordinate und x die entsprechende Abszisse; Anfang und Ende der Saite liegen auf der x-Achse.

Von einem brauchbaren Saitenmaterial muß gefordert werden:
1. Gute elastische Eigenschaften,
2. Bequeme Herstellbarkeit sehr dünner gleichmäßiger Fäden,
3. Geringes spezifisches Gewicht,
4. Freiheit von ferromagnetischen Bestandteilen,
5. Hohe Leitfähigkeit,
6. Bequeme Handhabung und Justierung.

Die ersten drei Bedingungen werden in hohem Maße von Quarzfäden erfüllt, diese bilden daher auch in erster Linie das Saitenmaterial für die empfindlichsten Systeme. Da Quarz selbst nicht leitet, muß der Faden ein metallisches Gewand haben. (Vgl. S. 68 Anm.). Von Nachteil ist, daß diese metallischen Quarzfäden bei den gewöhnlich verwendeten Dimensionen (80 mm Länge und 3 μ Durchmesser) Widerstände in der Größenordnung von 10.000 Ohm besitzen. War es bei den Drehspulgalvanometern die starke elektromagnetische Dämpfung, so ist es bei den Saitengalvanometern der hohe Eigenwiderstand des Systems, wodurch die geringe Spannungsempfindlichkeit bedingt wird.

Wollastonefäden werden dort verwendet, wo nicht die höchste Empfindlichkeit gefordert wird. Diese dünnen Platinfäden lassen sich verhältnismäßig leicht herstellen, das große spezifische Gewicht des Platins aber (vgl. Tabelle 12) setzt die Empfindlichkeit stark herab. Manche Beobachter berichten auch über andere weniger günstige Eigenschaften der Platinsaiten; so sollen sie bei stärkerer Entspannung erhebliche Nullpunktsverstellungen zeigen, was zum Teil auf die stark paramagnetischen Eigenschaften zurückgeführt wird.

Dünne Platinfäden haben gleichfalls noch einen recht erheblichen Widerstand (s. Tabelle 12). Dieser Übelstand wird vermieden bei Verwendung von Gold oder Kupfer. Diese Metalle lassen sich aber nicht so fein ziehen, infolgedessen liegen die erreichbaren Empfindlichkeiten noch niedriger als beim Platin.

Ein geeignetes Material müßte Aluminium sein, da es bei günstigen Leitfähigkeitsverhältnissen von geringem Gewicht ist. Es können auch Fäden bis zu 2 μ herab hergestellt werden *). Da Aluminium sehr weich ist, darf es jedoch nur unter sehr geringen Spannungen verwendet werden.

Anschließend geben wir noch eine Übersicht über Widerstand und spezifisches Gewicht der verschiedenen Saitenmaterialien. Es ist jeweils der Durchmesser in μ eingesetzt, auf dessen kleinsten Wert sich die einzelnen Materialien fabrikationsmäßig bringen lassen. Als Saitenlänge ist 65 mm angenommen. Bei den empfindlichsten Systemen ist man bis auf 100 mm gegangen. Bei unempfindlicheren Systemen

*) Zu beziehen von W. C. Heräus-Hanau.

und einfacheren Konstruktionen verwendet man etwa 30 mm lange Fäden. Saitengalvanometersysteme für Hochfrequenzmessungen besitzen Fäden von nur wenigen mm Länge.

Tabelle 12.
Eigenschaften der wichtigsten Saitenmaterialien.

Material	Dicke in μ	Widerstand bei ca. 60 mm Länge in Ω	Spez. Gewicht
Quarz (platiniert)	2,5	10 000	2,65
Platin	2	7 000	21,4
Aluminium	2	2 000	2,7
Gold	5	100	19,2
Kupfer	11	11	8,9

Magnet.

Die Anwendung stärkster Felder ist zur Erzeugung einer wirksamen dynamischen Galvanometerkonstanten erforderlich. Da das System nur aus einem blanken Leiter besteht, können ohne Schwierigkeiten größere Feldstärken als beim Drehspulgalvanometer verwendet werden. Die Erzeugung starker Felder bringt aber einen größeren Aufwand an Apparaturen mit sich: Eine Akkumulatorenbatterie von etwa 40 Watt muß zur Verfügung stehen und der Magnet selbst wird groß und schwer. Für die ausschließliche Verwendung in einem Laboratorium sind diese Punkte jedoch weniger von Wichtigkeit.

Die Länge der Polstücke und damit auch Größe und Gewicht des Magneten richten sich nach der Saitenlänge, da sich die ganze Saite in einem homogenen Magnetfeld befinden muß. Die ersten Saitengalvanometer arbeiteten noch mit sehr langen Fäden (Einthoven 140 mm). Das Gewicht der Apparatur betrug 12 kg. Heute verwendet man für die empfindlichsten Saitengalvanometer 60—80 mm lange Fäden. Die Größe des Elektromagneten kann man weiter wirksam vermindern durch Anwendung sehr kleiner Luftspalte. Dann wird der magnetische Widerstand klein und dieselbe Energie erzeugt eine größere Feldstärke. Kleinere Luftspalte stellen aber sehr hohe Anforderungen an die Konstruktion: je kleiner der Luftspalt ist, umso schwieriger ist es, hinreichend parallele Polflächen zu erhalten. Der Magnet muß zudem sehr stabil gebaut sein, damit die beim Einschalten des Magneten auftretenden Kräfte keine störenden Verschiebungen hervorrufen und so die Justierung des Fadens erschweren oder gar unmöglich machen. In den älteren Konstruktionen betrug die Breite des Luftspaltes

Tabelle 13.

Saitengalvanometer.

Nr.	Zeichen	Hersteller	Magnet	Saite: Material	Saite: Ø in μ	Saite: Widerstand Ω	Stromempfindlichkeit S_i und Einstellzeit bei 1 % Genauigkeit: S_i	Einstellzeit	S_i	Einstellzeit	S_i	Einstellzeit	Vergrößerung
1	1500	Edelmann	Elektrom 40 Watt	Quarz versilbert	2,5	10000					100000	·	1000
2	53113	Cambridge	„ „	Glas versilbert	3	4000	5	0,0035	40	0,01	60000	4	600
				Kupfer	12	12	2	0,0085	—	—	—		600
3	1530	Edelmann	Elektrom 32 Watt	Quarz versilbert	2,5	10000	2	0,003	6	0,02	6600	3,6	500
4	41431	Cambridge	Elektrom	Kupfer	11	11	0,001	0,001	—	—	—	—	40
5	1520	Edelmann	Permanent	Gold	8	140	0,11	0,005	13	0,08	33	0,32	80
6	Schleifengalvanometer d. Fa. Carl Zeiß		Permanent	Kupfer	1 μ dick, 0,5 mm breit	6—10	hängend 3		stehend 17				80
							hängend 27		stehend 134				640

2 mm, während man bei den neueren Konstruktionen auf $^1/_2$ mm heruntergegangen ist. Die Polschuhe des Magneten bildet man keilförmig mit einem Winkel von etwa 90° aus, um die günstigste Konzentration der Kraftlinien zu erhalten.

Einfluß der Durchbohrung der Polschuhe auf die Homogenität des Feldes und der Empfindlichkeit des Galvanometers.

Wir nehmen an, daß bei einer Polschuhlänge von l cm die Durchbohrung im mittleren Teil des Polschuhs $\frac{l}{6}$ cm beträgt. Dann fehlt in diesem Teile das Feld fast vollständig, die übrigen Teile des Fadens aber werden in der gleichen Weise wie früher abgelenkt. Der mittlere Teil des Fadens bleibt um den Teil zurück, um den er abgelenkt würde, wenn er allein in dem Felde gleicher Stärke vorhanden wäre. Diese Ablenkung des mittleren Teils beträgt wegen (2) gleich $^1/_{36}\ \varphi$ oder der Ausschlag ist 0,972 von der Ablenkung ohne Durchbohrungen. Noch ein anderes Beispiel: Ist das Verhältnis der ganzen Höhe der Polstücke zur Durchbohrung wie 3 : 1, dann tritt erst eine Empfindlichkeitseinbuße von ungefähr 11% auf. Der Empfindlichkeitsverlust ist also auch bei stärkeren Durchbohrungen verhältnismäßig gering. Unangenehm aber ist der Einfluß, der durch die Bohrungen entstehenden Inhomogenität des Feldes, besonders bei sehr schwachen Fadenspannungen.

Die Empfindlichkeitsdaten der Saitengalvanometer

sind in Tabelle 13 zusammengestellt. In den ersten Spalten sind die Typenbezeichnungen und die Herstellerfirma angegeben. Die bedeutendsten Konstruktionen werden von den Firmen Edelmann, München und Cambridge, London, geliefert. Die nächste Spalte enthält Angaben über die Art und den Energieverbrauch des Magneten. Die drei weiteren Spalten betreffen die Saite und geben das Material, den Durchmesser und den Widerstand der betreffenden Saite an. Die eingetragenen Werte für die Stromempfindlichkeit sind nach der gleichen Empfindlichkeitsdefinition berechnet wie für die früheren Galvanometertypen, sie geben für 1 μA die Ablenkung in Skalenteilen des Okularmikrometers. Im allgemeinen entspricht ein Skalenteil scheinbar einem Millimeter. In dieser Definition steckt noch die Vergrößerung entsprechend dem Skalenabstand bei Spiegelablesung. Es muß danach stets die angewendete Vergrößerung angegeben werden. Eine Reduktion auf eine einheitliche Vergrößerung ist im allgemeinen nicht angängig, da die Mikroskope in der Regel nicht auswechselbar sind. Die Stromempfindlichkeit ist für verschiedene Saitenspannungen angegeben. Doch sind nicht die einzelnen Spannungen selbst, sondern die daraus folgenden

Einstellzeiten angegeben, die sich bequemer experimentell ermitteln lassen. Mit abnehmender Spannung wird die Empfindlichkeit und auch die Einstellzeit größer. Die Tabelle läßt erkennen, daß man für hohe Stromempfindlichkeiten zu Einstellzeiten kommt, die von der gleichen Größenordnung sind wie bei den anderen Galvanometertypen.

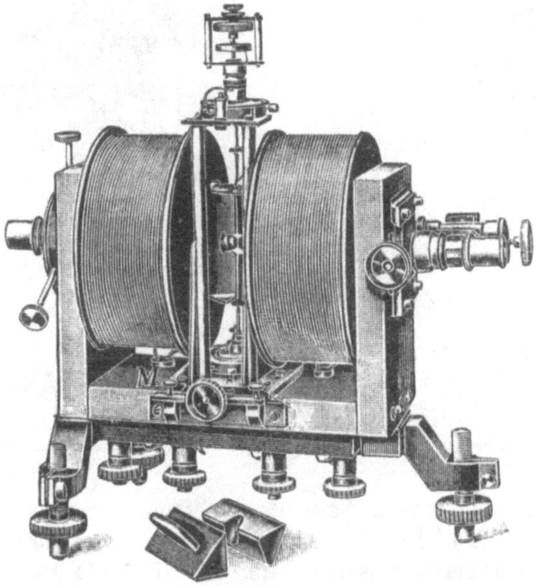

Abb. 39. Großes Elektromagnet-Saitengalvanometer der Fa. Edelmann & Sohn.

Da die Einstellzeit durch starke Dämpfung hervorgerufen ist, und die Dämpfung wiederum fast ausschließlich durch den Luftwiderstand bedingt ist, kann man durch Evakuieren des Galvanometers günstigere Einstellzeiten erzielen. Immerhin stößt man hier bald auf Schwierigkeiten, da bei den äußerst geringen Spannungen an die Elastizität und Gleichmäßigkeit der Saite und an die Homogenität des Feldes starke Forderungen gestellt werden.

Ausführungsformen der Saitengalvanometer.

Abb. 39 zeigt die Ausführung des großen Elektromagnetsaitengalvanometers der Firma Edelmann, München, mit dem sich die extremsten Empfindlichkeiten erreichen lassen. Die Figur läßt die Stellschrauben erkennen, mit denen das ganze Instrument ausgerichtet werden kann. Über dem Eisenkern des Magneten liegen zwei Wicklungen von je 1000 Windungen, 1,4 mm Kupferdraht und etwa 5 Ohm; der Stromanschluß erfolgt an den Klemmen auf der Unterseite des Instrumentes. Das Ablesemikroskop ist durch Schlittenführung mit

Druckfeder und feinstgängiger Mikrometerschraube horizontal verstellbar. Die Brennebene wird durch eine zweite Mikrometerschraube ein-

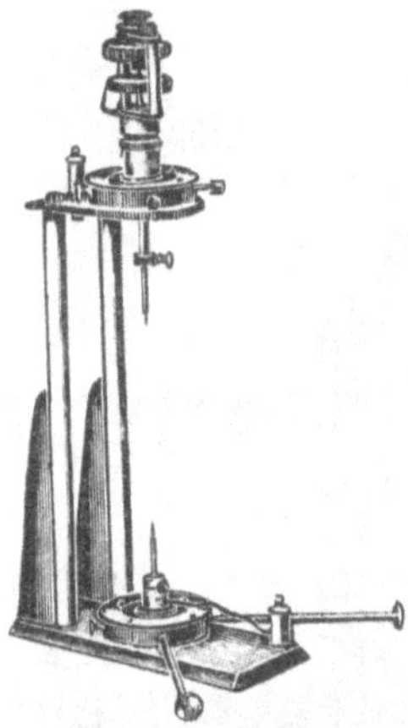

Abb. 40. Einsatzsystem zu Abb. 39.

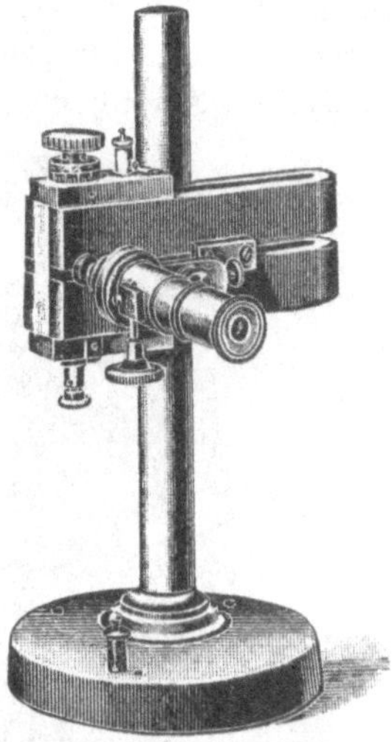

Abb. 41. Saitengalvanometer mit permanenten Magneten der Fa. Edelmann & Sohn.

gestellt. Auf der anderen Seite des Galvanometers befindet sich das Beleuchtungsmikroskop mit entsprechender Zentrierung.

Das Galvanometereinsatzsystem, das die Saite aufnimmt, ist in Abb. 40 gesondert wiedergegeben. Unten und oben sitzt je eine Zentrierdose, die durch die Schrauben betätigt wird. Nach Einsetzen dieses Fadenträgers in das Galvanometer erlaubt eine Schraube seine mikrometrische Bewegung senkrecht zur Kraftlinienrichtung. Den Galvanometern werden Fäden fertig zum Einziehen mitgeliefert, so daß man beschädigte Saiten selbst auswechseln kann.

Abb. 42. Saitengalvanometer der Fa. Cambridge.

Abb. 41 zeigt das kleine, mit permanentem Magneten ausgerüstete Saitengalvanometer, mit dem sich natürlich nur mäßige Empfindlichkeiten erreichen lassen. Es wird dort gern benutzt werden, wo sehr kleine Einstellzeiten erforderlich sind. Das wesentliche der Konstruktion ist aus dem Bilde ohne weiteres ersichtlich. Das ganze Instrument wiegt nur 2,5 kg und ist daher bequem transportabel, zumal es auch keine besondere Energiequelle erfordert. Die Optik erlaubt eine hundertfache Vergrößerung des Ausschlages.

Schließlich sei noch eine Konstruktion eines Saitengalvanometers erwähnt, das von der Firma Cambridge nach Angaben von Duddel gebaut worden ist, Abb. 42. Die Optik ist so eingerichtet, daß nach Aus-

Abb. 43. Schleifengalvanometer der Fa. Carl Zeiß.

wechseln der Linsensysteme, sowohl eine mikroskopische Beobachtung als auch eine Projektion oder eine photographische Registrierung der Ausschläge erfolgen kann.

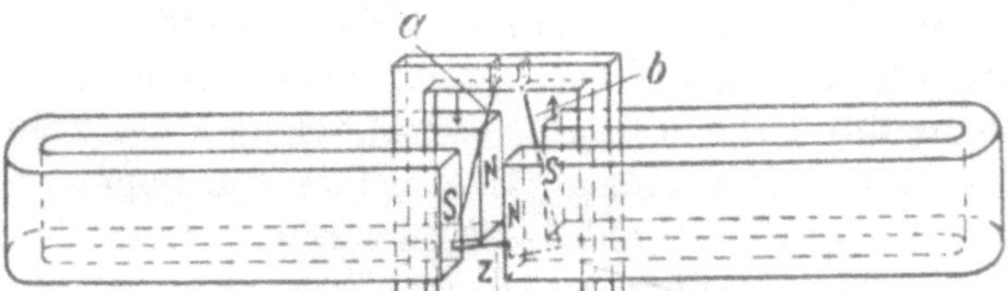

Abb. 43 a. Schematische Darstellung des Schleifengalvanometers der Fa. Carl Zeiß.

Das Schleifengalvanometer der Firma Carl Zeiß.

Vor einigen Jahren hat die Firma Carl Zeiß eine Saitengalvanometerkonstruktion herausgebracht, bei der das bewegliche System so angeordnet ist, daß eine Durchbohrung der Polschuhe vermieden wird. Der Leiterteil *a* (s. Abb. 43a) wird bei Stromdurchgang aus dem Magnetfelde *NS* herausgedrängt. Führt man jetzt die Saite, welche eine steife Form besitzt, durch den Teil *c* aus dem Magnetfeld heraus und gibt diesem Teil eine kleine vertikale Marke *Z*, dann kann man die Ablenkung der Saite ohne jede Durchbohrung des Magneten beobachten.

Führt man den zu *a* symmetrischen Teil der Schleife *b* durch ein entsprechend gerichtetes zweites Magnetfeld, dann wird die Ablenkung verdoppelt. Obgleich das bewegliche System Schleifenform besitzt. wird hier das Prinzip des Saitengalvanometers benutzt, so daß die oben genannte Bezeichnung nicht voll gerechtfertigt ist.

Die von der Firma Zeiß hergestellten Instrumente besitzen permanente Magnete, das Saitenmaterial ist Kupfer; die Saite ist ein Kupferband von ca. 1 μ Dicke, 0,5 mm Breite und 30 mm Länge. Die Beobachtung der Verschiebung der Schleifenmarke *Z* erfolgt durch ein Mikroskop mit 80 facher bzw. 640facher Vergrößerung. Daß wir bei dieser Anordnung keine extrem großen Stromempfindlichkeiten zu erwarten haben, ist wohl selbstverständlich. Da der Widerstand der Schleife verhältnismäßig klein ist — er beträgt nur 10 Ohm — werden recht günstige Spannungsempfindlichkeiten erreicht. Das Galvanometer kann unter vier verschiedenen Beobachtungsbedingungen benutzt werden.

Abb. 44. Einsatzsystem zum Schleifengalvanometer der Fa. Carl Zeiß.

1. Bei hängender Schleife mit 80 facher Vergrößerung,
2. Bei hängender Schleife mit 640 facher Vergrößerung,
3. Bei stehender Schleife mit 80 facher Vergrößerung,
4. Bei stehender Schleife mit 640 facher Vergrößerung.

Die hängende Schleife ist die normale Lage. Wird das Galvanometersystem um 180° umgelegt, dann ist ihr Zustand weniger stabil, die Richtkräfte zum Nachteil der Nullpunktsicherheit also wesentlich geringer. Die Empfindlichkeit steigt dann etwa auf das 5 fache. Die Zahlen sind in Tabelle 13 Nr. 6 angegeben.

Die äußere Ausführung des Schleifengalvanometers ist der Abb. 43 zu entnehmen.

Vorzüge und Nachteile der Saitengalvanometer.

Zum Schlusse dieses Abschnittes geben wir, wie bei den früheren, einen kurzen Überblick über die wesentlichsten Eigenschaften dieser Galvanometertype. Als Vorteile sind zu nennen:

1. Hohe Stromempfindlichkeit bei kurzer Einstellzeit,
2. Große ballistische Empfindlichkeit,
3. Gute Dämpfung,
4. Sicherheit der Ruhelage und Freiheit gegen Erschütterungen,

5. Veränderungen der Empfindlichkeiten der Eigenfrequenz durch verschiedene Spannung des Fadens,
6. Geringe Selbstinduktion und geringe Kapazität.

Diesen guten Eigenschaften stehen folgende Nachteile gegenüber:

1. Empfindlichkeit gegen Strombelastungen; der metallische Quarzfaden verträgt maximal 10^{-5} Ampere.
2. Hohe Bruchgefahr der dünnen Fäden,
3. Großes Gewicht, großer Energieaufwand für den Elektromaigneten,
4. Keine strenge Proportionalität der Ausschläge.

Hierzu kommen alle die Vor- und Nachteile, die mit jeder mikroskopischen Beobachtung verknüpft sind.

II. Galvanometer für Wechselstrom.

Allgemeine Bemerkungen über Wechselstromgalvanometer.

Die Technik des Wechselstroms weist im Vergleich zur Gleichstrommeßtechnik eine größere Mannigfaltigkeit auf; das gleiche Verhältnis überträgt sich auf die Galvanometrie. Doch verlieren glücklicherweise die für die Gleichstromgalvanometer besprochenen Richtlinien ihre Gültigkeit nicht; nur treten neue Gesichtspunkte hinzu, die das Problem interessanter, aber auch zugleich schwieriger gestalten. In den Konstruktionsrichtlinien und Empfindlichkeitsformeln für Wechselstromgalvanometer werden wir außer den uns schon bekannten Konstruktionselementen noch die Frequenz des zu messenden Wechselstromes oder sogar den Kurvenverlauf und daneben die Kapazität und die Selbstinduktion des Galvanometerkreises finden. Bei einer Art von Instrumenten wird auch die Dämpfung von Einfluß auf die Empfindlichkeit sein.

Die Wechselstromgalvanometer teilt man zweckmäßig in drei Gruppen ein.

Zur ersten Gruppe gehören diejenigen Instrumente, die zum Nachweis kleiner Wechselstromstärken dienen. Von solchen Nullgalvanoskopen verlangt man in erster Linie hohe Empfindlichkeit bei kleinen Winkeldrehungen des Systems. Instrumenten, deren Ausschlag linear mit der Stromstärke wächst, wird man daher im allgemeinen vor solchen mit quadratischer Skala den Vorzug geben. Da in der Wechselstrommeßtechnik Nullmethoden — nach dem Brücken- und Kompensationsprinzip — gern benutzt werden, kommt auch den dazu erforderlichen Nullinstrumenten große Bedeutung zu. Fast allgemein werden zu solchen Messungen

das Vibrationsgalvanometer und das Telephon

benutzt.

Die zweite Gruppe der Wechselstrominstrumente wird vor allem zu Ausschlagsmessungen benutzt. Die Ausschläge sind ein Maß für die Effektivwerte der Wechselstromstärke oder Wechselspannung. Zu dieser zweiten Gruppe gehören die

Elektrodynamometer,

deren Aufbau sich stark an die früher besprochenen Gleichstromgalvanometer nach dem Drehspul- und Drehmagnetprinzip anschließt. Weiter gehören hierher die auf thermischen Wirkungen beruhenden Instrumente (Hitzdrahtgalvanometer, Hitzdrahtthermoelemente). Ein Vorteil dieser zweiten Gruppe von Instrumenten ist der große Frequenzbereich, in dem die Instrumente Verwendung finden können. Von Nachteil dagegen ist, daß die Ausschläge nicht proportional der Stromstärke zunehmen. Für kleine Ablenkungen ist der Skalenverlauf hinreichend genau quadratisch. Jedenfalls zeigen sie für kleine Ausschläge eine verhältnismäßig geringe Empfindlichkeit, die sie eben zur Verwendung für manche Meßmethoden nicht geeignet macht.

Allgemein sei hier gleich bemerkt, daß es umständlicher Apparate bedarf, um selbst bei niedrigen Frequenzen eine Wechselstromstärke von 1 *nA* *) zu messen, eine Aufgabe, die bei Gleichstrom leicht zu lösen war. Es fehlen auch technische Wechselstrom-Zeigerinstrumente genügend hoher Empfindlichkeit. Daher ist es noch oft von Vorteil, den zu messenden Wechselstrom in Gleichstrom umzuformen, und diesen dann mit einem empfindlichen Gleichstromgalvanometer zu messen. Aber ein anderer Umstand ist günstig: Es lassen sich leicht Wechselstromverstärkeranordnungen bauen, mit denen sich Verstärkungsgrade bis zu 100.000 erreichen lassen. Gleichstromverstärkungen sind dagegen nur in beschränktem Umfange und mit verhältnismäßig komplizierten Schaltungen möglich. (Näheres hierüber s. S. 164).

Wir kommen zur dritten Gruppe von Wechselstrommeßinstrumenten: Mit ihnen soll der Kurvenverlauf des Stromes, also die Stärke des Stromes in jedem Zeitpunkte, ermittelt werden. Wir werden später kennen lernen, daß die hierzu erforderlichen Anzeigeinstrumente, die sogenannten

Oszillographensysteme,

bezüglich der Frequenz und der Dämpfung bestimmten, von der Struktur des aufzunehmenden Wechselstromes**) abhängigen Bedingungen genügen müssen. Hier nur soviel, daß mit zunehmender Frequenz des aufzuzeichnenden Vorganges die auf elektrodynamischen Prinzip beruhenden Oszillographensysteme recht unempfindlich werden. Nach dem elektrodynamischen Prinzip stellt man daher nur Systeme mit Eigenfrequenzen bis zu max. 20.000 *Hz* her. Werden noch höhere Eigenfrequenzen gefordert, dann geht man zu anderen Oszillographen über, deren „Systeme" aus den praktisch trägheitslosen Elektronen bestehen. In diesem Frequenzbereich wird der Glimmlichtoszillograph verwendet oder der in neuester Zeit im Mittelpunkt des Interesses stehende Kathodenstrahloszillograph, der auch die kühnsten Forderungen auf diesem Gebiete zu befriedigen verspricht.

---

*) $= 10^{-9}$ Ampere.

**) Hier ist Wechselstrom im allgemeinen Sinne zu verstehen: ein Strom, der wohl seine Intensität wechselt, aber nicht seine Richtung zu ändern braucht.

A. Vibrationsgalvanometer.

Resonanzprinzip. — Empfindlichkeit in Abhängigkeit von Frequenzverhältnis und Dämpfung. — Geschichtliche Entwicklung. — Beschreibung der wichtigsten Konstruktionen. — Verwendungsgebiet.

Resonanzprinzip.

Die Vibrationsgalvanometer benutzen das Prinzip der Resonanz, d. h. einem schwingungsfähigen System wird im Takte seiner Eigenschwingungsdauer Energie zugeführt. Man erreicht dann im Verhältnis zu den kleinen Energiemengen recht starke Bewegungen, da die zugeführte Energie in dem System gleichsam aufgespeichert wird. Wir machen von dem Resonanzprinzip im täglichen Leben, in Wissenschaft und Technik häufig Gebrauch. Das Einschwingen einer Glocke oder einer Schaukel, das Mitschwingen einer Klaviersaite beim Auftreffen von Schwingungen ihres Eigentones, das Ansprechen eines Empfängers in der drahtlosen Telegraphie sind im Grunde genommen die gleichen physikalischen Vorgänge. Stets muß die Eigenfrequenz der Systeme und der zugeführten Energien übereinstimmen. Für unser Galvanometer bedeutet das, daß wir die Frequenz des beweglichen Systems auf die Frequenz des Wechselstromes abstimmen müssen. Es leuchtet daher ohne weiteres ein, daß wir die uns bekannten Drehspul-, Drehmagnet- und Saitengalvanometer ohne prinzipielle Abänderungen als Vibrationsgalvanometer verwenden können, wenn wir nur die Resonanzbedingung erfüllen. Ja, in einem Falle haben wir das bereits getan, als wir mit Hilfe der Multiplikationsmethode (S. 51) durch periodische Zuführung des Gleichstroms die Empfindlichkeit unseres Galvanometers erhöhten. Wesentlich dabei war, daß wir den Gleichstrom im Takte der Galvanometerfrequenz unterbrachen. Hier können wir in ähnlicher Weise vorgehen, nur müssen wir jetzt das Galvanometer auf die Frequenz des zu messenden Wechselstromes abstimmen. In dem früher besprochenen Falle hatten wir es in der Hand, die künstlich hervorgerufene, elektrische Frequenz der langsamen Schwingungsdauer des Galvanometers anzupassen, so daß wir die Galvanometer mit relativ kleinen Frequenzen von 0,1 bis 1 *Hz* verwenden konnten. Die niedrigsten Frequenzen der Wechselstrommeßtechnik betragen aber mindestens 10—60 *Hz.* Neben diesen technischen Frequenzen verwenden wir Meßströme mit einer Periodenzahl bis zu 1000 und noch mehr Perioden in der Sekunde. Auf diese Eigenfrequenzen müssen wir unsere Galvanometersysteme bringen. Daß wir zur Erreichung dieses Zieles durch Verringerung des Trägheitsmomentes nicht weit kommen, ist schon früher (S. 40) ausführlich erörtert worden. Es bleibt also nur die Vergrößerung der Richtkraft, die die Gleichstromempfindlichkeit stark herabsetzt. Die Dinge liegen sogar, wie wir kennen gelernt haben, recht ungünstig, da sich die Eigenfrequenz proportional der Wurzel aus der Richtkraft ändert, die Empfindlichkeit jedoch mit zunehmender Richtkraft linear abnimmt. Nun aber kommt das Wesentliche: Im Resonanzfalle gelten diese Gesichtspunkte nicht und die Wechselstromempfindlichkeit geht über die Gleichstromempfindlichkeit weit hinaus. Genau wie beim Multiplikationsverfahren findet auch hier die Empfindlichkeitssteigerung eine Grenze in der notwendig vorhandenen Dämpfung, die man aus anderen meßtechnischen Gründen den Galvanometersystemen geben muß. Die aus dem Resonanzprinzip sich ergebenden Richtlinien für die Konstruktion können wir aus der Schwingungsgleichung (S. 14) herleiten.

Die Empfindlichkeit in Abhängigkeit von Frequenzverhältnis und Dämpfung.

Ein Galvanometersystem stehe unter dem Einfluß eines Wechselstromes mit der Kreisfrequenz ω und der Amplitude ξ_0. Die Eigenfrequenz des Galvanometersystems ω_0 wollen wir zunächst als abweichend von der Wechselstromfrequenz ω annehmen. Die Gleichung dieser erzwungenen Bewegung lautet dann:

$$K\ddot{\varphi} + P \cdot \dot{\varphi} + D \cdot \varphi = q \cdot \xi_0 \cdot \sin \omega t = q \cdot I. \tag{1}$$

Die Lösungen dieser Differentialgleichung nehmen eine übersichtliche Form an, wenn wir von der in der Wechselstromtechnik gebräuchlichen symbolischen Darstellung Gebrauch machen.

Wir setzen $\varphi = e^{j\omega t}$. Alsdann verschwinden die Ableitungen nach der Zeit und wir erhalten unmittelbar die lineare Gleichung für φ:

$$-K\omega^2 \varphi + jP\omega\varphi + D\varphi = qI, \tag{2}$$

woraus folgt

$$\varphi = \frac{qI}{D - K\omega^2 + j\omega P} = \frac{qI}{j\omega M}. \tag{3}$$

Den Ausdruck

$$P + j \cdot \left(\omega K - \frac{D}{\omega}\right) = M \tag{4}$$

wollen wir als mechanische Impedanz bezeichnen, in Analogie mit der elektrischen Impedanz

$$R + j\left(\omega L - \frac{1}{\omega C}\right) = Z. \tag{5}$$

Die Gleichung (3) für die Ablenkung φ gestattet die Stromempfindlichkeit zu berechnen. In der gleichen Weise gewinnen wir die Formel für die Spannungsempfindlichkeit, wenn wir berücksichtigen, daß die Dämpfung P sich aus der elektromagnetischen Dämpfung $\frac{q^2}{Z} \cdot \dot{\varphi}$ und den anderen Dämpfungsursachen $p \cdot \dot{\varphi}$ zusammensetzt. Auf der rechten

Seite ist dann noch $J = \frac{E}{Z}$ zu setzen, woraus dann unmittelbar folgt:

$$\varphi = \frac{q \cdot E}{j\omega\,(MZ + q^2)}. \tag{6}$$

Aus den komplexen Ausdrücken (3) und (6) errechnen wir noch die Amplitude der Ablenkung

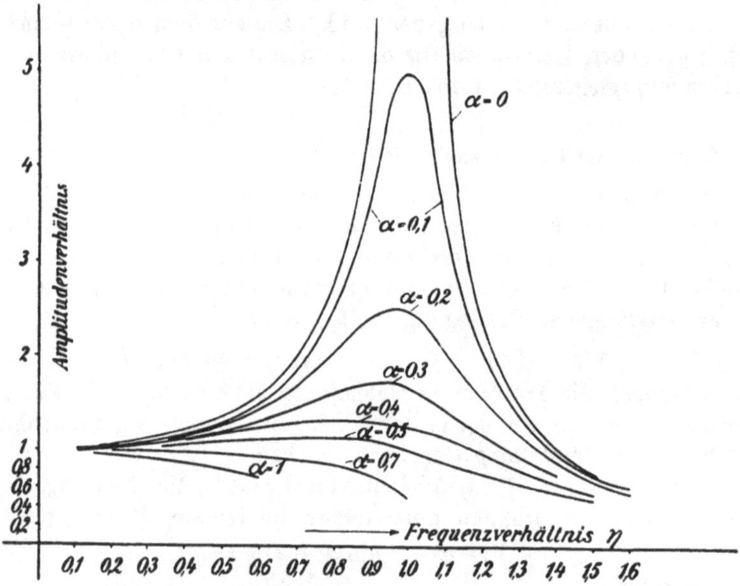

Abb. 45. Amplitudenverhältnis in Abhängigkeit von Frequenzverhältnis und Dämpfung.

$$|\varphi| = \frac{qJ}{\sqrt{(D - K\omega^2)^2 + (\omega P)^2}} \tag{7}$$

bzw.

$$|\varphi| = \frac{q \cdot E}{\omega\sqrt{(Rm + px)^2 + (pR - mx + q^2)^2}} \tag{8}$$

hierin bedeutet $m = \omega K - \frac{D}{\omega}$ (mechanische Reaktanz)

und $x = \omega L - \frac{1}{\omega C}$ (elektrische Reaktanz).

Berücksichtigt man, daß die Verbreiterung des Spaltbildes das Doppelte des Ausschlages φ beträgt, so ergibt sich für die Wechselstromempfindlichkeit, bezogen auf die Einheit der effektiven Stromstärke:

$$\Sigma_i = \frac{2 \cdot \sqrt{2}\, S_i}{\sqrt{(1 - \eta^2)^2 + 4\alpha^2\eta^2}}, \tag{9}$$

worin das Frequenzverhältnis $\frac{\omega}{\omega_0} = \eta$ gesetzt ist; a bedeutet wieder den Dämpfungsgrad $\frac{p}{2\sqrt{KD}}$.

Analog ergibt sich die Wechselspannungsempfindlichkeit aus (8). Diese Ausdrücke geben uns die Wechselstromempfindlichkeit in Abhängigkeit von der Gleichstromempfindlichkeit, dem Verhältnis der mechanischen und elektrischen Frequenz, dem Dämpfungsgrad und dem Impedanzwiderstand.

Für die Konstruktion eines empfindlichen Vibrationsgalvanometers ist also große Gleichstromempfindlichkeit erforderlich, es gelten da die gleichen Richtlinien, wie sie in Abschnitt I besprochen sind. Es kommt aber noch hinzu die Abhängigkeit von Frequenzverhältnis η und dem Dämpfungsgrad a. In dieser Abhängigkeit liegt das wesentliche Neue; sie gibt uns Einblick in die interessanten Eigenschaften der Resonanzschwingungen. Die für Vibrationsgalvanometer wichtigsten Punkte läßt die graphische Darstellung der Funktion (7) in Abb. 45 erkennen, bzw. lassen sie sich unmittelbar aus den eben genannten Formeln ableiten:

1. Im Resonanzfalle $\omega = \omega_0$, $\eta = 1$ ist bei verschwindender Dämpfung die Empfindlichkeit unendlich groß.

2. Mit zunehmender Dämpfung verschiebt sich das Maximum nach kleinen η Werten zu. Es errechnet sich das Maximum der Ablenkung für $\eta^2 = 1 - 2a^2$.

3. Bei Dämpfungsgraden über $a = 0{,}5$ bietet das Resonanzprinzip gar keine Vorteile mehr; es sind daher nur geringe Dämpfungen von Interesse.

4. Für Werte $\eta > 1$ nimmt bei allen Dämpfungen die Wechselstromempfindlichkeit rasch ab und sinkt bald unter die Gleichstromempfindlichkeit.

5. Die maximale Ablenkung oder die Meßempfindlichkeit in dem Scheitelpunkte, bezogen auf die Gleichstromempfindlichkeit ist bei geringen Dämpfungsgraden nahezu proportional $\frac{1}{2a}$.

6. Von Interesse ist weiter die Resonanzschärfe. Als quantitatives Maß für die Resonanzschärfe gilt der Krümmungsradius im Scheitelpunkte. Dieser hängt nur von der Dämpfung ab, und man erkennt aus Bild 45 ohne weiteres das Ansteigen der Resonanzschärfe mit abnehmender Dämpfung. Leichter experimentell zu prüfen ist die Resonanzbreite, die allgemein als charakteristisch für eine Resonanzkurve angegeben wird. Die Resonanzbreite ist diejenige Frequenzabweichung, ausgedrückt in Prozenten der Scheitelfrequenz, bei der die Amplitude

nur noch die Hälfte des Maximalwertes ist. Die Rechnung ergibt für geringe Dämpfungen die Resonanzbreite

$$\varrho \approx \pm \sqrt{3}\, a.$$

Hieraus ziehen wir die praktische Folgerung: Je geringer die Dämpfung, um so geringer dürfen auch die Frequenzschwankungen des Wechselstromes sein, wenn die Bildverbreiterung konstant sein soll. In

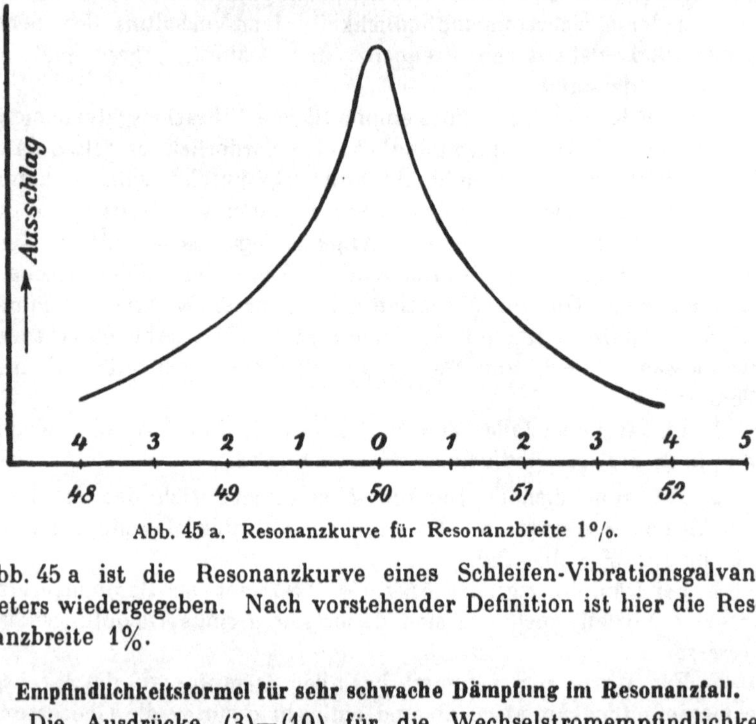

Abb. 45 a. Resonanzkurve für Resonanzbreite 1%.

Abb. 45 a ist die Resonanzkurve eines Schleifen-Vibrationsgalvanometers wiedergegeben. Nach vorstehender Definition ist hier die Resonanzbreite 1%.

Empfindlichkeitsformel für sehr schwache Dämpfung im Resonanzfall.

Die Ausdrücke (3)—(10) für die Wechselstromempfindlichkeit lassen sich wesentlich vereinfachen, wenn Eigenschwingungszahl und aufgedrückte Wechselstromfrequenz übereinstimmen, also scharfe Resonanz hergestellt ist. Für $\eta = 1$ folgt aus (9) unmittelbar

$$\Sigma_i = \frac{\sqrt{2} \cdot S_i}{\frac{\omega_0 \cdot p}{D}} \tag{11}$$

oder einfacher

$$\Sigma_i = \frac{S_i}{a \cdot \sqrt{2}} \tag{12}$$

Wir haben also eine einfache Abhängigkeit von der Gleichstromempfindlichkeit und dem charakteristischen Dämpfungsgrade a. Für die experimentelle Bestimmung des a-Wertes gelten die Richtlinien auf S. 194.

Für sehr kleine Dämpfungen kann man den Ausdruck noch günstiger umformen durch Einführung des Dämpfungsdekrementes λ. Es gilt

$$a = \frac{\lambda}{2\pi \cdot \sqrt{1 + \left(\frac{\lambda}{2\pi}\right)^2}}$$

und bei sehr kleiner Dämpfung

$$a = \frac{\lambda}{2\pi}$$

folglich wird

$$\sum_i = \frac{\pi \cdot \sqrt{2}}{\lambda} \cdot S_i = 4{,}44 \frac{S_i}{\lambda} \tag{13}$$

λ ist durch Beobachtung leicht zu bestimmen. Die vereinfachte Formel (13) für die Wechselstromempfindlichkeit gilt wohlgemerkt nur für den Resonanzfall bei zugleich schwacher Dämpfung. Diese Bedingungen stellen aber durchaus keine so scharfen Einschränkungen dar, da Vibrationsgalvanometer meist unter diesen Versuchsbedingungen benutzt werden.

Im Anschluß hieran geben wir noch einige Richtlinien für die Konstruktion und den Gebrauch der Vibrationsgalvanometer. Die Richtlinien folgen aus der Diskussion der Ausdrücke (3) bis (12) *).

---

*) Die Empfindlichkeit wird ein Maximum, wenn der Nenner $\frac{MZ}{q} + q$ ein Minimum ist. Dies ist der Fall, wenn $q^2 = M \cdot Z$, wie unmittelbar durch Differentiation folgt. Durch Trennung der reellen und imaginären Bestandteile ergibt sich hieraus die Forderung $\frac{m}{p} = \frac{x}{R}$, d. h. nur für den Fall verschwindender Reaktanz $x = 0$ muß auch $m = 0$ sein, also auf Resonanz abgestimmt werden.

Für das Verhältnis der aufgedrückten EMK zur elektromagnetischen Gegen EMK wird für den Fall des Maximums ($q^2 = M \,.\, Z$) zu $\frac{1}{2}$.

Phasensprung. Nach Ausdruck (8) berechnet sich die Phasenverschiebung zu

$$X = -\operatorname{arctg} \frac{2a\lambda}{1 - \lambda^2}$$

für den Fall der Resonanz $\lambda = 1$ wird $|X| = \frac{\pi}{2}$; bei wenig von dem Resonanzpunkt abweichenden Werten von λ ist aber die Phasenverschiebung gleich 0 oder $-\pi$. Es tritt also im Resonanzfalle (besonders bei schwacher Dämpfung) ein scharfer Phasensprung auf. Diese Tatsache ist von Wenner [95]) dazu benutzt worden, um stroboskopisch den Resonanzpunkt zu bestimmen.

1. Im Maximum der Empfindlichkeit ist die gegenelektromotorische Kraft gleich der halben aufgedrückten EMK.

2. Zur Erzielung der maximalen Empfindlichkeit ist Resonanz herzustellen. Sind jedoch Kapazitäten und Induktivitäten im Galvanometerkreise, dann verschiebt sich die Scheitelfrequenz auch im Resonanzfalle. Bei überwiegender Induktivität ist die optimale Wechselstromfrequenz höher, bei kapazitiver niedriger einzustellen. Die maximale Empfindlichkeit kann dabei höher sein als in reaktanzfreier Schaltung.

3. Bei Kurzschluß besitzt die Spannungsempfindlichkeit ein Maximum, und zwar für $(HF)^2 = p \cdot r$, wo r der Widerstand des Galvanometers und p die Dämpfungskonstante. Da die Windungsfläche F zumeist nicht regelbar, erhält man das Maximum bei einer bestimmten Feldstärke H.

4. Empfindlichkeit gegen Oberschwingungen. Bezogen auf die Empfindlichkeit der Grundwelle ist unter Voraussetzung sehr schwacher Dämpfung die Empfindlichkeit der Oberwelle n-ter Ordnungszahl

$$\frac{\Sigma_{i_n}}{\Sigma_{i1}} = \frac{2a}{n^2 - 1} = \frac{\lambda}{\pi(n^2 - 1)}.$$

Hieraus ergibt sich beispielsweise für die dritte Harmonische bei einer Resonanzbreite $a = 1\%$, daß die Empfindlichkeit im Vergleich zur Grundwelle etwa 650 mal kleiner ist.

Geschichtliche Entwicklung der Vibrationsgalvanometer.

Das Vibrationsgalvanometer ist planmäßig aus dem Telephon entwickelt worden. M. Wien [88]) beschrieb im Jahre 1891 ein „optisches Telephon“, das als Vibrationsgalvanometer anzusprechen ist, da es seinen charakteristischen Vorzug — die Unempfindlichkeit gegen Oberschwingungen — bereits besitzt. Durch Verbindung der Telephonmembran mit einer Feder (Abb. 46), deren Eigenschwingung auf die Grundwelle des zu messenden Wechselstromes eingestellt werden konnte, wurden nur die Grundschwingungen der Membran ausgewählt und durch Spiegelübertragung S vergrößert. Der Eigenton der Membran muß sich natürlich ebenfalls in Resonanz mit dem Wechselstrom befinden. M. Wien hat mit diesem optischen Telephon eine recht hohe Empfindlichkeit erreicht, waren doch 10^{-8} Ampere noch nachweisbar. Diese Empfindlichkeit ist bei den späteren Vibrationsgalvanometern nicht wesentlich überschritten worden. Vielmehr gingen die Konstrukteure darauf hinaus, neben hoher Empfindlichkeit folgende Forderungen zu erfüllen: Leichte Abstimmung auf die gewünschte Frequenz, Einstellbarkeit auf möglichst großen Frequenzbereich, günstige Dämpfung, Proportionalität mit der Stromstärke; diese Eigenschaften bei einfachem konstruktivem Aufbau.

Nach M. Wien ist die Entwicklung der Vibrationsgalvanometer einen ähnlichen Weg gegangen, wie wir ihn von den Gleichstromgalvanometern her kennen. Wie bereits erwähnt, bestehen im Prinzip keine Unterschiede zwischen Vibrations- und Gleichstromgalvanometer; wir finden daher auch hier den Typus eines Drehmagnetgalvanometers, Drehspul- und Schleifengalvanometers, jedoch mit dem Unterschied, daß den Drehmagnetvibrationsgalvanometern auch heute noch eine sehr große Bedeutung zukommt. Das hat seinen Grund darin, daß hier die Gleichstromempfindlichkeit kleiner und damit der Einfluß störender Magnetfelder von geringerem Einfluß ist. Das

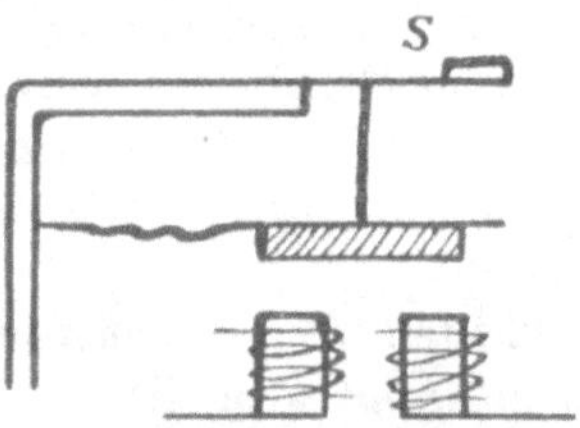

Abb. 46. Optisches Telephon nach M. Wien.

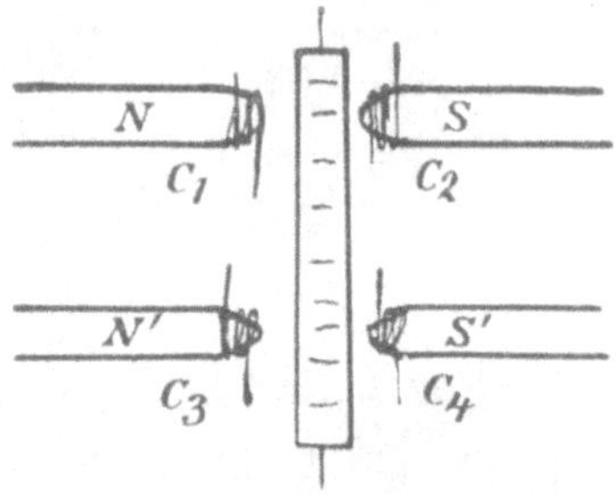

Abb. 47. Vibrationsgalvanometer nach M. Wien.

Saitengalvanometer dagegen kommt als Vibrationsgalvanometer kaum in Betracht, da die vibrierende Saite sich nur schwer beobachten läßt. In neuerer Zeit ist von Moll [111]) eine Konstruktion angegeben worden, deren bewegliches System aus einer Saite besteht, an der aber ein Spiegel befestigt ist (näheres siehe S. 138).

Beschreibung der wichtigsten Konstruktionen.

Neben den heute verwendeten Ausführungen sollen auch die wichtigsten älteren Konstruktionen besprochen werden. Dies sei dadurch gerechtfertigt, daß verschiedene, heute nicht mehr benutzte Konstruktionen durchaus nicht als überholt gelten können. Vielmehr muß betont werden, daß durch Fortschritte in der Kenntnis der Materialeigenschaften, insbesondere der magnetischen Eigenschaften, diese älteren Galvanometer leicht wieder in den Vordergrund des Interesses rücken können.

Vibrationsgalvanometer mit beweglichen Magneten.

Neben dem oben erwähnten optischen Telephon hat M. Wien [88]) in dem gleichen Jahre eine weitere Konstruktion angegeben, die man

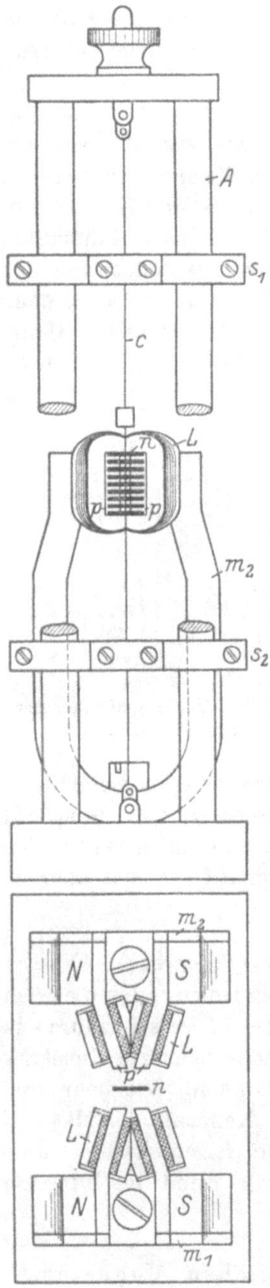

als erstes Nadelvibrationsgalvanometer bezeichnen kann. Benutzt werden vier Elektromagnete e_1—e_4 (vgl. Bild 47), die als Polschuhe auf zwei permanente Erregermagnete aufgebracht worden sind. Die vier Elektromagnete, durch die der zu messende Wechselstrom fließt, sind in der Weise geschaltet, daß zu jedem Zeitpunkt durch den Wechselstrom eine Verstärkung des einen und eine Schwächung des anderen konstanten Magneten hervorgerufen wird. Zwischen den Magneten findet sich, ähnlich den Telephonen, eine Membran aus gewelltem Neusilberblech, das auf jeder Seite weiche Eisenstücke trägt. Der Spiegel ist recht groß (30 qmm) und erlaubt daher eine sehr scharfe Einstellung des Lichtspaltes. Das Unklarwerden wird schon bei ganz kleinen Bewegungen des Spiegels erkennbar.

Die Schwierigkeiten bei Benutzung dieser M. Wienschen Apparatur liegen in der umständlichen Abstimmung der Membran und der Feder auf die gewünschte Frequenz. Eine einfache Regelung der Frequenz ist dann nicht mehr möglich. Doch kann man durch Änderung der Dämpfung eine scheinbare Änderung der Eigenfrequenz um 1—2% erwirken. Weitere Konstruktionsdaten, sowie Angaben über die Empfindlichkeit, sind der Tabelle 14 S. 134 unter Nr. 3 zu entnehmen.

Wenige Jahre später entwickelte H. Rubens[89]) ein **Vibrationsgalvanometer**, das die eben genannten Nachteile der Wienschen Konstruktion vermied. Die Abstimmung auf eine bestimmte Frequenz wurde wesentlich vereinfacht, gleichzeitig konnte das Galvanometer in einem großen Frequenzbereich abgestimmt werden. Benutzt werden nicht die elastischen Trans-

Abb. 48. Vibrationsgalvanometer nach Rubens. (Aus „Handbuch der Physik“ von Geiger-Scheel, Band 16, Verlag Julius Springer, Berlin.)

versalschwingungen einer Membran, sondern die Torsionsschwingungen einer Metallsaite. Eine geringe Änderung der Richtkraft ist durch verschieden starkes Spannen der Metallsaite möglich. Eine größere Veränderung der Frequenz ist durch Änderung der 10 cm langen Metallsaite *c* vorzunehmen, die bis auf das Verhältnis 1 : 5 gekürzt werden kann. Die Schwingungen werden hervorgerufen durch wechselnde Magnetisierung — entsprechend den Wechseln des zu messenden Stromes — von zwanzig 8 mm langen Weicheisendrähten, von 0,35 mm Durchmesser. Das Gehänge (vgl. Abb. 48) hat also gewisse Ähnlichkeit mit dem Thomsonschen Magnetsystem der Drehmagnetgalvanometer. Doch liegt hier die Richtkraft zum größten Teil in dem 0,2 mm starken Metallband. Weitere Angaben über Frequenzbereich, Empfindlichkeit, Spulenwiderstände, Spiegelgrößen siehe wieder die Tabelle 14.

Das Rubenssche Galvanometer *) findet heute kaum noch Verwendung. Für Frequenzen über 150 werden ausschließlich Spulen- oder Schleifenvibrationsgalvanometer benutzt, da diese einfacher im Aufbau sind und geringeren Impedanzwiderstand besitzen. Für niedere Frequenzen ist das Galvanometer durch die Konstruktion von Schering u. Schmidt (s. S. 130) verdrängt worden. Bei sehr niedrigen Frequenzen kann das System mit Weicheisenmagneten gar nicht verwendet werden, da die Einstellung der Nadeln labil wird. Dies ist ja auch der Grund dafür, daß die Spulen der Drehmagnetgalvanometer nicht mit einem Eisenkern versehen werden können, wodurch man eine bedeutende Steigerung der Empfindlichkeit erzielen könnte.

Die bisher genannten Konstruktionen lehnen sich entweder an das Telephon oder an das Drehmagnetgalvanometer an. Bei allen besitzt das bewegliche System Weicheisenstücke. Eine andersartige, äußerst einfache Konstruktion hat M. Wien[90]) 1901 angegeben, und zwar besitzt das System Magneteisenstäbchen (3 mm lang). Die permanenten Erregermagneten fallen dann fort. Die Feldwicklung des Elektromagneten hat einen Widerstand von etwa 200 Ohm. Bei schwacher Dämpfung (Resonanzbreite $< 1\%$) sollen 10^{-9} Ampere nachweisbar sein. Eine Regelung der Dämpfung ist nicht möglich; wohl aus diesem Grunde hat das Instrument keine größere Verbreitung gefunden.

Das Nadelvibrationsgalvanometer für niedrige Frequenzen von Schering und Schmidt.

Die bisher besprochenen Vibrationsgalvanometer haben verhältnismäßig wenig Eingang in die elektrische Meßtechnik gefunden. Ihre

*) Das Galvanometer wird von dem Mechaniker W. Oehmke, Berlin, hergestellt.

Handhabung, insbesondere die Abstimmung und die Einstellung der Dämpfung waren so schwierig, daß ihre Verwendung nur auf spezielle Laboratoriumsarbeiten beschränkt blieb. In allen anderen Fällen gab man dem Telephon den Vorzug. Die Anregung zur Konstruktion eines Vibrationsgalvanometers kam aus der Praxis, als die Nachfrage nach genauen Meßmethoden in der Starkstromtechnik immer stärker

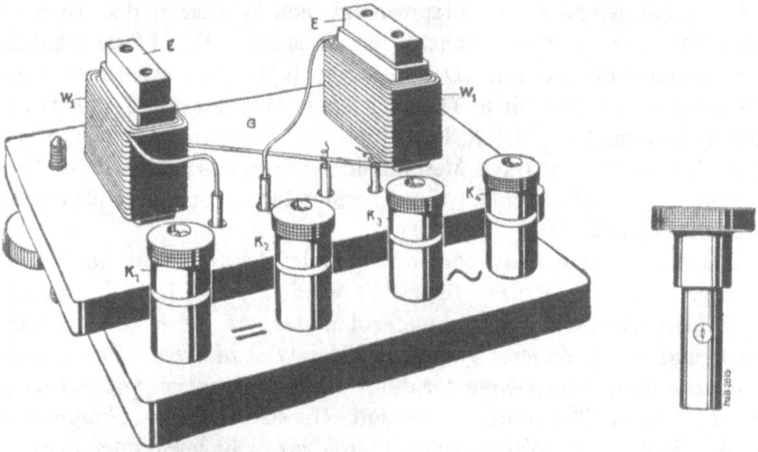

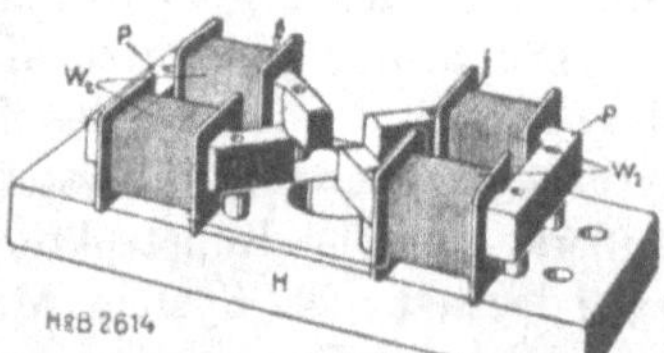

d) zusammengesetzt mit Schutzgehäuse. **c) Feldspulen.**

Abb. 49. Nadelvibrationsgalvanometer nach Schering und Schmidt.

wurde*). Dieses Vibrationsgalvanometer mußte vor allem in dem Frequenzbereich von etwa 15 bis 150 Hz brauchbar sein. In diesem Intervall scheidet auch das Telephon als Konkurrent aus.

So entstanden kurz hintereinander eine Reihe von Konstruktionen für niedrige Frequenzen. So zuerst das Schleifengalvanometer von Schering u. Schmidt [104]) (1912), das Spulengalvanometer von Zöllich [106]) (1915) und neuerdings das Torsionsfadengalvanometer, s. S. 158. Auf

*) Siehe z. B. Wandlerprüfung nach Schering u. Alberti, Archiv f. Elektrotechnik 2. 1914 S. 263.

diese Konstruktionen kommen wir weiter unten noch zu sprechen. Am elegantesten jedoch ist das Problem von Schering und Schmidt gelöst, die im Jahre 1918[108]) ein neues Nadelvibrationsgalvanometer angaben *). Die besonderen Vorzüge dieses Galvanometers sind: große Empfindlichkeit bei genügender Dämpfung, sehr bequeme Abstimmung vom Beobachtungsplatze aus, leicht auswechselbares Einsatzsystem. Entsprechend diesen Vorzügen gehört diese Konstruktion zu den verbreitesten Ausführungen. Der Aufbau des Galvanometers lehnt sich stark an die Rubenssche Konstruktion an (siehe Abb. 49).

Erregermagnet. Der U-förmige Erregermagnet trägt die aus zwei Spulen von je 26 Ohm bestehende Erregerwicklung W_1. Für die höchste Frequenz ist ein Strom von 0,25 Ampere erforderlich. Der Erregerstrom muß sehr konstant sein, um eine konstante Richtkraft abzugeben; er wird daher zweckmäßig einer Akkumulatorenbatterie entnommen.

Feldspulen. Vier Spulen W_2 von je 18 Ohm sitzen auf vier Polstücken aus massivem Eisen. Form und Anordnung der Polschuhe ist derart, daß sie einen Raum zur Aufnahme des Einsatzsystems aussparen. Die Spulen sind auf einer Hartgummiplatte gemeinsam mit den Erregermagneten angebracht.

Bewegliches System. Das bewegliche System befindet sich in einem Metallrähmchen, daß in die oben erwähnte Öffnung der Hartgummiplatte paßt. Ein Anschlag an dem Rähmchen sorgt für richtige Zentrierung der Eisennadel. Für das Einsatzsystem, das von 8 bis 76 Hz abstimmbar ist, hat die Nadel je 4 mm Länge und Breite und 0,06 mm Dicke. Ein zweites System für das Frequenzintervall 30 bis 160 Hz hat die Dimensionen 6 · 6 · 0,18 mm. Die günstigsten Abmessungen der Nadel sind von Schering und Schmidt durch eingehende Versuche ermittelt worden.

Das Trägheitsmoment dieser Nadeln ist recht beträchtlich, infolgedessen ist auch eine starke Richtkraft erforderlich. Die Richtkraft ist zum Teil mechanisch und zu einem Teil magnetisch, dies ermöglicht eine Regelung der Richtkraft und der Eigenfrequenz durch den Erregerstrom des Magneten. Dieser kann bequem vom Platze des Beobachters aus durch Schiebewiderstände auf den gewünschten Betrag gebracht werden. Die Eigenschwingungszahl kann so ungefähr in dem Verhältnis 1 : 6 geändert werden. Man verändert die Erregung solange, bis bei der Meßfrequenz die größte Bildverbreiterung erzielt ist. — Der mechanische Anteil der Richtkraft wird durch einen gespannten Phosphorbronzedraht von 0,02 mm Durchmesser bestimmt. Der etwa 1 mm breite und 2 bis 3 mm lange

*) Hergestellt von der Fa. Hartmann u. Braun.

Spiegel ist in der Mitte des Drahtes aufgekittet. Gleichfalls in der Mitte, jedoch auf der anderen Seite des Drahtes, ist die Nadel aufgebracht. Der Einsatzrahmen enthält einen kupfernen Gewindebolzen, durch dessen Verstellung im Magnetfelde die Dämpfung der Nadel geändert werden kann.

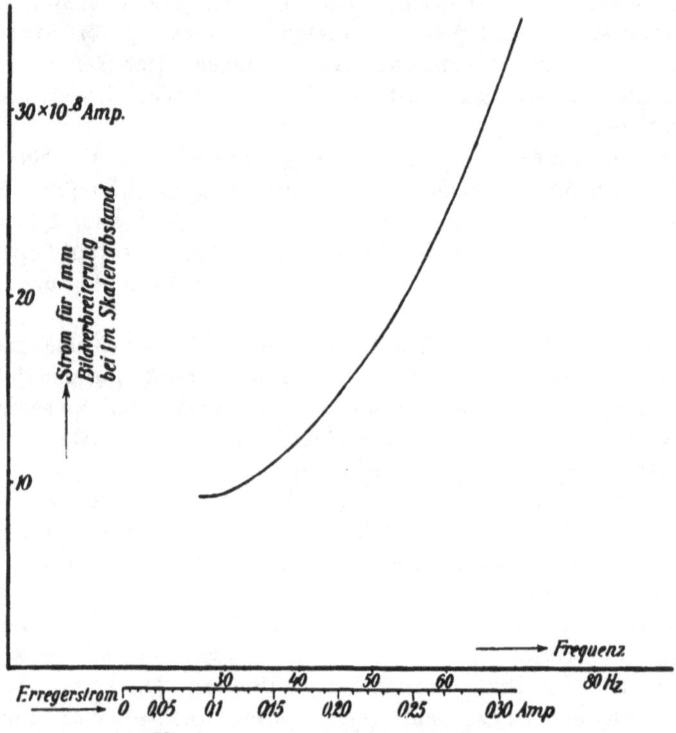

Abb. 50. Eichkurven eines Nadeleinsatzsystems.

Bei ganz niedrigen Frequenzen wird auch diesem Instrument der alte Feind der Drehmagnetgalvanometer gefährlich. Gegen starke magnetische Streufelder ist das Instrument durch eine Kappe aus legiertem Eisen geschützt. — Zum Schutze gegen Erschütterungen wird das Galvanometer auf eine etwa 14 kg schwere, auf Gummifüßen liegende Beruhigungsplatte aufgestellt.

Die mit diesem Vibrationsgalvanometer bei den verschiedenen Frequenzen erreichbaren Empfindlichkeiten sind aus der in Abb. 50 wiedergegebenen Eichkurve zu ersehen. Man erkennt die starke Abnahme der Empfindlichkeit mit zunehmender Frequenz. Wird das Galvanometer ausnahmsweise für Ausschlagsmessungen benutzt, so hat jeder Meßreihe eine neue Eichung vorauszugehen, da kleine Änderungen der Empfindlichkeit durch wechselnde Dämpfung oder Remanenzänderung des Magneten hervorgerufen sein können. Wegen weiterer Daten vgl. wiederum Tabelle 14.

Als Vorläufer des Nadelvibrationsgalvanometers nach Schering und Schmidt soll noch die Konstruktion von Tinsley [98]) genannt werden. Das bewegliche System mit der Magnetnadel *NS* (vgl. Abb. 52) wird in den Luftspalt eines horizontal liegenden Hufeisenmagneten eingesetzt. Von der einen Seite wird die Stromspule *L* herangeschoben. Die Abstimmung erfolgt durch Regelung der Stärke des permanenten Magneten; der Nebenschluß *J* kann durch die Schraube *K* betätigt werden. Der Nachteil dieser Konstruktion ist die äußerst geringe Dämpfung. Diese Tatsache muß bei der Beurteilung der Wechselstromempfindlichkeit berücksichtigt werden.

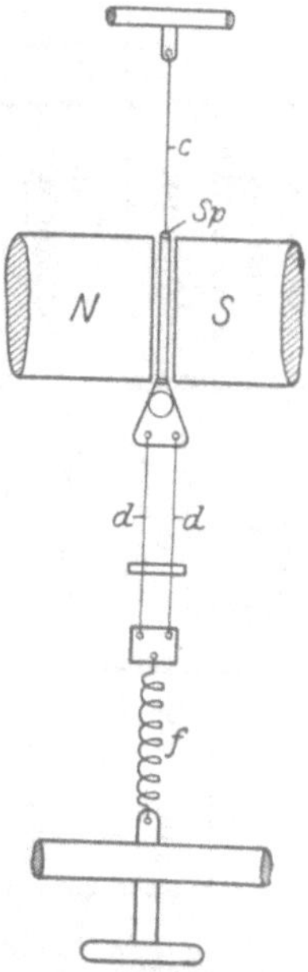

Abb. 51. Spulenvibrationsgalvanomet. nach Campbell. (Aus „Handbuch der Physik" von Geiger-Scheel, Band 16, Verlag Julius Springer, Berlin.)

Drehspultype.

A. Campbell konstruierte 1907 ein Vibrationsgalvanometer nach dem Drehspulprinzip. Die schmale Spule (s. Abb. 51) wird unten durch eine oder mehrere Seidenfäden, oben durch unifilare oder bifilare Aufhängebänder gehalten. Die Spannung der Bänder kann durch

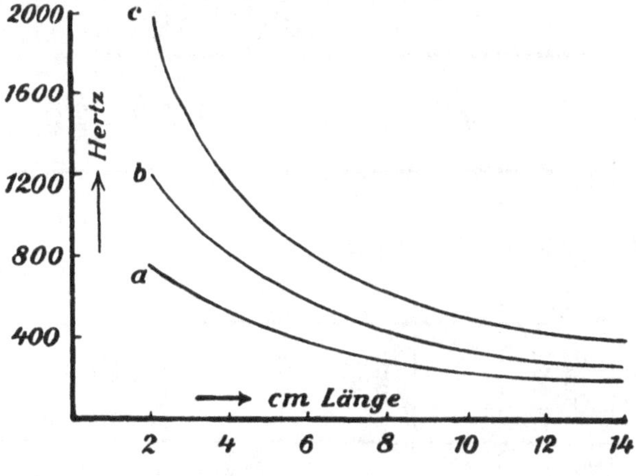

Abb. 51 a. Eigenschwingungszahl eines bifilaren Systems in Abhängigkeit von Länge und Federspannung.

Nr.	Bezeichnung und Type	Angegeben von (in Klammern Firma)	Frequenz-bereich	Art der Ab-stimmung	Wechselstrom-empfindlichkeit Σ_i mm/μ A	bei Frequenz	Widerstand Ω	Spiegel-größe	Bemer-kungen
1	Opt. Telephon	M. Wien ([88])	—	mechanisch	3,3	50	4×100	30 qmm	—
2	Nadeltype	H. Rubens ([89]) (W. Oehmke)	50—300	mechanisch durch Spannung u. Länge d. Saite	1,5	100	4×50	30 qmm	—
3	Drehmagnet-type	M. Wien ([90])	100—4000	—	70 0,17	100 4000	2×100	—	geringe Dämpfung
4	Bifilare Spulentype	Campbell ([91]) (Cambridge)	40—1000	Spannung und Länge	60 0,2	40 4000	12	1×5 mm	—
4a	,,	,, ([91])	10—250	des bewegl. Systems	500 3	10 250	12	2×5 mm	—
5	Nadeltype	Tinsley ([98]) (Tinsley)	25—80	durch magnet. Nebenschluß	0,5 bei 1 Ω 25 bei 5000 Ω	50	von 1 bis 5000 Ω	6 qmm	auswechsel-bare Spulen; geringe Dämpfung
6	Schleifentype	Schering-Schmidt ([104]) Hartm.-Braun	25—125	Spannung u. Länge der Schleife	20 3,5	25 125	16 50	1×4 mm	bei 25 Hz sehr langes System
7	Spulentype	Zöllich ([106]) (Siemens-Halske)	25—500	durch Spannung	250 10	25 500	50	—	—
8	Nadeltype	Schering-Schmidt ([108]) Hartm.-Braun	25—120	elektro-magnetisch	20 5	25 120	70 (0,6—0,1 *Hy*)	2×5,5 mm	bequeme Ab-stimmung, günstige Dämpfung
9	Saitentype	Moll ([111]) (Kipp-Zonen)	(50—1000)	Spannung der Saite	75 12,5	100 1000	50	06,×1,2 mm	—
10	Ähnlich Saitentype	Agnew ([109]) (Bur. of Stand.)	—	—	20	25	270	—	50 bis 100-facher Ver-größerung
11	Torsionsfaden-galvanometer	Kipp-Zonen	10—100	Spannung	3	50	10	—	bei starker (aperiod.) Dämpfung

die Feder *f* geregelt werden, wodurch eine Einstellung in dem Frequenzbereich von 50 bis 100 Hz möglich ist. Durch Verschieben der Brücke *J* können sogar Eigenschwingungszahlen bis 800 Hz erreicht werden.

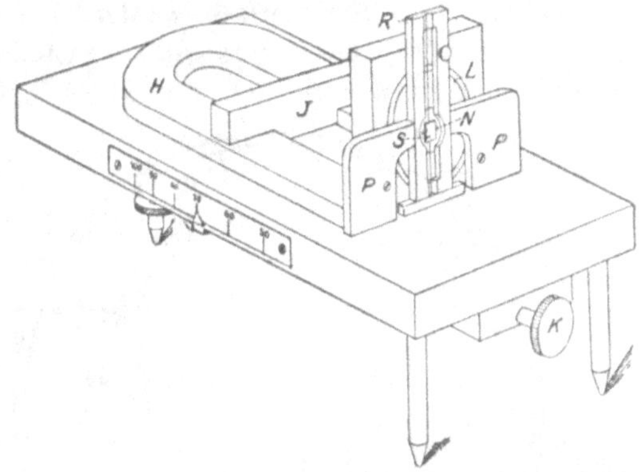

Abb. 52. Vibrationsgalvanometer nach Drysdale-Tinsley. (Aus „Handbuch der Physik" von Geiger-Scheel, Band 16, Verlag Julius Springer, Berlin.)

Abb. 51 a gibt die Eigenschwingungszahl eines bifilar gespannten Systems in Abhängigkeit von Länge und Federspannung wieder.

Ein Drehspulvibrationsgalvanometer für niedrige Frequenzen hat Zöllich [106]) angegeben (vgl. Abb. 53). Zur Erzielung der kleinen Schwingungsdauer sind dieselben Richtlinien maßgebend, wie wir sie früher bei den kurzschwingenden Drehspulgalvanometern kennen lernten. Die Drehspule hat also auch hier kleine Dimensionen; doch sind für die Frequenzen von 15 bis 50 Hz die erforderlichen Richtkräfte durch verhältnismäßig kurze Bänder zu erhalten. Das Galvanometer bekommt dadurch eine kleine Form. Für das Galvanometer sind mehrere Einsätze für die Frequenzen von 15—100 Hz vorgesehen. Die Grobeinstellung erfolgt auch hier durch verschiedene Einstellung der Länge des freischwingenden Systems.

Abb. 53 a. Drehspulvibrationsgalvanometer nach Zöllich (S. u. H.).

In der Literatur sind noch mehrere Drehspulvibrationsgalvanometer angegeben, z. B. [94]), [95]), die sich jedoch nur wenig von den eben genannten unterscheiden. Jedoch soll noch ein Drehspulvibrationsgalvanometer der Firma Tinsley erwähnt werden, das kürzlich von D. C. Gall [112b]) beschrieben worden ist. Mit 3 Einsatzsystemen kann der

Bereich von 3—3000 Hz erfaßt werden. Zur bequemen, raschen Abstimmung erhält jedes System eine Einstellscheibe wie sie Abb. 53 b beispielsweise für den Bereich von 15 — 70 Hz zeigt.

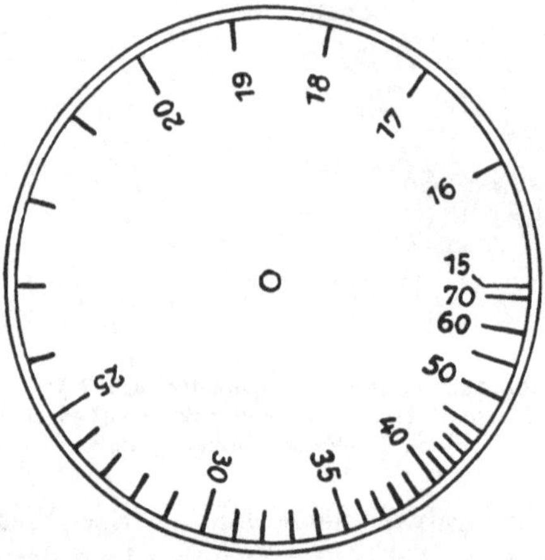

Abb. 53 b. Einstellscheibe für 15—70 Hz von einem Drehspulvibrationsgalvanometer der Fa. Tinsley.

Abb. 54. Schleifenvibrationsgalvanometer nach Schering und Schmidt für 25 bis 120 Perioden.

Das Schleifenvibrationsgalvanometer nach Schering und Schmidt.

Dieses Galvanometer, das gleichfalls von der Firma Hartmann u. Braun nach den Angaben von Schering u. Schmidt gebaut wird, kann mit zwei Einsatzsystemen ausgerüstet werden. Für den Frequenzbereich 25—100 Hz wird das Einsatzsystem bereits 1200 mm lang. Das Galvanometer erfordert eine besondere Aufstellung (vgl. Abb. 54) und ist ziemlich unhandlich. Das zweite Einsatzsystem ist etwa 260 mm lang und kann auf 100 — 4000 Hz abgestimmt werden (vgl. Abb. 55).

Das eigentliche Meßorgan ist in beiden Fällen eine Schleife aus dünnen gut flach liegenden, parallel geführten Kupferbändern von etwa 0,2 mm Breite und 0,02 mm Stärke. Man hat Kupfer gewählt, um eine möglichst hohe Spannungsempfindlichkeit zu erreichen. Die Stromschleife ist in eine Schiene eingebettet, die zwischen die Pole eines kräftigen ringförmigen Stahlmagneten eingesetzt werden kann. Die

Strombahn befindet sich nur zu einem kleinen Teile in dem magnetischen Felde. Der dadurch bedingte Empfindlichkeitsverlust wird durch den Vorteil des geringeren Gewichts voll aufgewogen.

Die Einstellung auf eine bestimmte Frequenz kann durch Längenveränderung — Verschieben eines Steges — des schwingenden Kupferbandes erfolgen. Die feinere Abstimmung wird durch eine Feder vorgenommen. Jedem Instrument wird eine Eichkurve beigegeben, aus der man die Stellung von Feder und Steg für eine bestimmte Frequenz ersehen kann. Die genaue Einstellung auf Resonanz geschieht bei stromdurchflossenem System bis maximale Breite des Lichtbandes bei konstantem Strom erreicht ist. Der Nachteil dieser Konstruktion besteht in der großen unhandlichen Form des niederfrequenten Systems. Auch bestehen Schwierigkeiten, das Galvanometer genügend erschütterungsfrei zu bekommen.

Abb. 55. Schleifenvibrationsgalvanometer mit kurzem Einsatzsystem für höhere Frequenzen.

Vibrationsgalvanometer nach Agnew. Eine ganz andersartige Anordnung, die stark von den bisher beschriebenen Systemen abweicht, ist von Agnew [109]) angegeben worden. Eine Stahlnadel *s* (vgl. Abb. 56) wird durch den permanenten Magneten *N* magnetisiert, das freie Ende schwingt zwischen den Polen *P* eines Elektromagneten, dessen Kern aus Siliziumeisen mit großer Anfangspermeabilität besteht. Durchfließt der zu messende Wechselstrom die Wicklung des Elektromagneten (270 Ohm Wicklungswiderstand), dann gerät die Eisennadel in Schwingungen, die durch ein Mikroskop von 50 bis 100facher Vergrößerung beobachtet werden. Die Nadel ist für eine bestimmte Frequenz bemessen, kann aber durch die magnetische Richtkraft in einem Intervall von etwa 5% des Frequenzwertes abgestimmt werden. Wird eine ganz andere Frequenz gewünscht, dann muß die Nadel ausgewechselt werden. Die jeweils brauchbare Nadel kann angenähert nach der Formel berechnet werden

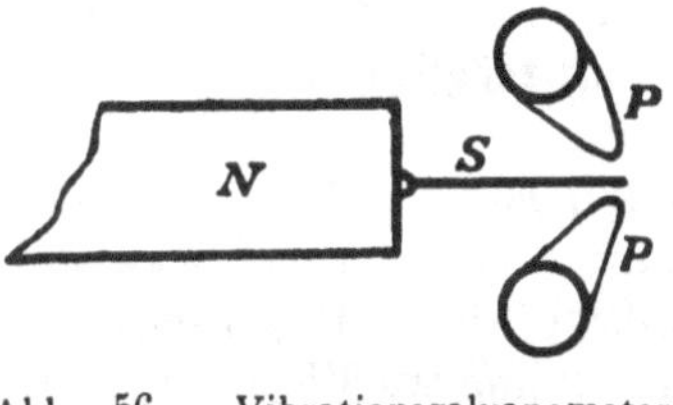

Abb. 56. Vibrationsgalvanometer nach Agnew.

$$\nu = K \frac{\text{Durchmesser}}{(\text{Länge})^2}\,.$$

Bei Klaviersaitendraht beträgt die Konstante *K* etwa 70 000.

Für Frequenz 60 bzw. 25 Hz wird ein 33 mm langer Draht von 0,1 mm bzw. 0,04 mm ∅ gefordert. Durchschnittswerte der Empfindlichkeit sind aus der Tabelle 14 ersichtlich. Die Empfindlichkeit ist abhängig von der Entfernung der Nadel von den Polschuhen. Ist die Entfernung sehr klein, wird eine hohe Empfindlichkeit erzielt, dabei ist jedoch die Lage der Nadel sehr labil. Die Nadel ist durch ein Glasröhrchen vor Berühren mit den Magneten geschützt. Die Resonanzschärfe beträgt etwa 1%; der Anteil der elektromagnetischen Dämpfung ist dabei sehr gering.

Saitenvibrationsgalvanometer. Die bisher genannten Systeme haben mit Ausnahme des Schleifengalvanometers recht große Selbstinduktionen, die die Verwendung der Vibrationsgalvanometer bei hohen Frequenzen beeinträchtigen. Es liegt daher der Gedanke nahe, das Saitengalvanometerprinzip zu verwenden. Nach einer von Moll[111]) vor wenigen Jahren angegebenen Konstruktion besteht die Saite aus Wolframdraht von 8 cm Länge und 10 μ Durchmesser (50 Ohm Widerstand). Die Einthovensche Konstruktion ist jedoch ohne weiteres für das Vibrationsgalvanometer nicht geeignet, da sich die vibrierende Saite mikroskopisch schlecht beobachten läßt. Diesem Übelstande hat Moll dadurch abgeholfen, daß er in der Mitte der Saite etwas asymmetrisch einen kleinen Spiegel 1,2 · 0,6 mm anbrachte. Wenn die Saite bei ihrer Resonanzfrequenz in Schwingungen gerät, führt der Spiegel entsprechende Rotationsschwingungen aus, die „durch das Trägheitsmoment des Spiegels und durch die Luftdämpfung verursacht werden". Die Saite macht sowohl Transversalals auch Torsionsschwingungen. Gemessen wird nur die Amplitude der Torsionsschwingungen. Infolgedessen ist durch Spannung der Saite nur eine geringe Frequenzabstimmung möglich *). Über Empfindlichkeiten vgl. wieder Tabelle 14.

Zum Schlusse dieses Abschnittes soll noch das Multivibrationsgalvanometer von Rothwell[112]) Erwähnung finden. Diese Konstruktion enthält zwölf Systeme der Drehspultype, deren Eigenfrequenzen in dem Bereich von 128—197 Hz abgestimmt sind wie die Pfeifen einer Orgel.

Verwendungsgebiet des Vibrationsgalvanometers und des Telephons.

Das Vibrationsgalvanometer und das Telephon dienen zum Nachweis sehr schwacher Wechselströme und Wechselspannungen. Beide Instrumente werden vorzugsweise als Nullgalvanometer für Brücken-

*) Die äußere Ausführung entspricht dem Torsionsfadengalvanometer S. 159.

messungen und Kompensationsmethoden verwendet. Bei dem Vibrationsgalvanometer ist es neben der Linearität der Ausschläge noch ein zweiter Gesichtspunkt, der das Instrument als Nullinstrument besonders geeignet macht. Bei Stromdurchgang folgt der Lichtzeiger den Richtungswechseln des Stromes und der gleichsinnigen Bewegung der Spule, so daß bei genügend hoher Frequenz (über 16 Hz) ein feststehendes Lichtband vorgetäuscht wird. In Abb. 57 ist ein solches Lichtband wiedergegeben *). Bei großen Amplituden und niederen Frequenzen erscheint das Lichtband am Rande etwas heller, da die Randstellen

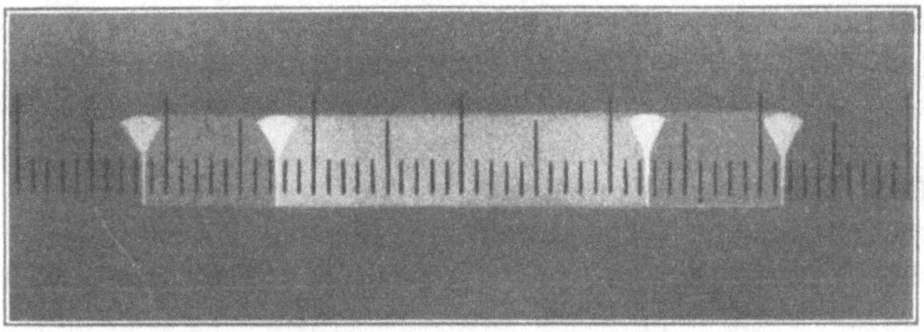

Abb. 57. Lichtband eines Vibrationsgalvanometers.

von dem Lichtfleck in rascherer Folge getroffen werden als die mittleren Teile. Entwirft man von dem in Ruhe befindlichen System einen scharf umgrenzten Lichtfleck auf einer Mattscheibe, dann erscheinen bei Stromdurchgang zunächst die Ränder verschwommen. Das Auge zeigt sich als außerordentlich empfindlich gegen diese Veränderungen, so daß mit dem bloßen Auge kleinere Ströme nachweisbar werden als sie einer Ablenkung von $^1/_{10}$ mm entsprechen. Vorbedingung ist allerdings ein nicht zu kleiner Spiegel.

Vergleich von Vibrationsgalvanometer und Telephon. Der bequemeren Handhabung und der billigeren Anschaffungskosten wegen wird man in der Praxis dem Telephon zumeist den Vorzug geben, zumal in bezug auf Empfindlichkeit keine wesentlichen Unterschiede bestehen. Einige Vorzüge des Vibrationsgalvanometers sichern diesem jedoch eine stetig wachsende Verbreitung, die nicht nur auf wissenschaftliche Messungen beschränkt ist. Als Vorzüge des Vibrationsgalvanometers gegenüber dem Telephon sind zu nennen:

1. Die Freiheit von subjektiven Fehlern.

2. Größerer Frequenzbereich; auch in niederen Frequenzbereichen brauchbar, wo das Telephon versagt.

*) Bei Ausschlagsmessungen gilt die Breite des Lichtbandes als Maß für die Stromstärke.

3. Die Unempfindlichkeit gegen Oberschwingungen.

Der letzte Punkt ist von besonders praktischer Bedeutung. Der Meßstrom braucht nicht rein sinusförmig zu sein. Eine besonders teure Stromquelle, wie z. B. die Hochfrequenzmaschine, kann fortfallen. Die gesamte Anlage — Galvanometer + Stromquelle — stellt sich durchaus nicht teurer, ein Umstand, der bei Neueinrichtungen von Laboratorien Beachtung finden sollte.

In diesem Zusammenhang soll noch ein anderes Anwendungsgebiet des Vibrationsgalvanometers erwähnt werden. Ist das Galvanometer sehr schwach gedämpft, dann zeigt es sich sehr empfindlich gegen Frequenzänderungen. Das Vibrationsgalvanometer kann so bei konstantem Strome zur Messung von Frequenzschwankungen benutzt werden. Weibel[112a]) hat auf diesem Wege Frequenzänderungen von $1 \cdot 10^{-6}$ Hz nachweisen können.

Das Vibrationsgalvanometer spricht auch auf Gleichstrom an. Wegen der geringen Gleichstromempfindlichkeit kommt es jedoch für derartige Messungen nicht in Frage und kann hier nur von Vorteil sein, wenn es auf sehr kurze Einstellzeiten ankommt.

B. Elektrodynamometer.

Elektrodynamometer mit Eigenstrom- und Fremdstromerregung. — Elektrodynamometer mit synchron erregtem Magnetfeld. — Bellati-Dynamometer.

Elektrodynamometer mit Eigenstrom- und Fremdstromerregung. Mit einer kleinen prinzipiellen Abweichung können wir das Drehspulgalvanometer auch für Wechselstrom verwenden. Erzeugt man das Magnetfeld nicht durch einen permanenten Magneten, sondern durch eine (feststehende) Spule und beschickt diese mit demselben Wechselstrom wie das bewegliche System, dann ruft offenbar auch Wechselstrom eine Ablenkung hervor, da bei jedem Richtungswechsel sowohl das feste wie das bewegliche Magnetfeld seine Polarität ändert. Die dynamische Galvanometerkonstante ist proportional der Galvanometerfunktion (Definition wie S. 82) und proportional dem Meßstrom i; somit ist eine kleine Ablenkung φ bestimmt durch

$$\varphi = \frac{(G \cdot i) \cdot i}{D}.$$

Die Ablenkung φ und damit die Empfindlichkeit wächst also proportional dem Quadrate der Stromstärke. Im übrigen gelten bezüglich Richtkraft und Galvanometerfunktion die uns schon bekannten Richtlinien.

Die dynamische Galvanometerkonstante wird bei den Luftspulen sehr klein sein, sie wird von derselben Größenordnung sein, wie wir sie bei den Spulen der Drehmagnetgalvanometer gefunden haben. Da man auf diese Weise keine ausreichenden Empfindlichkeiten erhält, sucht man das Feld durch besondere Erregung mit dem durch die Drahtstärke gegebenen höchst zulässigem Strom oder durch Verwendung eines Eisenkerns zu verstärken.

Beschreibung einiger Ausführungsformen. Die Firma Siemens u. Halske stellt ein Dynamometer her, das von Frölich im Anschluß an Weber angegeben wurde (vgl. Abb. 58). Bemerkenswert an dieser Anordnung ist die Form der beweglichen Spule; diese bildet eine Kugel, die konzentrisch in dem Hohlraum der äußeren Spule sitzt. Die feste Spule besteht aus zwei zusammenschiebbaren Hälften. Durch diese Anordnung wird erreicht, daß die Galvanometerfunktion in gewissen Grenzen unabhängig vom Ausschlage wird und eine verhältnismäßig einfache Form annimmt. Das Instrument kann mit Gleichstrom geeicht werden. Um etwaige magnetische Felder in ihrer Wirkung auszuschalten, muß die Eichung bei gewendetem Gleichstrom erfolgen. Zur Vermeidung von Wirbelströmen besitzt das Instrument möglichst wenig Metallteile; die Armatur ist aus Stein und Elfenbein. Wegen der schwachen elektromagnetischen Dämpfung besitzt das System eine Luftdämpfung. Das Instrument kann mit Spulen verschiedener Ohmwerte und verschiedener Selbstinduktionswerte geliefert werden. Die bei Eigenstrom- und Fremdstromerregung erreichbaren Empfindlichkeiten sind in Tabelle 15 zusammengestellt.

Abb. 58. Elektrodynamometer nach Frölich (S. u. H.).

Ganz andere Formen besitzen die Spulen in dem Spiegelelektrodynamometer der Fa. Hartmann & Braun. Die bewegliche Spule ist schmal und flach, sie kann in dem engen Innenraume zweier feststehender Spulen nur eine kleine Drehung ausführen, so daß der Ausschlag bei 1 m Skalenabstand über 40 cm nicht hinausgehen kann. Das Instrument besitzt eine recht hohe Empfindlichkeit, vgl. Tab. 51. Erdmagnetische Felder sind daher von stärkerem Einfluß und es ist notwendig, das Instrument gegen diese Felder zu schützen. Hierzu dient ein aus Blechen aufgeschichteter Panzer (s. Abb. 59). Um Drehkräfte elektrostatischer Natur auszuschalten, sind die benachbarten Teile sämtlicher Spulen mit Staniolbelägen versehen, die untereinander lei-

Abb. 59. Elektrodynamometer d. Fa. Hartmann & Braun (rechts mit abgehobenem Panzer).

tend verbunden sind. Eine besondere Dämpfung ist nicht erforderlich. Die Luftdämpfung gibt nahezu aperiodische Einstellung.

Drehspulgalvanometer mit synchron erregtem Magnetfeld.

Sucht man die Wirkung der festen Spule durch Eisen zu verstärken, dann ist man prinzipiell bei dem Drehspulgalvanometer angelangt. E. Weibel [117]) hat ein solches Galvanometer beschrieben, das

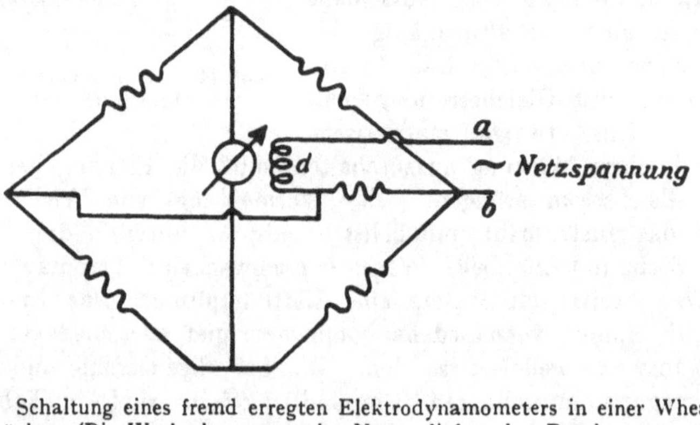

Abb. 60. Schaltung eines fremd erregten Elektrodynamometers in einer Wheatstoneschen Brücke. (Die Wechselspannung des Netzes liefert den Brückenstrom und den Erregerstrom.)

nach seinen Angaben von der Firma Leeds u. Northrup hergestellt wird. Der Aufbau entspricht vollständig dem Drehspulgalvanometer. An Stelle des permanenten Magneten tritt ein Elektromagnet (1 Watt Energieverbrauch) mit lamelliertem Eisenkern. Abb. 60 zeigt die Schaltung dieses Galvanometers in einer Wheatestoneschen Brücke. An die Punkte *a* und *b* wird das Wechselstromnetz (110 Volt, 50 Hz) angeschlossen. Ein Teil der Spannung dient zur Speisung der Brücke; der Netzstrom geht außerdem durch die Wicklung *d* des Elektromagneten.

Da die Empfindlichkeit proportional dem cosinus der Phasenverschiebung φ zwischen Meßstrom und Erregerstrom ist, müssen Induktivitäten und Kapazitäten der Brücke nach Möglichkeit ausgeglichen werden.

Die mit dem Instrument erreichbare Empfindlichkeit ist wiederum in Tabelle 15 angegeben. Das Galvanometer kann auch mit anderen Spulen ausgerüstet werden. — Weibel hat in seiner Originalarbeit ausführlich die Arbeitsweise dieses Galvanometers behandelt und Konstruktionsrichtlinien hergeleitet. Über praktische Erfahrungen mit diesem Instrument sind mir keine Veröffentlichungen bekannt.

Bellati-Dynamometer.

Mit einer konstruktiv unwesentlichen Abänderung kann auch das Drehmagnetgalvanometer zur Messung von Wechselströmen herangezogen werden. Man hat dafür zu sorgen, daß nicht nur das magnetische Feld, sondern auch die Richtkraft bei jedem Polwechsel die Richtung umkehrt. Das ist nach Bellati und Gilthay durch folgende Anordnung erreicht:

Wir gehen aus von einem Gehänge eines Drehmagnetgalvanometers, nehmen aber statt der Magnetnadeln Weicheisendrähte und ordnen diese so an, daß sie mit ihrer Längsachse einen Winkel von 45° mit der Spulenachse bilden. Wird die Spule vom Strom durchflossen, dann wirkt die Komponente in Richtung der Längsachse des Drähtchens magnetisierend, die dazu senkrechte als Richtkraft. Beide Komponenten drehen bei Polwechsel ihre Richtung um.

Neuerdings hat Pfeiffer [118]) die Empfindlichkeit eines solchen Bellati-Dynamometers wesentlich dadurch erhöht, daß er als Eisenmaterial für die Drähtchen Permalloy verwendete und die dynamische Galvanometerkonstante der Spule durch einen Eisenkern erhöhte. Bei dem empfindlichsten System war die Nadel 0,1 mm dick und 3 mm lang. Sie war mit Schellack am oberen Ende eines weniger als 0,1 mm starken Glasröhrchens aufgeklebt, dessen unteres Ende einen quadratischen Spiegel von 1 × 1 mm trug. Die von Pfeiffer erreichte Empfindlichkeit ist in Tabelle 15 unter Nr. 6 angegeben. Bei niederen Frequenzen ist die Empfindlichkeit kleiner als bei den anderen Dynamometern. Dafür bleibt sie in einem Frequenzbereich von einigen 100 Hz bis etwa 12 000 Hz konstant, da die Kapazität und Induktivität der Spule sehr klein gehalten werden kann.

Tabelle 15.
Elektrodynamometer.

Nr.	Hersteller Listennummer	Stromempfindlichkeit Σ_i bei Hintereinanderschaltung der festen und bewegl. Spule	Stromempfindlichkeit Σ_i b. maximaler Fremderregung	Höchst zulässiger Strom in der festen Spule in Ampere	Feste Spule Widerstand Ohm	Feste Spule Selbstinduktion Henry	Bewegl. Spule Widerstand Ohm	Bewegl. Spule Selbstinduktion Henry	Prinzip
1	Leeds & Northrup 2570	—	200	0,1	100	—	—	—	Drehspulgalv. nach Weibel [117]
2	Hartmann — Braun 378 a	0,12	500	0,03	1000	0,8	500	0,025	Dynamometer mit 5 kg schwerem Eisenpanzer
3	„	0,016	80	0,3	8	0,008	8	0,00025	„ „ „
4	Siemens & Halske 2467	0,03	50	0,1	300	0,3	1000	0,04	eisenfreies Dynamometer nach Froelich (114)
5	Siemens & Halske 2473	—	0,1	0,4	0,4	0,00002	15	0,00004	„
6	(Bellati-Gilthay) —	6	—	—	1000	—	—	—	nach A. Pfeiffer [118] mit Elekromagnet

C. Die auf thermischen Wirkungen beruhenden elektrischen Instrumente.

Die verschiedenen Arten von Hitzdrahtinstrumenten. — Spiegel-Hitzdrahtgalvanometer. — Thermogalvanometer. — Thermokreuz. — Vakuumthermoelement. — Die erreichbaren Empfindlichkeiten.

Die verschiedenen Arten von Hitzdrahtinstrumenten. Beim Durchgang des elektrischen Stromes durch Leiter wird Joulesche Wärme erzeugt. Die auf diese Weise hervorgerufene Wärme äußerst sich in recht verschiedenen Wirkungen. Diese Wirkungen stehen in verhältnismässig einfacher Beziehung zu der Stärke des elektrischen Stromes. Sie alle können daher zur Strommessung herangezogen werden. Die wichtigsten Erscheinungen, die von der Stromwärme hervorgerufen werden, sind folgende:

Abb. 61. Hitzdrahtspiegelgalvanometer d. Fa. Hartmann & Braun.

1. Die Volumenänderung eines von Hitzdraht erwärmten Gases.
2. Die elektrische Widerstandsänderung des Heizdrahtes.
3. Die Längsausdehnung des Drahtes.
4. Die Thermokraft eines durch die Stromwärme erwärmten Thermoelements.

Große Empfindlichkeiten erreicht man mit all diesen thermischen Anordnungen nicht. So benötigen die Hitzdrahtluftthermometer, die die erste Wirkung zur Strommessung benutzen, einen Wattverbrauch von etwa 25 Milliwatt für 100 mm Änderung (vgl. die Tabelle 16, S. 151). Etwas günstiger liegen schon die Energieverhältnisse bei der Widerstandsänderung durch Temperaturerhöhung, hier beträgt die erforderliche Energie $1 \cdot 10^{-4}$ Watt.

Spiegelhitzdrahtgalvanometer. Eine weit größere Verbreitung haben die Hitzdrahtinstrumente erreicht, die von der an dritter Stelle genannten Wirkung Gebrauch machen. Diese Hitzdrahtinstrumente sind bis zu höchster Vollkommenheit durchgebildet worden. Ihr Hauptanwendungsgebiet ist jedoch die Messung stärkerer hochfrequenter Ströme. Das empfindlichste Instrument dieser Konstruktion wird von der Firma Hartmann u. Braun hergestellt (siehe das Hitzdrahtspiegelgalvanometer Abb. 61). Mit diesem Galvanometer läßt sich folgende Empfindlichkeit erreichen: Bei 1 m

Skalenabstand bewirkt 3 mA einen Ausschlag von etwa 1 mm. Die Skala hat einen angenähert quadratischen Verlauf.

Die Konstruktion ist prinzipiell von dem in der Technik gebräuchlichen Hitzdrahtzeigergalvanometer nicht verschieden. Einzelheiten über den Aufbau siehe in der Originalarbeit von K. E. Schmidt [123]).

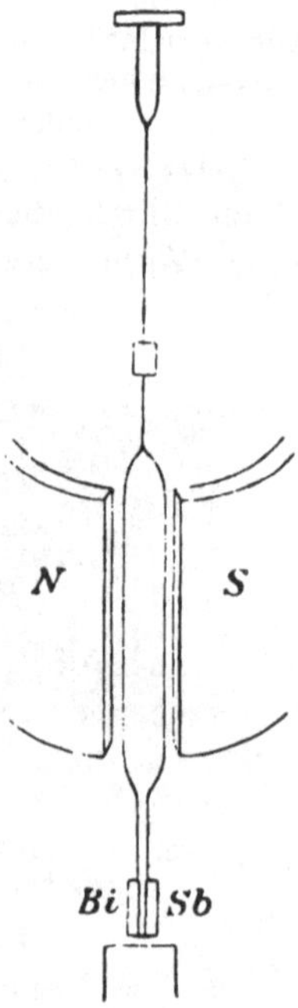

Abb. 62 a. Thermogalvanometer nach Duddell (Prinzipschema).

Thermogalvanometer. Die empfindlichsten Instrumente benutzen die an vierter Stelle angegebene Wärmewirkung des elektrischen Stromes. Von den verschiedenen durchgebildeten Konstruktionen ist an erster Stelle das Thermogalvanometer nach Duddell zu nennen. Die vom Heizdraht ausgestrahlte Wärme wirkt auf ein Thermoelement, das als geschlossene Schleife das System eines Drehspulgalvanometers bildet (vgl. Abb. 62 a). Hier ist zwar die Wirkung des Heizdrahtes auf das Thermoelement gering, da die Wärmeenergie erst durch Leitung und Strahlung auf das Thermoelement übertragen wird. Die schließlich erzeugte thermoelektrische Kraft dagegen wird in idealer Weise in Bewegungsenergie umgesetzt. In einer von der Firma Cambridge herausgebrachten Konstruktion (vgl. Abb. 62 b) kann das Galvanometer mit Heizdrähten von verschiedenen Widerstandswerten ausgerüstet werden. Bei den hochohmigen Drähten ist die Wärmeentwicklung und damit die Stromempfindlichkeit am größten, dafür sinkt hier die Spannungsempfindlichkeit des Thermogalvanometers. In Tabelle 16 sind für einige Heizdrähte die Empfindlichkeiten angegeben.

Abb. 62 b. Thermogalvanometer nach Duddell (äußere Ausführung).

Thermokreuz. Eine bessere Ausnutzung der Wärmeenergie erreicht man durch mechanische Verbindung des Thermoelements mit dem Heizdraht. Diese Anordnung geht auf J. Klemencic [124]) zurück, der die beiden dünnen Konstantandrähte einfach mit einem Eisendraht verschlungen hatte; zur besseren Verbindung wurden beide Fäden leicht gespannt. Der Gleich- und Wechselstromkreis sind aus Abb. 63a ersichtlich. Sowohl die Wechselstrombahn als auch die Gleichstrombahn bestehen aus den beiden Metallen bzw. Metallegierungen Eisen und Konstantan. Das Instrument kann nicht mit Gleichstrom geeicht werden, da wegen des Peltiereffekts die Werte für die beiden Stromrichtungen zu stark auseinanderliegen. Diese Schwierigkeit vermeidet die Konstruktion nach Voege. Die Wechselstrombahn besteht hier nur aus einem Metall (Platin). Ein Thermoelement ist mit einem Punkte des Platindrahtes verlötet (s. Abb. 63 b). Kleine Unterschiede in den thermoelektrischen Kräften beider Stromrichtungen treten auch hier auf: Da die Lötstelle kein mathematischer Punkt ist, kommt der kleine Spannungsabfall des Platindrahts, der mit in der Gleichstrombahn liegt, zum Ausdruck. Die auftretenden Unterschiede der Ausschläge bei gewendetem Gleichstrom sind aber so gering, daß das Mittel aus beiden Ausschlägen als hinreichend genaue Basis für die Wechselstrommessungen gelten kann.

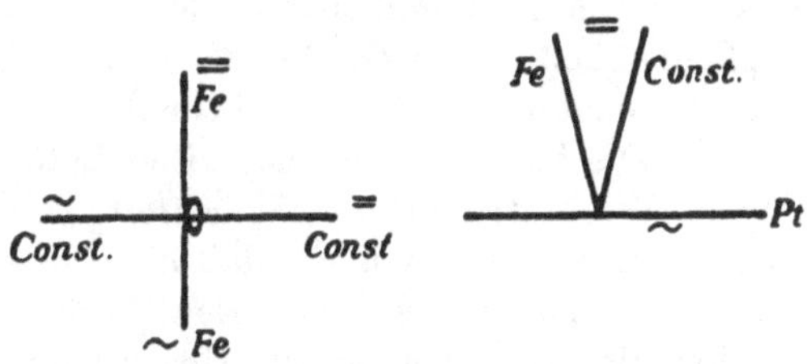

Abb. 63. Thermokreuz
a) nach Klemencic b) nach Voege.

Abb. 64 a. Vakuumthermoelement (S. u. H.).

Für stromempfindliche Hitzdrahtthermoelemente wird man wieder wie beim Thermogalvanometer sehr dünne Heizdrähte verwenden. Es werden auch hier Heizdrähte mit verschiedener Ohmzahl eingesetzt. Das Thermoelement besteht meist aus der Kombination von Eisen und Konstantan. Die mit der soeben beschriebenen Anordnung erreichbare Empfindlichkeit ist wieder in Tabelle 16 angegeben.

Vakuumthermoelement. Durch Einbringen des Thermokreuzes im Vakuum kann die Empfindlichkeit noch weiter gesteigert werden.

Abb. 64 b. Vakuumthermoelement d. Fa. Cambridge.

Die Abb. 64 a und 64 b geben die äußere Ausführung solcher Vakuumthermoelemente der Firmen Siemens u. Halske und Cambridge wieder. Die Empfindlichkeit hängt natürlich von der Spannungsempfindlichkeit des benutzten Gleichstrominstruments ab. Im allgemeinen benutzt man ein hochempfindliches Zeigergalvanometer wie S. 74. Die hiermit erreichbare Empfindlichkeit beträgt etwa 1 Milliampere Wechselstrom pro Skalenteil des Gleichstromgalvanometers. Zu berücksichtigen ist noch, daß der Ausschlag ungefähr quadratisch mit der Stromstärke wächst. Den Wechselstrommessungen hat daher zweckmäßig eine Eichung mit Gleichstrom vorauszugehen.

Zur weiteren Steigerung der Empfindlichkeit hat man mehrere Thermoelemente so kombiniert, daß sich die thermoelektrischen Kräfte in ihrer Wirkung addieren. Solche Vielfachschaltungen sind angegeben worden von Wertheim-Salomonson [128]), Schering [131]) und Moll.

Die erreichbaren Empfindlichkeiten. Die mit allen diesen Anordnungen erreichbaren Empfindlichkeiten sind in Tabelle 16 (S. 151) zusammengestellt. Die Übersicht zeigt, daß die mit den thermischen Instrumenten erreichbaren Empfindlichkeiten um mehrere Größenordnungen hinter den anderen Wechselstrominstrumenten zurückbleiben, auch ist die Trägheit in der Einstellung oft störend. Wenn sie trotzdem größeren Eingang in die elektrische Meßtechnik gefunden haben, so verdanken sie das folgenden Vorzügen:

1. Verschwindende Induktivität und Kapazität, daher können sie bis zu sehr hohen Frequenzen verwendet werden.

2. Sie gestatten die bequeme Eichung mit Gleichstrom.

Als Nachteil dieser Instrumente soll genannt werden, daß sie sehr empfindlich gegen Überlastungen sind.

D. Meßorgane zur Aufzeichnung schnell veränderlicher Vorgänge. (Oszillographensysteme).

Aufgabe der Oszillographen. — Frequenzverhältnis und Dämpfung. — Bedingungen für getreue Wiedergabe von Stromkurven. — Ausführung der Meßschleifen. — Nadeltype, Schleifentype, Dreheisensystem, elektrostatisches System. — Aufnahme hochfrequenter Vorgänge durch langsam schwingende Systeme. — Rheograph von Abraham. — Glimmlicht- und Kathodenstrahloszillograph. — Anwendungsgebiete der Oszillographen.

Aufgabe der Oszillographen. Die bisher genannten Gruppen von Wechselstrominstrumenten dienten zur Ermittlung der effektiven Stromstärke. Sehr oft liegt aber die Aufgabe vor, den ganzen Verlauf der Wechselstromkurve zu kennen. Die Meßgeräte, die dieser Aufgabe dienen, nennt man Oszillographen.

Frequenzverhältnis und Dämpfung. Um die Konstruktion der verschiedenen Meßsysteme zu verstehen, müssen wir zu der Frage Stellung nehmen, welche Eigenschaften ein bewegliches System besitzen muß, wenn es schnell veränderlichen Vorgängen (Wechselströmen im allgemeineren Sinne) getreu folgen soll. Wir wollen die Antwort auf diese Frage kurz vorweg nehmen: Ein Oszillographensystem, das die Stromamplitude in jedem Zeitpunkt richtig wiedergeben soll, muß eine Eigenfrequenz besitzen, die weit höher ist, als die höchste Frequenz, die in dem aufzuzeichnenden Vorgang enthalten ist. Wir wissen, daß die elektromagnetischen Systeme mit steigender Eigenfrequenz elektrisch unempfindlicher werden. Im Interesse einer hohen Empfindlichkeit kann es uns also nicht gleichgültig sein zu wissen, welche kleinste Frequenz das System haben darf, um einen Vorgang bestimmter Struktur aufzuzeichnen. Wir werden also versuchen müssen, eine quantitative Antwort auf die eingangs gestellte Frage zu finden.

Bedingungen für getreue Wiedergabe von Stromkurven. Zu diesem Zwecke gehen wir aus von dem schon beim Vibrationsgalvanometer angestellten Überlegungen. Die in Abb. 45 dargestellte Kurvenschar gab uns die Empfindlichkeiten eines Meßsystems unter dem Einfluß eines Wechselstromes bestimmter Frequenz bei verschiedenen Dämpfungsgraden. Aus diesen Kurven lesen wir unmittelbar ab, daß die Amplitude streng genommen nur für das Frequenzverhältnis $\eta = 0$ richtig wiedergegeben wird; die Eigenfrequenz der Meßschleife muß also unendlich groß sein im Verhältnis zur Frequenz des Wechselstromes. Läßt man jedoch einen auch noch so kleinen Amplitudenfehler zu, dann darf man das Frequenzverhältnis viel günstiger wählen, wenn man gleichzeitig einen passenden Dämpfungsgrad α einstellt. Man erkennt ohne weiteres, daß der Spielraum für die Größen η und α um so größer wird, je geringer die geforderte Genauigkeit ist. Auch hier können wir aus der Kurvenschar lesen, daß Dämpfungsgrade zwischen 0,5 und 0,7 am günstigsten sein müssen, da diese Kurven sich bis zu hohen Werten von η stets an dem Ordinatenwert 1 halten. Der aperiodische Grenzfall ist also durchaus nicht, wie vielfach angenommen, der günstigste.

Um die genauen Werte für den zulässigen α und η-Bereich zu bestimmen, benutzen wir Formel (9) S. 122. Ist der Sollwert der Amplitude gleich ψ, die vom Galvanometer aufgezeichnete Amplitude gleich φ, dann gilt für die Genauigkeit von $n\%$

$$\frac{\psi - \varphi}{\psi} = \pm \frac{n}{100}$$

Errechnet man hieraus für verschiedene Genauigkeiten die η- und α-Werte, dann erhält man eine Kurvenschar nach Abb. 65.

Aus diesen Überlegungen gewinnt man folgende Richtlinien:

Ein Oszillograph mit 12000 Hz kann zur Aufnahme harmonischer Schwingungen bis ungefähr 500 Hz verwendet werden, wenn die Dämpfung auf den aperiodischen Grenzfall eingestellt ist und die Schwingungen mit einer Genauigkeit von 1% wiedergegeben werden sollen. Wie man aus den Kurven weiter sieht, kann der Oszillograph

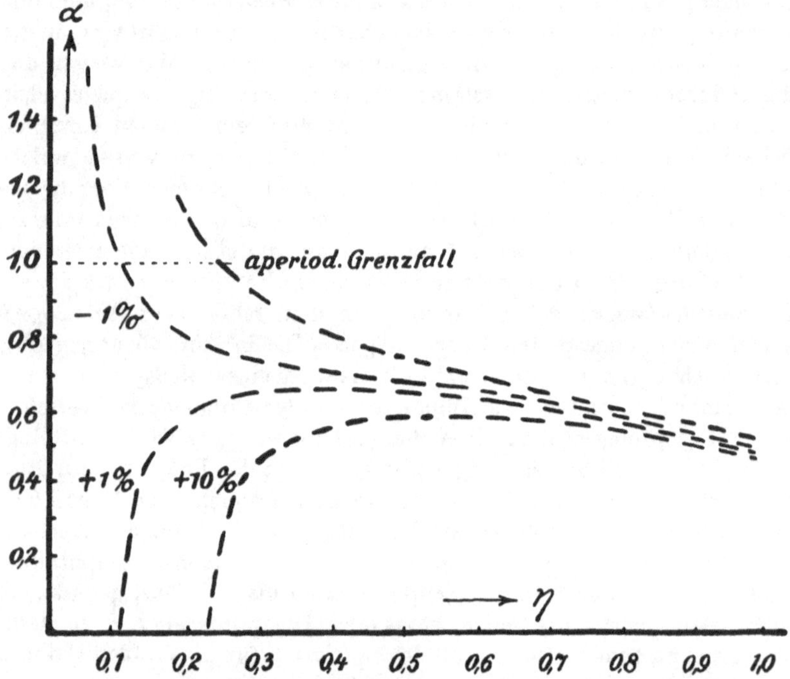

Abb. 65. Kurven gleichen Fehlers.

mit derselben Schleife bis zu 7000 Hz verwendet werden, wenn man auf die günstigste Dämpfung $a = 0{,}65$ einstellt. Es dürfen sogar noch höhere Frequenzen vorkommen, wenn diese als höhere Harmonische auftreten und dann im allgemeinen nur geringe Amplituden besitzen im Vergleich zur Grundschwingung. In solchen Fällen kann man sich bei der Wiedergabe höherer Harmonischer mit einer Genauigkeit von vielleicht 10% begnügen.

Bei unstetigen Vorgängen lassen sich keine scharfen Richtlinien angeben. Nach Zöllich [143]) muß die Eigenfrequenz ω_0 so hoch wie möglich gewählt werden. Die günstigsten Dämpfungsgrade liegen bei $a = 0{,}7$ bis $a = 1$, je nachdem es sich um Sprünge, Ecken oder Knicke des aufzuzeichnenden Vorganges handelt.

Die verschiedenen Oszillographensysteme.

Allgemeine Konstruktionsrichtlinien.

Für den Bau von Oszillographensystemen ergeben sich aus den theoretischen Überlegungen folgende Gesichtspunkte:

1. Bei hoher Eigenfrequenz des Systems muß dieses eine möglichst hohe elektrische Empfindlichkeit besitzen.

2. Die Dämpfung muß in dem Gebiet von $a = 0{,}5$ bis 1 regelbar sein.

Daß man zur Herstellung der hohen Eigenfrequenz mit der Reduktion des Trägheitsmomentes so weit wie möglich geht, um die die Empfindlichkeit schwächende Richtkraft nur in dem notwendigen Maße zu erhöhen, ist selbstverständlich. Eine Schwierigkeit besteht stets darin, den kleinen Spiegel so gut aufzukitten, daß er bei den hohen Frequenzen und infolgedessen auch hohen Winkelgeschwindigkeiten verzerrungsfrei arbeitet.

Die Entwicklung der Oszillographensysteme ist im großen und ganzen den gleichen Weg gegangen, wie wir ihn bei den Gleichstromgalvanometern kennen gelernt haben. Die ersten Oszillographensysteme wurden nach dem Nadel- bzw. Drehmagnettypus um 1892 von Blondel [134]) gebaut. Später (1897) wurde durch Duddell der am meisten

Tabelle 16.

Thermische Instrumente.

Nr.	Art des Instruments	Widerstand Ω	Empfindlichkeit	Wattverbrauch	Hitzdrahtmaterial	Bemerkungen
1	Hitzdrahtluftthermometer	34	0,024 Amp. für 100 mm	247.10^{-4}	Manganin 20 μ Ø 3,6 cm Länge	
2	Hitzdrahtspiegelgalvanometer (Hartmann u. Braun)	10	0,06 Amp. für 100 mm	330.10^{-4}		
3	Bolometer	2,2	0,002 Amp. für 100 mm	$0{,}09.10^{-4}$	Eisendraht 20 μ	evakuiert
4	Thermogalvanometer	100 14000	6 80 } für 100 mm	$0{,}06.10^{-4}$	Platin auf Glas	
5	Vakuumthermoelement nach Voege	3,6	0,013	$5{,}68.10^{-4}$	Platin 20 μ	Thermoelement Eisen-Konstantan.

Anm. Daten zum Teil entnommen aus [5 a].

verwendete Schleifentypus eingeführt. Man kennt weiter Meßsysteme, die von dem Saitenprinzip und von dem Dreheisenprinzip Gebrauch machen*). Bei den letzteren Systemen ist das bewegliche System ein Weicheisenstück, das durch einen feststehenden Magneten magnetisiert wird. Für hochgespannte Vorgänge hoher Frequenz ist das elektrostatische System erfolgreich benutzt worden.

Die Drehspultype scheidet für höhere Frequenzen aus. An dem auf S. 42 beschriebenen Kardiographensystem ist gezeigt worden, wie weit man hier bezüglich Frequenz und Empfindlichkeit kommen kann. Langsam schwingende Drehspulgalvanometer hoher Stromempfindlichkeit können jedoch bei Verwendung bestimmter Hilfsschaltungen zur Wiedergabe rasch veränderlicher Vorgänge verwendet werden (Rheograph von Abraham). Auch kann man im Prinzip ein an sich ungeeignetes System (also mit zu niedriger Frequenz) zur Aufzeichnung hochfrequenter Kurven benutzen, wenn man an den Kurven betimmte Korrektionen anbringt; doch ist dieser Weg so umständlich, daß er praktisch nur im Einzelfalle beschritten werden kann. Näheres siehe S. 160.

Drehmagnetsysteme (Nadeltype). In einer Ausführung, die von Blondel angegeben ist, erzeugen Elektromagnete (8 Watt Erregung) mit trapezförmigen Polschuhen in einem Luftraum von 35 mm Höhe bei 5 · 5 mm Querschnitt ein kräftiges Magnetfeld. Zu beiden Seiten der Polschuhe befinden sich zwei Spulen, die von dem zu untersuchenden Wechselstrom durchflossen werden. Die Spulen sind auswechselbar, ihr Widerstandswert kann der Schaltung angepaßt werden. Die günstigen Wicklungen jedoch müssen eine hohe Windungszahl besitzen und haben infolgedessen auch eine hohe Selbstinduktion, was sich besonders bei hohen Frequenzen störend bemerkbar macht. Bewegliche Systeme mit größerer Eigenfrequenz bestehen aus 0,2 bis 0,3 mm breitem und wenige hundertstel mm starkem Eisenband, das zwischen zwei Trägern ausgespannt ist. Die Richtkraft ist zum Teil magnetisch, zum Teil wird sie durch die Torsion des Bandes bewirkt. Die Bandmitte erfährt die größte Drehung, hier ist auch der Spiegel aufgekittet. Mit einem solchen System hat Blondel[134]) eine Eigenfrequenz von 45 000 Hz erreicht.

Ein System mit kleinerer Eigenfrequenz (6—8000 Hz) enthielt einen gespannten Quarzfaden, auf dem in der Mitte eine Nadel von 1,65 mm Länge, 1 mm Breite und 0,07 mm Dicke befestigt war. Mit diesem System wurde eine Empfindlichkeit von $5 \cdot 10^{-5}$ mm/μA erreicht. Der Spulenwiderstand betrug dabei 7 Ohm. Die elektromagnetische

---

*) Über die Verwendung der Saitengalv. als Oszillograph siehe Angerer, Zs. f. Instrkde. 1922. 1.

Dämpfung sowohl wie die Luftdämpfung reichen bei weitem nicht aus, um die erforderlichen Dämpfungsgrade herzustellen. Das System wird daher in Öl geeigneter Zähigkeit eingebracht (s. a. S. 157).

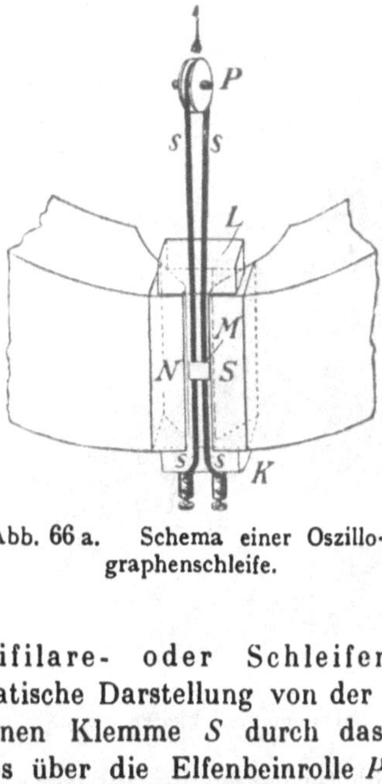

Abb. 66 a. Schema einer Oszillographenschleife.

Abb. 66 b. Oszillographenschleife (S. u. H.).

B i f i l a r e - o d e r S c h l e i f e n s y s t e m e. Abb. 66 a gibt eine schematische Darstellung von der Schleife. Die Strombahn geht von der einen Klemme *S* durch das Band aus Silber, zuweilen Bronze, welches über die Elfenbeinrolle *P* geführt ist, zur anderen Klemme. Bei Stromdurchgang erfahren die beiden Teile der Schleife Ablenkungen verschiedener Richtung, da zwar das Magnetfeld für beide Teile gleiche Richtung hat, die Stromrichtung aber verschieden ist. Liegen die beiden schwingenden Bänder sehr dicht nebeneinander, so entstehen bei kleinen Drehungen Torsionsschwingungen des bifilaren Systems. Erst bei sehr starken Ablenkungen werden die Bänder ausgebaucht, so daß transversale Schwingungen wie beim Saitengalvanometer hervorgerufen werden. Diese Tatsache ist bezüglich der Empfindlichkeit von Bedeutung, da Torsionsschwingungen bestimmter Eigenfrequenz eine geringere Richtkraft erfordern (vgl. a. S. 128). Die Elfenbeinrolle ist durch eine Feder befestigt und hält die Bänder in einer bestimmten Spannung. Durch Anziehen der Feder *f* und Verstellen des Steges kann die Eigenfrequenz der

Schleife geändert werden. Die Spiegelgröße beträgt etwa 0,6 · 0,6 mm. Die Ausführung einer kompletten Meßschleife zeigt Abb. 66 b.

Um mehrere Vorgänge gleichzeitig aufnehmen zu können, setzt man mehrere Meßschleifen nebeneinander. Das magnetische Feld wird für alle Meßschleifen von einem Elektromagneten geliefert. Abb. 67 zeigt eine solche Anordnung mit sechs Meßschleifen. Die beiden Schenkel des Elektromagneten tragen die Erregerwicklung und sind durch ein langes zylindrisches Joch miteinander verbunden. Das Joch

Abb. 67. Magnetgestell mit 6 Oszillographenmeßschleifen (S. u. H.).

enthält Öffnungen, in die die Meßschleifen genau hineinpassen, so daß ein guter magnetischer Schluß erzielt wird. Wird eine Meßschleife entfernt, so muß in die entsprechende Öffnung ein passendes Weicheisenstück eingesetzt werden. In der Abb. 67 ist außerdem noch eine Stimmgabel sichtbar, die, mit einem Spiegel versehen, eine Wellenlinie bestimmter Frequenz auf der Mattscheibe oder dem lichtempfindlichen Papier als Zeitlinie aufschreibt.

Nach dem Schleifensystem werden eine Reihe von Meßschleifen hergestellt, welche verschiedene Eigenfrequenzen und verschiedene Empfindlichkeiten besitzen. In Tabelle 17 sind die Gleichstromempfindlichkeiten, Eigenfrequenzen, Ohmschen Widerstände und Spiegelgrößen sowie die maximal zulässigen Belastungen für einige im Handel erhältlichen Systeme angegeben. Die Magnetfelder der bifilaren Systeme betragen etwa 10 000 Gauß.

Der Vorteil der bifilaren Meßschleifen gegenüber den Drehmagnetsystemen liegt einmal in dem sehr niedrigen Impedanzwiderstand und weiter in der bequemen Auswechselbarkeit der Meßschleifen. Dafür sind die Nadelsysteme robuster in ihrem Aufbau und weniger empfindlich gegen Stromüberlastungen. Doch werden die Nachteile geringer bewertet, so daß fast ausschließlich bifilare Systeme Verwendung finden.

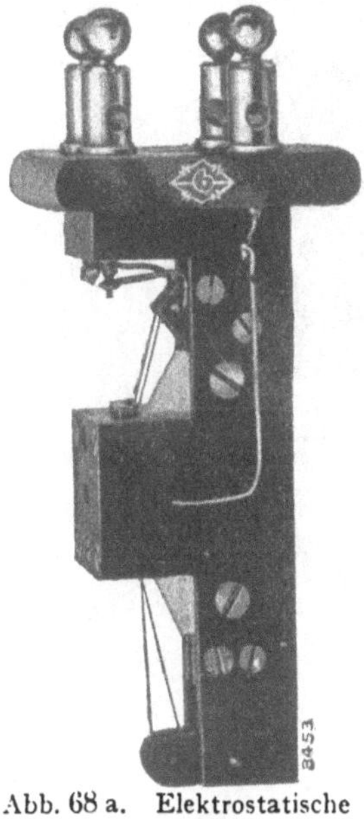

Abb. 68 a. Elektrostatische Meßschleife.

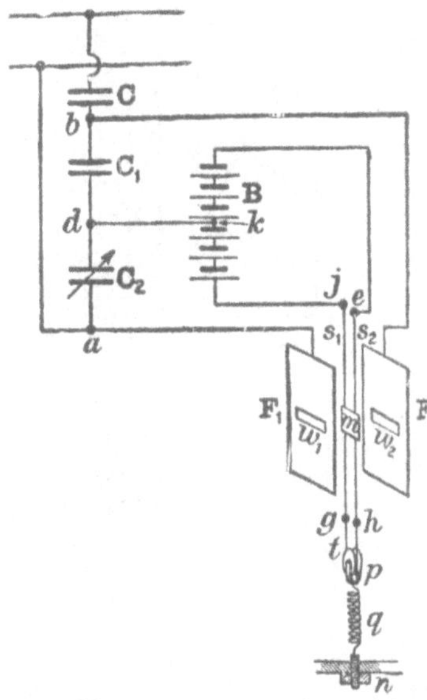

Abb. 68 b. Schaltung eines elektrostatischen Oszillographensystems.

Elektrostatisches Oszillographensystem. Stehen zur Messung hochgespannter Wechselströme hoher Periodenzahl nur sehr geringe Energien zur Verfügung, dann versagen die bisher genannten elektromagnetischen Systeme, da die erforderlichen hohen Widerstände nicht genügend induktionsfrei gebaut werden können. Hier kommt man mit einem von Ho und Koto [140]) angegebenen elektrostatischen System weiter.

Der Aufbau dieses Meßsystems gleicht weitgehend der bifilaren Type. Bei einer Ausführung der Firma Cambridge befindet sich zwischen den beiden Feldplatten von 15 · 9 mm Fläche das bewegliche System (vgl. Abb. 68b). Der Abstand dieser beiden Platten beträgt 5 mm. Das bewegliche System besteht aus den beiden Metallbändern S_1 und S_2, die in der Mitte den Spiegel *m* tragen. Die Führung des Bandes ist wie bei dem oben beschriebenen System, nur besteht das Band nicht aus einem Stück, sondern der Teil *g*—*h* der über die Rolle *p* geht, ist ein Seidenfaden, so daß die beiden Bronzebänder voneinander isoliert sind. w_1 ist ein Fenster für den zum und vom Spiegel kommenden Lichtstrahl. Der gleichen Feldverteilung wegen enthält die andere Feldplatte symmetrisch ein zweites Fenster w_2. Das Ganze sitzt in einem Ebonitrahmen von den gleichen Dimensionen wie beim elektroma-

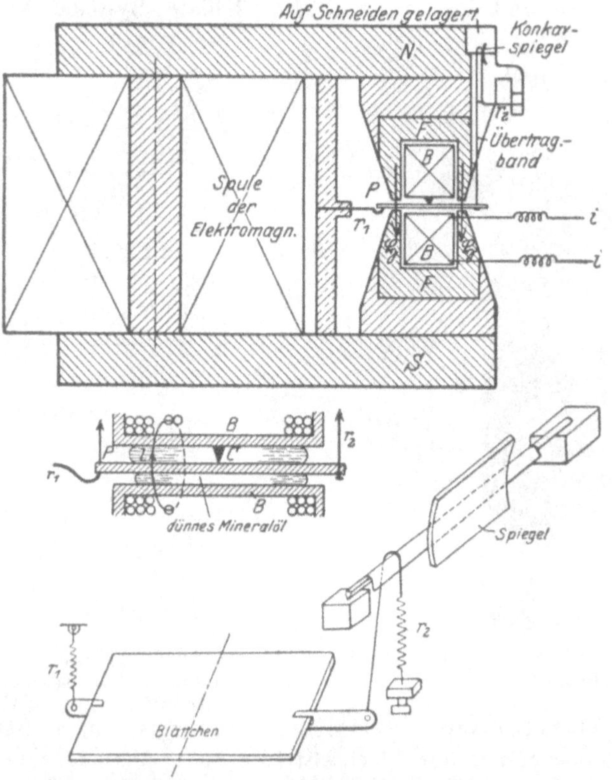

Abb. 69. Dreheisenoszillograph. (Aus „Handbuch der Physik" von Geiger-Scheel, Band 16, Verlag Julius Springer, Berlin.)

gnetischen System, so daß diese für wechselnde Versuche leicht ausgetauscht werden können (vgl. Abb. 68a). Auch das elektrostatische Einsatzsystem wird mit Öl gefüllt; das Öl erweist sich hier in vierfacher Weise sehr nützlich. Einmal sorgt es für die richtige Dämpfung des Systems, zweitens erhöht es die Durchschlagsfestigkeit zwischen den beiden Feldplatten, weiter bewirkt der höhere Brechungsexponent des Öles gegenüber Luft eine Steigerung der scheinbaren Empfindlichkeit und schließlich besitzt das Öl die Eigenschaft, eine nur sehr kleine Phasendifferenz zwischen der aufgedrückten elektrischen Intensität und der Ablenkung des Systems hervorzurufen.

Die Schaltung zum Messen sehr hoher Spannungen ist gleichfalls aus Abb. 68b ersichtlich. Die zu untersuchende Spannung a_0b_0 wird an die Feldplatten F_1 und F_2 gelegt, die Bänder erhalten eine Hilfsspannung aus der Batterie B. Ungleichheiten in Form und Lage der Bänder, die sich bemerkbar machen, sobald sie auf das gleiche Potential gebracht werden und dann einen Ausschlag geben, können durch den Drehkondensator C_2 ausgeglichen werden.

Bei einem Hilfspotential von 400 Volt zwischen den beiden Bändern beträgt die Amplitude etwa 10 mm für 1000 Volt bei 1 m Plattenabstand; die Eigenfrequenz des Systems hat dabei den Wert 3300 Hertz.

Mit dem elektrostatischen System können auch sehr kleine Ströme gemessen werden. Der Spannungsabfall eines sehr großen Widerstandes, durch den der zu messende Strom geschickt wird, wird dann an die Bänder gelegt und die Feldplatten erhalten eine Hilfsspannung von einer Hochspannungsbatterie oder einer Influenzmaschine.

Dreheisenoszillographensystem nach Dubois[145]). Das bewegliche System besteht hier aus einem Weicheisenplättchen von 2 qcm Oberfläche, das zwischen den Polschuhen eines kräftigen permanenten Magneten schwingen kann (vgl. Abb. 69). Die Polschuhe sind zur Vermeidung von Wirbelströmen unterteilt. Die Wechselstromspulen sind ähnlich wie bei dem Drehmagnetsystem angeordnet. Ein Stahldraht genügender Stärke gibt die erforderliche Richtkraft. Fließt ein Strom durch die Spule, dann magnetisiert er das Eisenplättchen in der einen oder anderen Richtung der Längsachse und bewirkt die Drehung gegen die Pole. Weitere Einzelheiten sind aus der schematischen Darstellung Abb. 69 ersichtlich.

Interessant ist hierbei noch die Spiegelübertragung: Der Spiegel sitzt nicht direkt auf dem beweglichen System und kann infolgedessen bequem groß gemacht werden. In der von Dubois beschriebenen Ausführung wird ein Hohlspiegel von 1 cm Länge und 2—3 mm Breite durch ein äußerst biegsames Stahlband mit dem Eisenplättchen verbunden. Durch diese Übertragung allein wird die Winkeldrehung etwa auf das 40fache gesteigert. Die Empfindlichkeiten und die Spulendaten sind wieder aus der Zusammenstellung S. 158 ersichtlich. Die Empfindlichkeiten sind etwa 30 bis 40 mal größer als bei den bifilaren Oszillographen. Als wesentlichster Vorteil aber muß gelten, daß der große Spiegel bei Verwendung einfacher Lichtquellen (Metallfadenglühlampe) Aufnahmen bei höheren Geschwindigkeiten des photographischen Papiers oder des Films gestattet.

Das Dämpfungsöl. Für alle beschriebenen Meßsysteme wird zur Einstellung der richtigen Dämpfung Öl verwendet. Das Öl muß sehr rein und vor allen Dingen säurefrei sein, damit auch jede allmähliche Zerstörung der feinen Systemteile verhindert wird. Es ist zu beachten, daß die Dämpfung stark von der Zusammensetzung des Öls abhängt und bei ein und demselben Öl sich stark mit der Temperatur ändert. Weiter ist zu berücksichtigen, daß das gleiche Öl bei Meßschleifen verschiedener Frequenz und Empfindlichkeit verschiedene Dämpfungsgrade hervorruft. Näheres über diesen Punkt vgl. H. Schering im Handbuch der Physik von Geiger-Scheel S. 328, Bd. 16.

Tabelle 17.
Oszillographensysteme.

Nr.	Type	Eigenfrequenz (ungedämpft) Hz	Gleichstromempfindlichkeit $S_i \times 10^6$	Widerstand Ω	Spiegelgröße	zulässige Strombelastung Amp.
1	Schleife elektromagn.	12000	500	4	1 × 1,5	0,1
2	Schleife elektromagn.	2000	3000	1—2	1×2	0,5
3	„	2000	13000	4,5	1×2	—
4	Schleife elektrostatisch	3300	10 mm/1 KV 400 Volt Hilfsspang.	—	1×2	—
5	elektromagn.	3300	500		1×2	
6	Dreheisen	1200	20000 8....	4000 0,001	10×2	

Torsionsfaden-Galvanometer. Ein ähnliches Prinzip wie beim Schleifengalvanometer wird bei einer Konstruktion verwendet, die von der Firma Kipp & Zonen unter dem Namen Torsionsfaden-Galvanometer hergestellt wird. Das bewegliche System (vgl. Abb. 70) besteht aus einem dünnen Draht *a*, der so auf den Faden aufgebracht ist, daß eine geschlossene Schleife entsteht. Der Windungsteil *a* besitzt einen kleineren Widerstand als der restliche Windungsteil, so daß der größte Teil des durch den Faden geleiteten Stromes durch den Draht *a* geht. In dem starken Felde eines Elektromagneten (etwa 9 Watt Erregung) bewirkt die kurzgeschlossene Windung eine ausreichende elektromagnetische Dämpfung, so daß man hier von Öldämpfung absehen kann. Das Instrument ist hauptsächlich für den Frequenzbereich 15 bis 100 Hz geeignet und kann sowohl als Oszillograph wie auch als Vibrationsgalvanometer verwendet werden. Bei der Eigenfrequenz von 50 Hz wird eine Empfindlichkeit von S_i gleich 3 erreicht. Der innere Widerstand des Systems beträgt dabei nur 10 Ohm, so daß auch die

Spannungsempfindlichkeit dieses Galvanometers recht günstig ist. Die äußere Form dieses Instrumentes ist in Abb. 71 wiedergegeben (s. a. S. 138).

Aufzeichnung hochfrequenter Vorgänge mit langsam schwingenden Galvanometern. (Rheograph.)

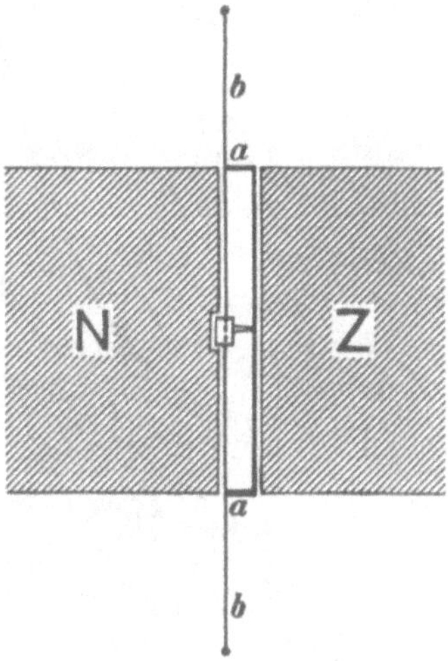

Abb. 70. System zum Torsionsfadengalvanometer.

Es sei ψ der Sollwert der Amplitude und φ der von dem Galvanometer aufgezeichnete Wert. Dann wissen wir, daß diese beiden Größen nicht miteinander übereinstimmen können, wenn die Eigenfrequenz des Galvanometers sehr niedrig liegt. Für jeden Punkt der Kurve aber muß die Beziehung gelten

$$\ddot{\varphi} + 2a\dot{\varphi} + \varphi = \psi.$$

Die beiden Differentialquotienten $\ddot{\varphi}$ und $\dot{\varphi}$ können graphisch ermittelt werden. Aus der Superposition der auf diese Weise bestimmten Kurven kann man die wahre Meßgröße ψ bestimmen. In Abb. 72 ist ein von Zöllich [143]) angeführtes Beispiel wiedergegeben. Große praktische

Abb. 71. Äußere Form des Torsionsfadengalvanometers (Kipp & Zonen, Delft).

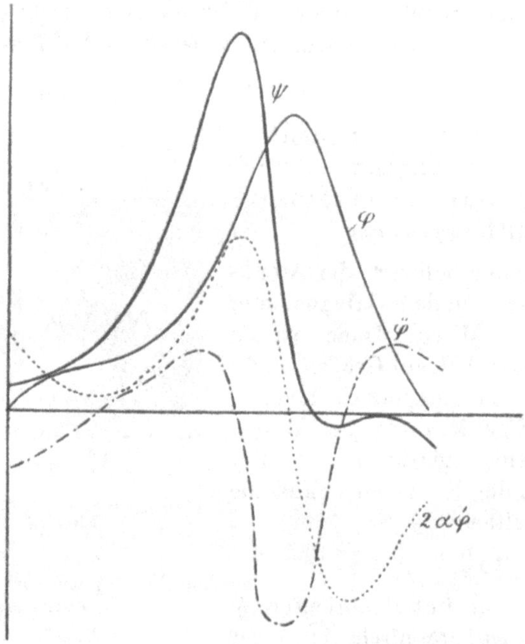

Abb. 72. Zeichnerische Ermittelung des wahren Kurvenverlaufs ψ aus den aufgezeichneten Kurven φ, den beiden Ableitungen $\dot{\varphi}$ und $\ddot{\varphi}$ und dem Dämpfungsgrade .. (Beispiel nach Zöllich.)

Bedeutung kommt diesem Verfahren nicht zu, da es zu umständlich und langwierig sein würde, eine größere Anzahl von Kurven auf diese Weise auszuwerten.

Rheograph nach Abraham. Abraham hat eine fein durchdachte Schaltung angegeben, die die oben genannten Korrektionen gewissermaßen von selbst anbringt. Das Prinzip dieser Schaltung ist kurz

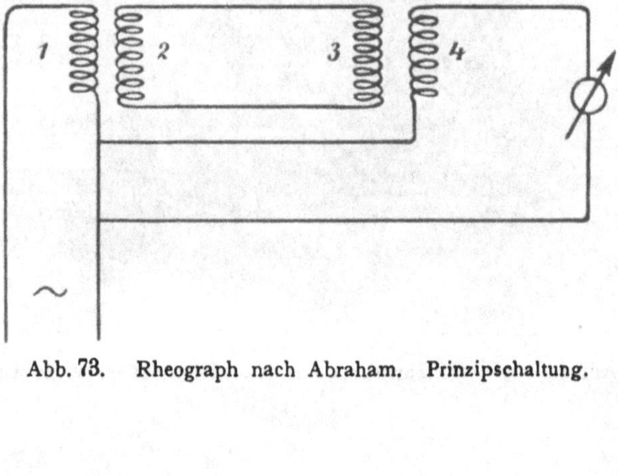

Abb. 73. Rheograph nach Abraham. Prinzipschaltung.

folgendes: Der beweglichen Spule eines Galvanometers kurzer Schwingungsdauer wird der zu untersuchende Wechselstrom zugeführt. Gleichzeitig geht der Strom durch die Spule 1 eines Transformators mit zwei Sekundärwicklungen, vgl. Abb. 73. Die eine davon (4) liegt direkt im Galvanometerkreis, die andere (2) wird nochmals induktiv gekoppelt 2—3—4. Bei dieser Schaltung fließt durch die Galvanometerspule nicht nur der Strom i sondern außerdem noch zwei Teilströme, die proportional $\dot{\varphi}$ (einfache induktive Kopplung) und $\ddot{\varphi}$ (zweimalige induktive Kopplung) sind. Der Proportionalitätsfaktor kann durch den Kopplungsgrad geregelt werden. Dieser muß so eingestellt werden, daß die hochfrequente Kurve durch das langsam schwingende Galvanometer richtig wiedergegeben wird. Ist die Dämpfung des Galvanometers sehr klein, dann fällt natürlich die zweite Korrektion fort und die Schaltung kann wesentlich vereinfacht werden. Die Apparatur wird von der Firma Carpentier, Paris, hergestellt. Neuere Arbeiten, in denen die Arbeitsweise und die Brauchbarkeit näher erläutert wird, sind mir nicht bekannt.

Die bisher beschriebenen Oszillographensysteme werden bei Eigenfrequenzen über 10—15 000 Hz zu unempfindlich. Für höhere Frequenzen wird dann das Glimmlicht oder der Kathodenstrahl zur Aufzeichnung benutzt.

Der Glimmlichtoszillograph nach E. Gehrcke *) besteht aus einem zylindrischen Glasrohr mit zwei 20 cm langen Nickeldrahtelektroden, deren freie Enden in einem Abstand von etwa 1 cm einander gegenüberstehen. Das Rohr ist mit Stickstoff von 6 bis 8 mm Hgdruck gefüllt. Bei 300 Volt setzt die Entladung ein und führt zu einem die Kathode bedeckenden Glimmlicht. Die Länge dieses Glimmlichts wächst proportional der Stromstärke und beträgt bei 40 mA etwa 10 cm. Bei niedrigeren Drucken erreicht man zwar eine höhere Empfindlichkeit, muß diese aber durch einen erheblichen Verlust an Intensität bezahlen. Schickt man Wechselstrom durch das Rohr und beobachtet das Glimmlicht im rotierenden Spiegel, so sieht man Flächen, deren Umgrenzungskurve der Stromkurve entspricht.

Von Nachteil ist die erforderliche hohe Zündspannung. Durch Überlagerung des zu untersuchenden Wechselstromes durch einen konstanten Gleichstrom gelang es, diese Spannung auf 30 bis 40 Volt herabzudrücken. Gehrcke und Engelhardt [119]) [120]) haben dann noch eine weitere Verbesserung angebracht, indem sie den Oszillographen mit einer Verstärkereinrichtung kombinierten. Auf diese Weise ist es gelungen, selbst schwache Mikrophonströme aufzunehmen. Als Vorteil des Glimmlichtoszillographen gegenüber den elektromagnetischen Oszil-

*) Zu beziehen durch Firma Hans Boas, Berlin O, Krautstr.

lographen muß die Verwendungsmöglichkeit für hohe Frequenzen — bis 100.000 Hz — genannt werden. Die Empfindlichkeit ist unabhängig von der Frequenz. Als weiterer Vorteil kann die relative Unempfindlichkeit gegen Überlastungen gelten. Von Nachteil dagegen ist die erforderliche hohe Zündspannung, sowie die geringe Lichtstärke, die höhere Geschwindigkeiten des photographischen Papiers verbietet, und die Schwierigkeit, eine größere Anzahl von Systemen in einer Apparatur zu vereinigen.

Der Kathodenstrahloszillograph. Das Urbild des Kathodenstrahloszillographen ist die seit langem bekannte Braunsche Röhre. Die zu messenden Ströme und Spannungen erzeugen ein elektrisches

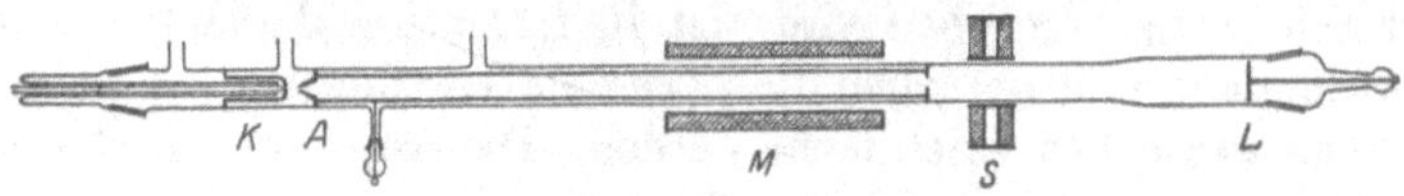

Abb. 73 a. Der Glühkathodenoszillograph von Rogowski-Grösser. (Aus „Keinath, Die Technik elektr. Meßgeräte", Verlag R. Oldenbourg, München.)

oder magnetisches Feld, durch das die Kathodenstrahlen abgelenkt werden. Es würde an dieser Stelle zu weit führen, auf die verschiedenen zum Teil sehr komplizierten Konstruktionen näher einzugehen, und wir wollen hier lediglich die Frage der Empfindlichkeit anschneiden *).

Für eine bestimmte Stromstärke wird die Ablenkung der Kathodenstrahlen umso größer, je geringer die Geschwindigkeit der Elektronen ist. Es gilt die Beziehung $R = \frac{v}{H \cdot \frac{e}{m}}$. Hierin bedeutet R der Krümmungsradius des Kathodenstrahles, v die Geschwindigkeit der Elektronen H das von dem zu messenden Strom erzeugte Magnetfeld und schließlich e/m die spezifische Ladung des Elektrons**). Aus der oben gegebenen Formel läßt sich errechnen, daß bei einer Röhrenspannung von 100 Volt eine Stromstärke von 0,1 Ampere eine Ablenkung von 32 mm hervorruft. Unter 100 Volt kann man nicht heruntergehen, da dann die Schwärzungsfähigkeit der Elektronen rasch abnimmt. Bei diesen niederen Spannungen von 100 Volt kommt nur die Verwendung einer Glühkathodenröhre in Frage, da dieser größere Energien zu geben vermag, als die Anordnung mit kalter Kathode. Abb. 73 a ist eine schematische Darstellung eines von Rogowski und Grösser verwendeten Glühkathoden-

*) Wichtige Literatur über die Entwicklung siehe bei Keinath[5]). S. 413.

**) Näheres über diesen Punkt, sowie über die zu erwartende Spannungsempfindlichkeit bei Anwendung von Kondensatoren siehe W. Rogowski, „Neue Vorschläge zur Verbesserung des Kathodenstrahloszillographen", Archiv für Elektrotechn. IX, 1920, 115—120.

oszillographen. K ist die Glühdrahtkathode, A ist die diaphragmenartige Anode, M sind die Konzentrationsspulen, die für ein scharfes Zeichnen auf dem Leuchtschirm L Sorge tragen und schließlich S bedeuten die Ablenkungsspulen. — Mit einem solchen Oszillographen und unter Verwendung von Beschleunigungsgittern ist es Rogowski u. Sommerfeld neuerdings gelungen, eine einwandfreie Niederschrift bei der niedrigen Röhrenspannung von 100 Volt zu erzielen und die oben genannte theoretisch zu erwartende Empfindlichkeit zu erreichen.

Anwendungsgebiete. Wir haben uns in diesem Kapitel nur mit den Meßsystemen der Oszillographen beschäftigt. Das Meßsystem ist zwar die Seele jedes Oszillographen, zu einer brauchbaren Apparatur aber gehört weit mehr. Es müssen Vorrichtungen vorhanden sein, die erlauben, die Schwingungen auf dem photographischen Papier oder dem Film aufzuzeichnen. Dazu ist einmal eine gute, bequem einstellbare Optik erforderlich und zweitens eine sich bewegende Platte oder eine rotierende Trommel, deren Geschwindigkeiten konstant und in weiten Grenzen regelbar sein müssen. Es kann hier nicht unsere Aufgabe sein, näher auf diese Apparaturen einzugehen. Die Technik hat eine Reihe sehr brauchbarer Apparaturen entwickelt, die bei Untersuchungen auf den verschiedensten wissenschaftlichen Gebieten Verwendung finden. Oszillographische Untersuchungen werden ausgeführt in der Elektrotechnik, und zwar auf dem Schwachstrom- und Starkstromgebiet. Elsässer [144]) hat eine Apparatur angegeben, die es erlaubt, mit einem Oszillographen schnell verlaufende mechanische Vorgänge aufzunehmen. Auch in der Physiologie ist der Oszillograph ein unentbehrliches Hilfsmittel geworden.

III. Indirekte Methoden zur Messung kleiner Ströme.

Allgemeines über indirekte Methoden. — Elektrometerverfahren. — Röhrenverstärker. — Erreichbare Strom- und Spannungsempfindlichkeit.

Allgemeines über indirekte Methoden. Die mit den verschiedenen Galvanometern erreichbaren Empfindlichkeiten genügen für die vorliegenden wissenschaftlichen und technischen Aufgaben nicht in allen Fällen. Bei Wechselstrom überrascht uns das nicht weiter, da wir hier mit den Galvanometern nur bescheidenere Ansprüche befriedigen können. Hinzu kommt, daß die Aufgabe der drahtlosen Energieübertragung ganz extreme Wechselstromempfindlichkeiten fordert. Aber auch bei Gleichstrommessungen kommt man in einigen Fällen mit dem Galvanometer nicht aus. So z. B. sind die Ionenströme, die lichtelektrisch oder durch Röntgenstrahlen ausgelöst werden, so schwach, daß sie mit den Galvanometern nicht mehr erfaßt werden können. Die gleichen Verhältnisse liegen vor, wenn hohe Isolationswiderstände (über 100.000 Megohm) mit sehr kleinen Gleichspannungen gemessen werden sollen. In all diesen Fällen setzt das Arbeitsgebiet der indirekten Methoden ein. Vorausgeschickt sei, daß alle nun zu besprechenden Verfahren einen sorgfältigen Aufbau erfordern, und es bedarf nicht selten großer Übung, wenn man der vielen Schwierigkeiten und Fehlerquellen Herr werden will. Man muß sich auch klar darüber sein, daß die Genauigkeit dieser indirekten Messungen oft sehr gering ist, auch wenn man verschiedene Fehlerquellen durch Korrektionen in Rechnung gestellt hat.

Meßmethoden für Gleichstrom.

Elektrometerverfahren. Die Elektrometerverfahren sind schon seit langem von den Physikern geübt worden. Es sind im wesentlichen zwei Schaltungen, die hier verwendet werden. Die eine hiervon benutzt das Prinzip der Aufladegeschwindigkeit eines Elektrometers, die zweite mißt den Potentialabfall an einem sehr hohen Widerstande.

Aufladegeschwindigkeit des Elektrometers. Die Kapazität des Elektrometers sei C und das Elektrometer werde durch die Elektrizitätsmenge Q auf die Spannung V geladen. Dann gilt $Q = C \cdot V$. Beobachtet wird ein Ladungsausschlag a. Hat man vorher den Ausschlag des Elektrometers für ein Volt zu a_0 bestimmt, dann gilt für konstanten Strom

$$J = \frac{C}{t} \cdot \frac{a}{a_0} \cdot \frac{1}{9 \cdot 10^{11}} \text{ Amp.}$$

wenn man berücksichtigt, daß

$$J = \frac{Q}{t}.$$

Der Strom für eine bestimmte Ablenkung α ist also um so kleiner, je größer die Aufladezeit t ist. Während der Messung muß die Kapazität C des Elektrometers konstant bleiben. Je kleiner der zu messende Strom, um so größer ist die Aufladezeit t. Die Meßempfindlichkeit wird dadurch beschränkt, daß man die für sehr lange Aufladezeiten erforderliche hohe Isolation nur schwer herstellen kann.

Potentialabfall an einem hohen Widerstande. Bei diesem zweiten Verfahren wird durch den zu messenden Strom in einem sehr hohen Widerstand ein gut meßbarer Spannungsabfall erzeugt. Diese Spannung darf daher nur mit einem elektrostatischen Instrument, dessen innerer Widerstand praktisch unendlich groß ist, gemessen werden. Die Brauchbarkeit dieses Verfahrens hängt wesentlich von der Güte des großen Widerstandes ab. Im allgemeinen verwendet man Flüssigkeitswiderstände (Borsäure, Manitlösung). Zur Beseitigung der störenden Polarisation hat Behnken [149]) eine Anordnung beschrieben.

Für beide Meßverfahren wird ein Elektrometer großer Spannungsempfindlichkeit und kleiner Kapazität gefordert. Benutzt wird das von Dolecalek angegebene Quadrantenelektrometer*). In heterostatischer Schaltung (Quadrantenschaltung) erreicht man bei einer Hilfsladung von 100 Volt, in 2 m Skalenabstand, für $2 \cdot 10^{-4}$ Volt 1 mm Ausschlag. Die Schwingungsdauer ist dann etwa 20 Sekunden, die Kapazität beträgt 80 cm. Bei dem Saitenelektrometer von Lutz beträgt die Empfindlichkeit nur $100 \cdot 10^{-4}$ Volt/mm, (Hilfsladung ± 50 Volt, dagegen beträgt die Kapazität nur 2,3 cm. So ist das für die Empfindlichkeit der Elektrometermethoden maßgebende Produkt der beiden Größen bei beiden Elektrometern von gleicher Größenordnung. Stichhaltig für die Verwendung des einen oder anderen Elektrometers sind daher meist andere Gesichtspunkte wie Handhabung, Isolation, vorhandene Hilfspotentiale u. ä.

Röhrenverstärker. Weit größere Möglichkeiten für die Erhöhung der Gleichstromempfindlichkeit lassen von vornherein die Röhrenverstärker zu. Das ganze Gebiet befindet sich noch in voller Entwicklung, die Schaltungen sind noch nicht genügend erprobt und reichlich kompliziert. Auch ist, allerdings mit Unrecht, das Zutrauen in die Konstanz der Röhrendaten noch nicht groß genug. Eine Vereinheitlichung der Röhrentypen wird die Aufgabe erleichtern.

Vorweggenommen sei, daß man mit Röhrenschaltungen hohe

*) Ausführliches über Theorie und Praxis der Elektrometer s. W. Jaeger, „Elektrische Meßtechnik".

Verstärkungsgrade (bis zum millionenfachen) erreichen kann. Dieses bezieht sich aber, wie nicht genügend scharf betont werden kann, nur auf Steigerung der Stromempfindlichkeit. Bezüglich der Spannungsempfindlichkeit hat man noch nicht einmal die Empfindlichkeit der direkt anzeigenden Galvanometer erreicht.

Eingehend durchgearbeitet wurde das Verfahren der Gleichstromverstärkung durch Rosenberg [154]), der für Aufgaben in der Sternphotometrie äußerst kleine Ströme zu messen hatte. Durch Hausser und seine Mitarbeiter [155]) wurden noch einige von Rosenberg offen gelassene Fragen geklärt.

Eine Gleichstromverstärkerschaltung ist analog der Elektrometerschaltung zur Messung eines Spannungsabfalls an einem großen Widerstande gebaut. Eine solche Schaltung ist in Abb. 74a wiedergegeben. Die prinzipielle Arbeitsweise wird ohne weiteres verständlich sein.

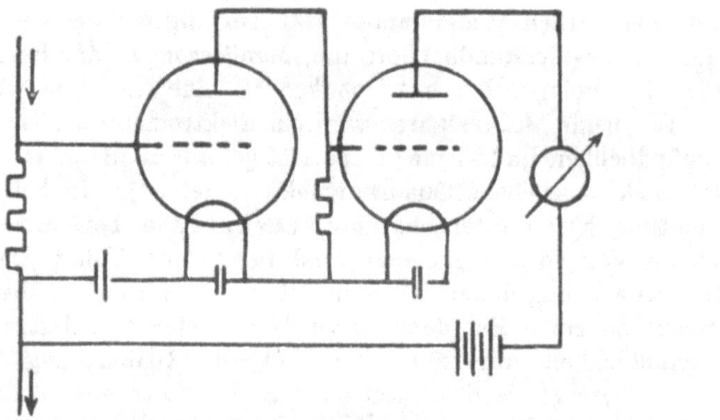

Abb. 74 a. Gleichstromverstärkung mit 2 in Kaskaden geschalteten Röhren (Gleichstromrückkopplung).

Vorbedingung für eine einwandfreie Gleichstromverstärkung ist das Vorhandensein eines extrem hohen Widerstandes zwischen Gitter und Kathode. Da, wie wir später noch sehen werden, der große Meßwiderstand etwa 10^{+10} Ohm betragen muß, muß der Isolationswiderstand zwischen Gitter und Kathode etwa 10^{+13} bis 10^{+14} Ohm betragen und außerdem konstant sein, wenn er nicht als störender Nebenwiderstand in Erscheinung treten soll. Die Herstellung solch hoher Isolationswiderstände bei den Elektronenröhren bedarf einer besonderen Anordnung. Hausser [155]) erreichte dies dadurch, daß er die eine Elektrode nicht, wie üblich, in unmittelbarer Nachbarschaft der anderen Elektroden, sondern an einer möglichst weit entfernten Stelle davon angebracht hat. Durch Bernsteinisolation und gutes Austrocknen der

Röhrenwandungen erreichte H. Isolationswiderstände zwischen Gitter und Kathode von mehr als 10^{+14} Ohm. Als weitere Forderung für exakte Gleichstromverstärkungen wird die Verringerung der Ionengitterströme gefordert. Zu diesem Zwecke muß die Röhre gut evakuiert werden und weiter muß man Anodenspannungen verwenden, die unterhalb der Ionisierungsspannungen der Restgase liegen. Es bedarf wohl kaum der Erwähnung, daß diese Forderungen für eine fabrikationsmäßige Herstellung der Röhren als äußerst streng zu erachten sind.

Angenommen, die Röhre erfülle in dieser Beziehung alle die an sie zu stellenden Bedingungen. Dann tritt die Frage auf, durch welche Röhrendaten wird die Empfindlichkeit und der Verstärkungsgrad bestimmt. Der Mechanismus der Röhrenverstärkung erfordert für hohe Verstärkungsgrade eine große Steilheit der Anodenstrom-Gitterspannungscharakteristik, d. h. die Änderung des Anodenstromes für eine Änderung der Gitterspannung soll möglichst hoch sein. Für die zurzeit im Handel erhältlichen Röhren wird als höchst erreichbare Steilheit etwa $5 \cdot 10^{-5}$ Ampere/Volt angegeben. Mit dieser Zahl allein ist aber noch nicht die Empfindlichkeitsgrenze festgelegt. Diese Grenze ist bei den Elektronenröhren durch den Schroteffekt gegeben. Dieser durch den Mechanismus der Elektronenemission bedingte Effekt ruft derartige Schwankungen des Anodenstromes hervor, daß eine Verwendung empfindlicherer Galvanometer als $S_i = 3 - 6$ vollkommen nutzlos ist; man kommt also mit einem empfindlichen Zeigergalvanometer aus. Unter der Annahme folgender günstiger Daten: Steilheit $5 \cdot 10^{-5}$ Ampere/Volt, einem Anzeigeinstrument $S_i = 3$ und einem Meßwiderstand 10^{10} Ohm erhält man ein Röhrengalvanometer mit der Empfindlichkeit S_i 1, 600 000 oder $6 \cdot 10^{-13}$ Amp/mm. Dieser äußerst hohen Stromempfindlichkeit steht eine durch den notwendig hohen Meßwiderstand bedingte niedrige Spannungsempfindlichkeit gegenüber. Sie beträgt in dem angegebenen Falle $S_v = 0{,}0002$. Mit einem empfindlichen Drehspulgalvanometer erreicht man die bedeutend höhere Spannungsempfindlichkeit von $S_v = 100$. Jaeger[158a]) hat dann noch die Spannungsempfindlichkeit des Röhrengalvanometers durch Anwendung einer Gleichstromrückkoppelung auf das Zehnfache gesteigert (vgl. Abb. 74 a). Die Spannungsempfindlichkeit ist aber auch hier noch extrem niedrig, so daß man sagen kann, daß das Röhrengalvanometer zurzeit nur zur Messung sehr kleiner Ströme in hochohmigen Kreisen verwendet werden darf.

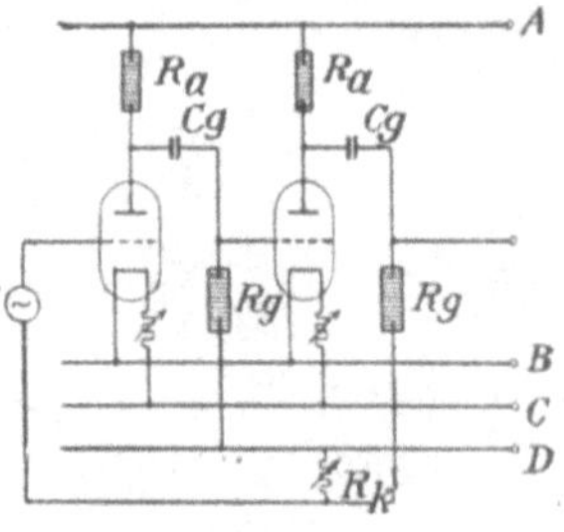

Abb. 74 b. Wechselstromverstärkung.

Wechselstromverstärkeranordnungen haben wegen ihres einfacheren Aufbaus weitaus mehr Verwendung gefunden; ohne die großen Erfolge auf dem Gebiete der Wechselstromverstärkung wäre die außerordentlich rasche Entwicklung der drahtlosen Telegraphie und Telephonie gar nicht denkbar. Es würde an dieser Stelle zu weit führen, ausführlich auf die einzelnen Verfahren einzugehen, nur auf eine prinzipiell wichtige Schaltung sei hingewiesen: Abb. 74 b zeigt einen Widerstandsverstärker mit Rückkoppelung, mit dem es gelingt, Ströme eines großen Frequenzgebietes auf das 2—3000fache gleichmäßig zu verstärken [158]. Liegt die einfachere Aufgabe vor, nur eine Frequenz zu verstärken, dann kann man durch Anwendung mehrerer Röhren, die durch Eisentransformatoren gekoppelt sind, noch höhere Verstärkungsgrade erzielen.

Bezüglich der Wechselspannungsempfindlichkeit von Verstärkerschaltungen gilt im allgemeinen dasselbe, was oben bei der Verstärkung von Gleichströmen gesagt ist.

IV. Zusatzeinrichtungen.

1. Erweiterung des Meßbereiches. Vor- und Nebenwiderstände.

In der Praxis stößt man häufig auf die Aufgabe, mit empfindlichen Galvanometern gleichzeitig stärkere Ströme zu messen. Man muß dann in der Lage sein, das Galvanometer zuerst auf eine beliebige Unempfindlichkeitsstufe zu schalten, um später auf höhere Empfindlichkeiten überzugehen. Eine solche Erweiterung des Meßbereiches ist beispielsweise erwünscht, wenn mit derselben Meßanordnung eine meßtechnische Aufgabe für Stromstärken verschiedenster Größenordnung durchgeführt werden soll. Schaltungen zur Schwächung des Galvanometerstromes sind auch erforderlich, wenn die Stärke des zu messenden Stromes in ihrer Größenordnung noch nicht bekannt ist, wie z. B. in Brücken- oder Kompensationsschaltungen vor erfolgter Abgleichung.

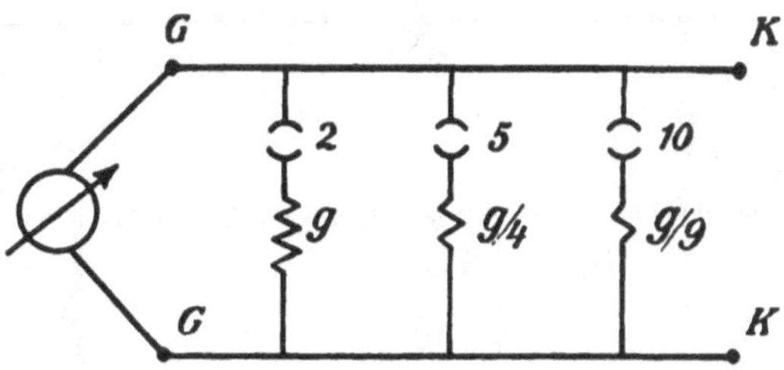

Abb. 75. Einfache Nebenschlußschaltung.

In manchen Fällen ist es nicht notwendig, den Grad der Stromschwächung zu kennen. Empfehlenswert ist es dann, das Galvanometer über einen bestimmten Widerstand, am zweckmäßigsten den aperiodischen Grenzwiderstand, zu schließen und die Schwächung des Stromes durch Vorwiderstände zu bewirken. Eine starke Erweiterung des Meßbereiches erhält man auf diese Weise nur dann, wenn der Galvanometerwiderstand nicht zu groß ist. Anderenfalls nehmen die Vorwiderstände unbequem hohe Beträge an. Will man eine höhere Empfindlichkeitsstufe einschalten, dann nimmt man allmählich den Vorwiderstand heraus. Zur Messung der kleinsten Stromstärke unterbricht man den Nebenwiderstand, um noch den kleinen Empfindlichkeitsverlust zu vermeiden, der durch Parallelschalten des Grenzwiderstandes entsteht.

Die Verwendung von Nebenwiderständen läßt von vornherein eine größere Erweiterung des Meßbereiches zu. Hier werden bei den kleineren Empfindlichkeitsstufen die Widerstandsbeträge immer kleiner, lassen sich also bequemer zusammenstellen. Bei Galvanometern mit starker elektromagnetischer Dämpfung, also mit Abhängigkeit der Dämpfung vom Schließungswiderstand, wurden für die verschiedenen Zwecke besondere Anordnungen erforderlich. Im Laufe der Zeit sind drei prinzipiell verschiedene Schaltungen von Nebenschlüssen entwickelt worden.

a) Die einfachste und bekannteste Anordnung ist schematisch in Abb. 75 wiedergegeben. Das Galvanometer wird an die Klemmen *G G* angeschlossen, der Strom bei *K* und *K* zugeführt. Je nach Einschalten des Stöpsels auf Stellung 2 bzw. 5 bzw. 10 sind dem Galvanometer vom inneren Widerstande *g* die Widerstandsbeträge *g*, bzw. $^1/_4\,g$ bzw. $^1/_9\,g$ parallel geschaltet.

b) Nebenwiderstand für hochohmige Stromkreise (Ayrton). Bei Instrumenten mit vorwiegend elektromagnetischer Dämpfung

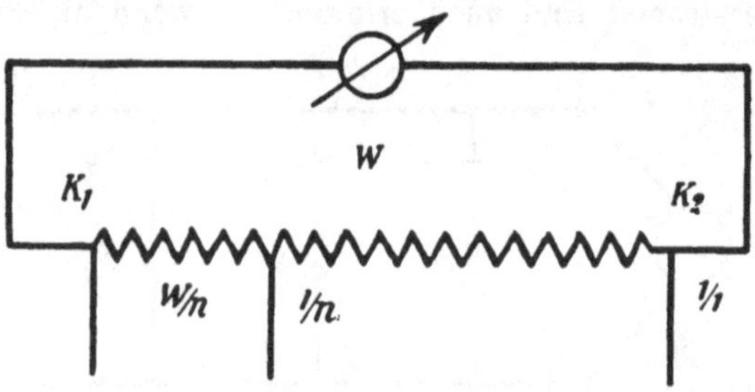

Abb. 76 a. Nebenwiderstand nach Ayrton.

ist dieser einfache Nebenwiderstand nicht brauchbar, da das Galvanometer in jedem Meßbereich über einen anderen Widerstand geschlossen ist; bei den niederen Empfindlichkeitsstufen würde das Galvanometer zu stark gedämpft werden. Dieser Übelstand wird bei dem Ayrtonschen Nebenwiderstand vermieden. Das Galvanometer ist stets über den gleichen Widerstand *W* geschlossen, s. Abb. 76a. Hierdurch tritt also eine Empfindlichkeitseinbuße auf, die von dem Verhältnis des Galvanometerwiderstandes *g* zu dem Schließungswiderstande *W* abhängt; aus diesem Grunde ist *W* möglichst groß zu wählen. Der Widerstand *W* darf aber nicht so groß werden, daß das Galvanometer zu schlecht gedämpft ist. Der Anschluß des Galvanometers und der Leitungen erfolge an K_1 und K_2. Diese Stellung sei mit 1/1 bezeichnet. Der Gesamtwiderstand *R* wird dann

$$R = \frac{g \cdot W}{g + W}$$

und der Galvanometerstrom i_g verhält sich zu dem Gesamtstrom i wie W zu $g + W$.

Jetzt legen wir die Stromzuführung an den n-ten Teil des Widerstandes W, so daß der restliche Widerstand $W \cdot \frac{n-1}{n}$ dem Galvanometerstand vorgeschaltet ist. Jetzt wird das Verhältnis

$$\frac{i_g'}{i_g} = \frac{1}{n} \frac{W}{W+g} = \frac{1}{n} i_g$$

d. h. durch das Galvanometer geht der n-te Teil des Stromes. An diese Stellung der Stromzuführungen schreiben wir $1/n$.

Diese von Ayrton [160a] angegebene und nach ihm benannte Schaltung gestattet einen überaus einfachen Aufbau des Nebenwiderstandes; denn 1. ist nur ein Widerstand erforderlich, der für die Empfindlichkeit $1/n$ bei dem n-ten Teil seines Betrages eine Abzweigung erhält (vgl. Abb. 76 a u. 76 b). 2. Der Nebenwiderstand kann ohne Abänderung für verschiedene Galvanometer verwendet werden (mit verschiedenem inneren Widerstand), wenn nur immer der Galvanometerwiderstand klein ist gegenüber dem Widerstande W. Außerdem muß sich das Galvanometer durch Schließung über den Widerstand W in einem günstigen Dämpfungszustand befinden.

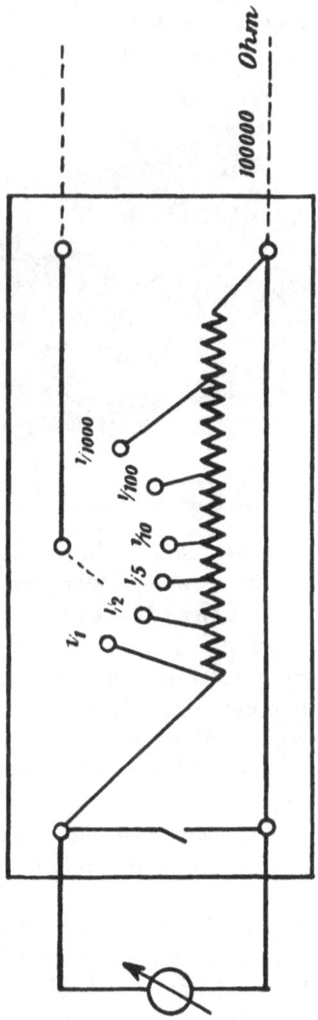

Abb. 76 b. Nebenwiderstand nach Ayrton.

Strenge Gültigkeit besitzen die obigen Überlegungen nur für sehr großen Außenwiderstand, wie bei Isolationsmessungen oder bei sog. offenen Stromkreisen, wie z. B. bei Kondensatorentladungen.

Die bei anderen Schließungswiderständen entstehenden Fehler lassen sich leicht errechnen. Es sei beispielsweise $g = 500$ Ohm, $W = 50\,000$ Ohm und der Außenwiderstand der Schaltung 500 000 Ohm. Dann ist bei Stellung 1/1 der Widerstand von Galvanometer und Nebenschluß ungefähr 500 Ohm, und bei der Stellung 1/10 000 etwa 5 Ohm. Der gesamte Kreiswiderstand und damit auch der Strom bei gleicher Intensität ändert sich nur um 1 pro Mille. Die Empfindlichkeitseinbuße durch Parallelschalten von *W* ist sehr klein und beträgt etwa 1%.

Abb. 77 gibt die äußere Ansicht eines Ayrtonschen Nebenwiderstandes wieder, wie er von der Firma Siemens & Halske geliefert wird. Der Widerstand *W* hat hier den Wert 30 000 Ohm. Er ist entsprechend den 12 Empfindlichkeitsstufen $^1/_2$, $^1/_{10}$, $^1/_{20}$, $^1/_{50}$, $^1/_{100}$, $^1/_{200}$, $^1/_{500}$, $^1/_{1000}$, $^1/_{2000}$, $^1/_{5000}$, $^1/_{10000}$ bei 15 000, 6000, 3000, 1500, 600, 300, 150, 60, 30, 15, 6 und 3 Ohm mit Abzweigungen versehen. Der Übergang von einem zum anderen Meßbereich geschieht hier durch Kurbeln ohne Unterbrechung des Galvanometerkreises.

Abb. 77. Äußere Ausführung eines Ayrtonschen Nebenwiderstandes (S. u. H.).

Die im Handel gebräuchlichen Stöpselwiderstände vom Gesamtwiderstande 5000, 10 000 oder 20 000 Ohm haben nahezu die gleiche Unterteilung; diese können daher ohne weiteres in Versuchsschaltungen als Ayrtonsche Nebenwiderstände verwendet werden.

c) Nebenwiderstand für niederohmige Stromkreise (Volkmann). Der Ayrtonsche Nebenwiderstand versagt in den Fällen, wo der Stromkreis nur einen kleinen Widerstand besitzt. Hier wäre bei den einzelnen Empfindlichkeitsstufen der Gesamtwiderstand des Kreises verschieden groß. Bei den niederohmigen Kreisen tritt also noch eine weitere Bedingung hinzu, so daß man hier folgenden Forderungen zu genügen hat:

1. Die Empfindlichkeit soll auf $1/n$ herabgesetzt werden.

2. Die Dämpfung soll bei allen Empfindlichkeitsstufen konstant sein.

3. Der Gesamtwiderstand der Schaltung darf sich bei Übergang von der einen auf die andere Empfindlichkeitsstufe nicht ändern.

Hierzu kommt noch eine vierte, rein praktische Forderung: Der Nebenwiderstand soll ohne weiteres für verschiedene Galvanometer verwendbar sein.

Von diesen Bedingungen erfüllte der unter a) genannte Nebenwiderstand nur Forderung 1, während die Schaltung nach b) schon den beiden ersten Forderungen und in beschränktem Maße auch

Forderung 4 genügte. Durch geeignete Widerstandskombination, die zuerst von Volkmann angegeben ist, kann man gleichzeitig die drei ersten Bedingungen erfüllen, muß aber auf die vierte Forderung verzichten. Bei Anwendung der Bezeichnungen in Abb. 78 a erhalten wir entsprechend den drei Forderungen die drei Gleichungen:

1. $$x = \frac{G + y}{n - 1}.$$

2. $$y + \frac{1}{\frac{1}{x} + \frac{1}{z + W}} = W.$$

3. $$z + \frac{1}{\frac{1}{x} + \frac{1}{y + G}} = G.$$

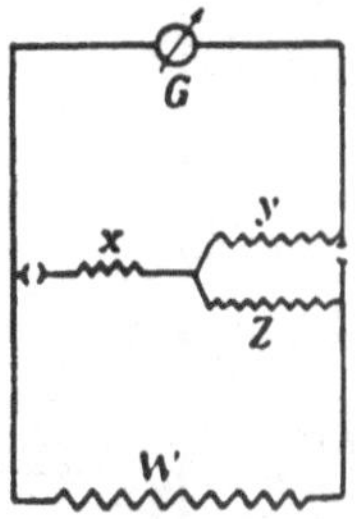

Abb. 78 a. Nebenwiderstand nach Volkmann (Prinzip).

Es gibt für jedes Wertepaar G, W, n eine eindeutige Lösung dieser drei Gleichungen. Sie ist im allgemeinen recht umständlich, nimmt aber unter der Voraussetzung, daß $G = W$ ist eine sehr einfache Form an. Es ist dann:

$$x = \frac{2n}{n^2 - 1} \cdot W$$

$$y = z = \frac{n - 1}{n + 1} \cdot W,$$

y und z werden also einander gleich. Die Voraussetzung $G = W$ bedeutet im allgemeinen keine Einschränkung in der Verwendung, da sich diese Gleichheit durch Vor- oder Nebenwiderstände stets herstellen läßt.

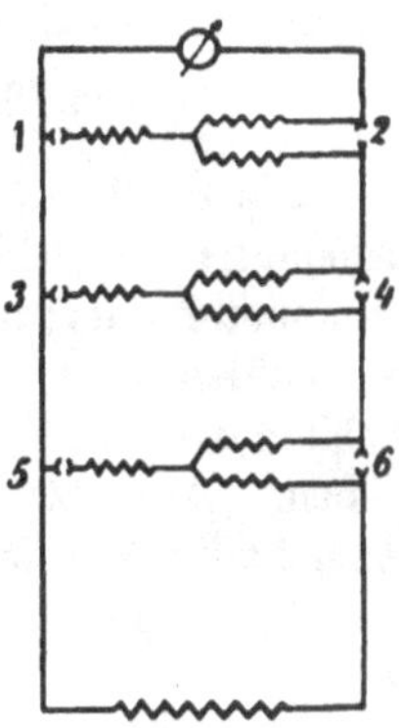

Abb. 78 b.

In die Praxis haben zwei verschiedene Ausführungsformen der Volkmannschen Kombination Eingang gefunden. Eine von diesen arbeitet mit drei Kontaktstöpseln. Das ist besonders dann unbequem, wenn man rasch von einem Meßbereich zum anderen übergehen will. Vorteilhaft dagegen ist die große Zahl der Meßbereiche, die mit einer bestimmten Anzahl von Widerständen herstellbar ist. Bei der Anordnung nach Abb. 78 b sind folgende Kombinationen möglich:

Stöpsel in			n
2	4	6	1
1	4	6	10^{-1}
2	3	6	10^{-2}
1	3	6	10^{-3}
2	4	5	10^{-4}

Stöpsel in			n
1	4	5	10^{-5}
2	3	5	10^{-6}
1	3	5	10^{-7}

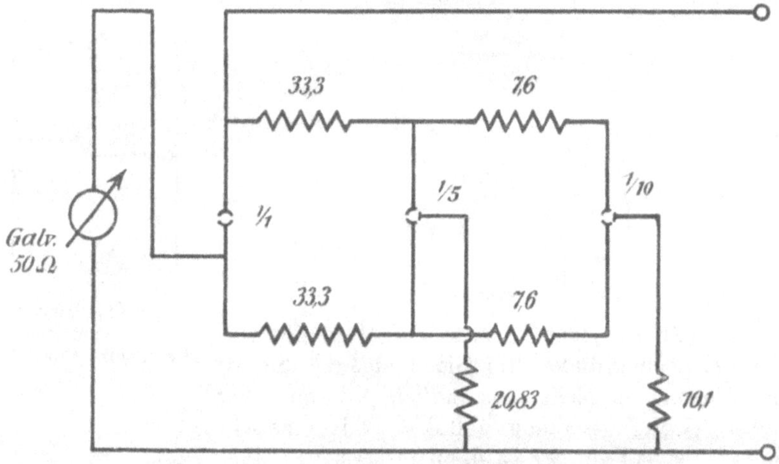

Abb. 79. Nebenwiderstand nach Volkmann (Beispiel).

Die zweite Ausführung arbeitet mit einem Kontaktstöpsel; sie ist schematisch in Abb. 79 wiedergegeben. Gleichzeitig sind für einen Galvanometerwiderstand und einen Stromkreiswiderstand von je 50 Ohm die Zahlenwerte für die Empfindlichkeitsstufen $^1/_5$ und $^1/_{10}$ angegeben. Abb. 80 gibt die äußere Ansicht eines solchen Nebenwiderstandes der Firma Siemens & Halske wieder.

Abb. 80. Äußere Ausführung eines Volkmannschen Nebenwiderstandes (S. u. H.)

Für jedes Galvanometer mit anderem System, bzw. Dämpfungswiderständen oder anderen Stromkreiswiderständen müssen die Widerstandsdaten der Kombination geändert werden. Die behelfsmäßige Zusammensetzung aus Stöpselwiderständen ist sehr umständlich. — Zum Schluß soll noch bemerkt werden, daß ein Nebenwiderstand nach der Volkmannschen bzw. Ayrtonschen Kombination unumgänglich notwendig ist bei ballistischen Messungen, da die ballistische Empfindlichkeit abhängig ist von der Dämpfung des Galvanometers.

Wir haben bei der Berechnung der Widerstände nur auf den Ohmschen Widerstand Rücksicht genommen. Bei Wechselstrommessungen muß natürlich auch die Verteilung der Selbstinduktion und der Kapazität richtig gewählt werden.

Hier werden natürlich im allgemeinen die Beziehungen komplizierter, lassen aber auch eine größere Mannigfaltigkeit zu. So haben Butterworth, Wood, Lakey[162]) einen Resonanznebenschluß zur Verwendung für Saitengalvanometer angegeben. Die Ohmwerte, Kapazitäts- und Selbstinduktionswerte des Nebenschlusses lassen sich so bestimmen, daß zwar die Empfindlichkeit die gleiche bleibt, die Dämpfung aber vergrößert wird. Diese Anordnung darf man billigerweise nicht mehr als Nebenschluß bezeichnen. Dies Beispiel sei hier nur angegeben, um zu zeigen, welche interessanten Kombinationen möglich sind, wenn die Zahl der Bestimmungsstücke eines Nebenwiderstandes größer wird.

2. Die optischen Hilfsvorrichtungen.

Lichtzeiger-Ablesevorrichtung. — Wagerechte und senkrechte Anordnung. — Ablesevorrichtung mit Fernrohr und Skala. — Autokollimations-Ablesefernrohr. — Mikroskopische Ablesung. — Weitere Methoden zur Verfeinerung der Spiegelablesung. — Direkte und indirekte Methoden. — Thermorelais. — Photoelektrische Zelle.

Der Vorteil einer Spiegelablesung kann nur dann voll ausgenutzt werden, wenn Größe und Güte des Spiegels, sowie die mechanische Ruhelage des Instrumentes einen großen Lichtzeiger zulassen. Bei

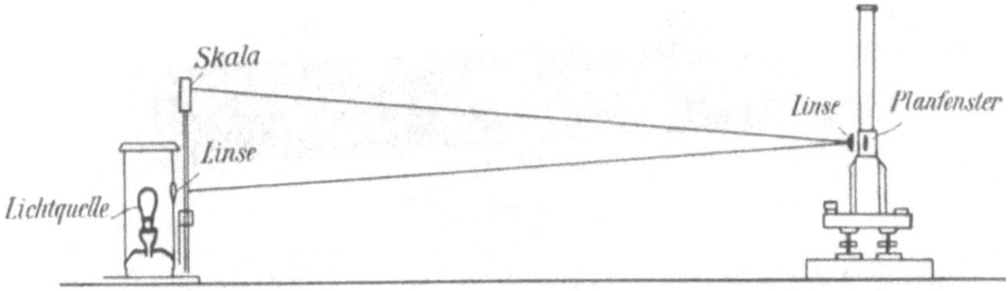

Abb. 81. Objektive wagerechte Ablesevorrichtung (Strahlengang).

mikroskopischer Ablesung muß die Ruhelage des beweglichen Systems und die Vergrößerung in einem bestimmten Verhältnis stehen. Diese Gesichtspunkte müssen bei der Konstruktion des Galvanometers berücksichtigt werden. Im Handel gibt es eine Reihe von Ablesevorrichtungen, die den einzelnen Arbeitsbedingungen angepaßt sind.

In Abb. 81 ist eine objektive wagerechte Ablesevorrichtung schematisch dargestellt, während Abb. 82 eine bekannte Ausführung von Siemens u. Halske darstellt. Die Lichtquelle beleuchtet eine Linse mit geätztem schwarzen Strich. Von dieser wird durch eine zweite Linse von passender Brennweite ein scharfes Bild auf die Skala geworfen. Auf der Skala erscheint dann ein Lichtfleck und in dessen Mitte ein scharfer schwarzer Strich. Bei den allgemein üblichen Skalenabständen von 1—2 m ist eine Ablesegenauigkeit von $^1/_{10}$ mm

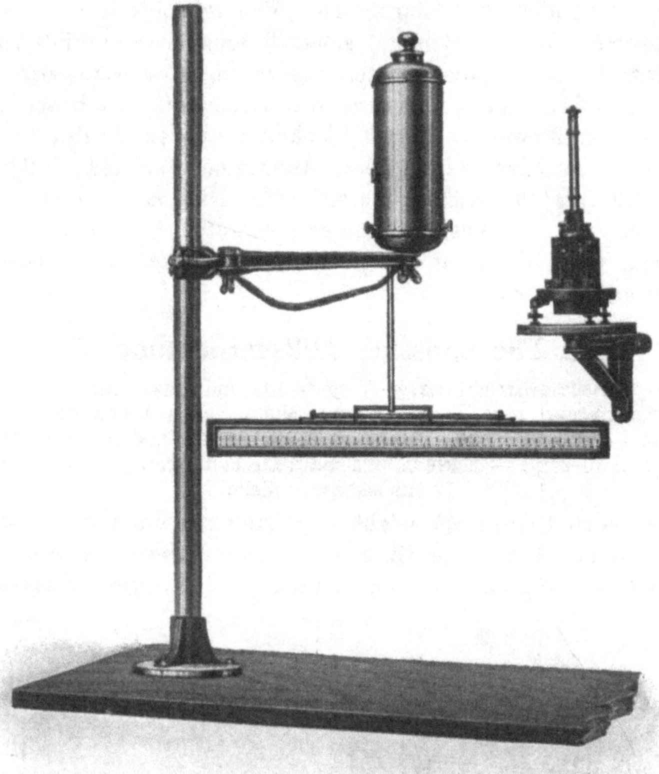

Abb. 82. Objektive wagerechte Ablesevorrichtung (S. u. H.).

bequem möglich. Das Zimmer braucht dabei nicht verdunkelt zu werden, doch muß natürlich greller Sonnenschein von der Skala ferngehalten werden. Als Lichtquelle wird eine Metallfadenglühlampe großer Flächenhelligkeit benutzt. Man verwendet meist eine Spezialkonstruktion von etwa 10 Watt.

Bei älteren Vorrichtungen bildete man nicht eine besondere Marke ab, sondern benutzte das reelle Bild des Metallfadens als Lichtzeiger. Mit dieser Anordnung läßt sich natürlich nicht die gleiche Ablesegenauigkeit erreichen. — Statt der Aufstecklinse auf dem Galvanometer kann man auch ein System mit Hohlspiegel geeigneter Brennweite verwenden. Heute verwendet man jedoch ausschließlich Planspiegel und Vorstecklinse, um nicht an die objektive Beobachtungsart gebunden zu sein.

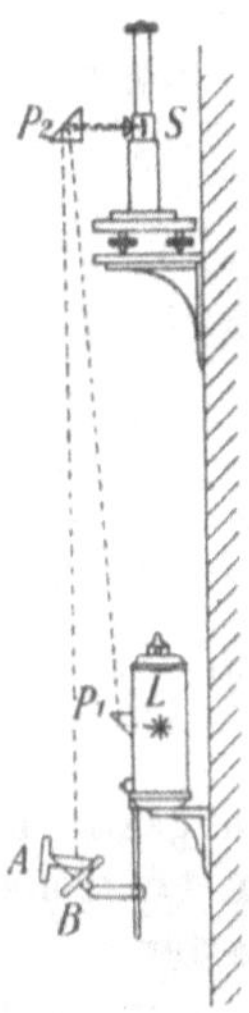

Abb. 83. Objektive senkrechte Ablesevorrichtung (Strahlengang).

Objektive, senkrechte Ablesevorrichtung. Zwecks Raumersparnis benutzt man gern eine senkrechte Ablesevorrichtung, wie sie beispielsweise in Abb. 84 wiedergegeben ist. Der Lichtweg einer solchen Anordnung ist aus Abb. 83 ersichtlich. Der Lichtstrahl geht von L über das Linsenprisma P_1, wird von dem zweiten Prisma P_2 auf den Spiegel des Galvanometers geworfen und geht von hier aus wieder durch das Prisma P_2 zurück, wo nach Reflektion an dem Spiegel B ein Bild der Marke auf der mattierten Skala A erzeugt wird.

Eine solche vertikale Ablesevorrichtung ist jedoch nur dann empfehlenswert, wenn nicht öfters Manipulationen an dem Galvanometer vorgenommen werden müssen.

Für sehr kleine Spiegel, wie sie bei Vibrationsgalvanometern verwendet werden, reichen solche Anordnungen in ihrer Lichtstärke nicht aus. Man muß dann den Lichtweg so abdecken, daß kein störendes Nebenlicht (diffuses Tageslicht) die Skala oder die Mattscheibe trifft. Abb. 85 zeigt eine solche Spezialbeobachtungsvorrichtung, wie sie von der Firma Hartmann & Braun für Vibrationsgalvanometer geliefert wird. — Eine Ablesevorrichtung für transportable Zwecke ist aus Abb. 13 ersichtlich. Die Vorrichtung ist zusammenlegbar, um sie bequem in Transportkästen unterbringen zu können.

Abb. 84. Objektive senkrechte Ablesevorrichtung (S. u. H.).

Fernrohr und Skala. Die soeben beschriebenen Einrichtungen eignen sich vornehmlich für laufende Betriebsmessungen, wo man ortsfeste Anlagen haben muß. Für Laboratoriumsuntersuchungen, wo

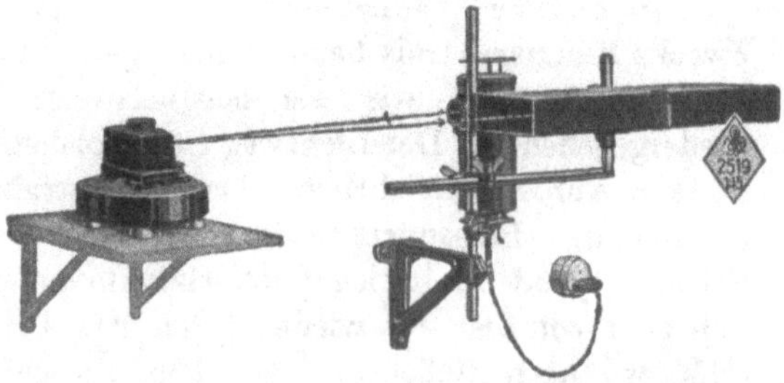

Abb. 85. Ablesevorrichtung zum Vibrationsgalvanometer.

unter mannigfaltig wechselnden Beobachtungsbedingungen gearbeitet wird, und wo man auch gern zu größeren Skalenabständen übergehen will, wird man stets der Anordnung mit Fernrohr und Skala den Vorzug geben (Poggendorfsche Methode). Die Skala bringt man in die gewünschte Entfernung von dem Galvanometer, wenn möglich, montiert man sie fest an der Wand, und zwar in solcher Höhe, daß der Strahlengang durch Umhergehen von Personen im Zimmer nicht gestört wird. Die Skala wird durch elektrische Lampen möglichst gleichmäßig beleuchtet. Mit dem Fernrohr begibt man sich in unmittelbare Nähe des Galvanometers. Das Fernrohr muß in der Höhe bequem verstellbar sein, damit man das Skalenbild rasch finden kann. Angewendet werden Fernrohre mit 20- bis 40facher Vergrößerung.

Abb. 86. Autokollimationsablesefernrohr. (Hersteller C. P. Goerz.)

Verschiedene Unbequemlichkeiten der bisher genannten Anordnungen vermeidet das Autokollimations-Ablesefernrohr. Der Strahlengang ist aus Abb. 86 a ersichtlich: In der Brennebene des Fernrohrobjektives O befindet sich eine Glasplatte, in die eine Skala S mit

1,5 mm Strichabstand eingeätzt ist. Eine feine Marke unterhalb der Skala wird durch eine 2-Voltlampe beleuchtet. Dieses Lichtbündel verläßt die Linse *O* als paralleles Strahlenbündel, trifft auf den Spiegel

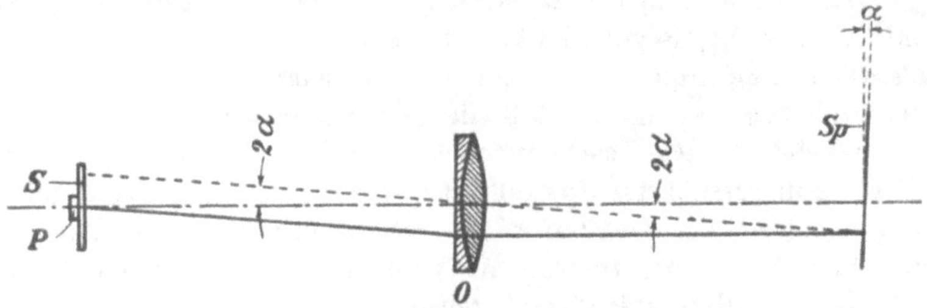

Abb. 86 a. Strahlengang des Autokollimations-Ablesefernrohrs.

des beweglichen Systems und wird von hier je nach der Stellung des Spiegels auf den einen oder anderen Teil der Skala geworfen. Die Anzahl Skalenteile *a*, die das Bild auf der Skala wandert, ist außer von der Drehung des Spiegels von der Brennweite des Objektives ab-

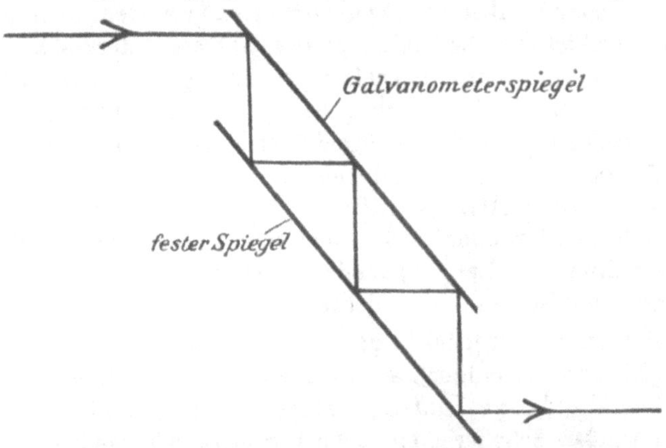

Abb. 87. Vergrößerung der Lichtstrahlablenkung durch mehrfache Reflexion zwischen dem Galvanometerspiegel und einem festen Spiegel.

hängig; es gilt $d = 2f \cdot a$. Dagegen ist der Abstand zwischen Fernrohr und Spiegel ohne Einfluß. Infolgedessen kann nach einmaliger Eichung das Fernrohr dem Galvanometer genähert oder entfernt werden. Ja, man kann das Galvanometer und das Fernrohr zusammen auf einen Pfeiler montieren. Neben der Raumersparnis erreicht man so eine gewisse Unabhängigkeit von gemeinsamen Erschütterungen. Die Unabhängigkeit der optischen Empfindlichkeit vom Abstand Skala und Galvanometer ist als besonderer Vorteil dieser Ablesevorrichtung anzusprechen.

Bei einer Objektivbrennweite von 300 mm entspricht einem Skalenteil von 0,15 mm Breite eine Spiegeldrehung von etwa 1 Bogenminute. Je nach Okularvergrößerung und Güte der Skala kann man $^1/_{10}$ oder $^1/_{20}$ Skalenteil schätzen und erreicht so eine Ablesegenauigkeit von rund $^1/_{10}$ bzw. $^1/_{20}$ Bogenminute. Das entspricht bei der gewöhnlichen Ablesung mit Fernrohr und Skala einem Skalenabstand von 2 bzw. 4 m. Hervorzuheben ist noch, daß das Autokollimations-Ablesefernrohr bei Verwendung des Taschenlämpchens eine recht gute Lichtstärke besitzt. Ein versilberter Spiegel mit nur 0,2 qmm Fläche soll zur Ablesung genügen, vgl. Gehlhoff[168]). — Die äußere Form des Fernrohrs zeigt Abb. 86. Das Instrument wird von der optischen Anstalt C. P. Goerz, Berlin-Zehlendorf hergestellt.

Weitere Methoden zur Verfeinerung der Spiegelablesung.

a) Direkte Methoden. Will man mit Vorrichtungen arbeiten, die noch kleinere Winkeldrehungen zu messen gestatten, dann muß man selbstverständlich an die Ruhelage des Galvanometersystems und an die Güte und Größe des Spiegels noch schärfere Forderungen stellen. Bezüglich der Größe des Spiegels bestimmen die Beugungsgesetze ein bestimmtes Verhältnis der Spiegeldimensionen zu Skalenabstand und Vergrößerung. Als Faustregel kann man sich merken, daß man im allgemeinen pro Millimeter Spiegeldurchmesser einen Meter Skalenabstand wählen darf. Geht man darüber hinaus, dann wird die Skala durch die Beugungsbilder unscharf und durch den größeren Skalenabstand ist praktisch nichts gewonnen.

Weiter muß berücksichtigt werden, daß eine Verfeinerung der Spiegelablesung nur möglich ist, wenn die nötige Lichtstärke vorhanden ist. Sind alle die genannten Voraussetzungen erfüllt, dann bereitet es keine großen Schwierigkeiten, eine größere wirksamere Lichtzeigerlänge herzustellen oder die Ablesegenauigkeit zu steigern. Es gibt eine Reihe experimentell recht hübscher Anordnungen, doch kann man im allgemeinen sagen, daß der dazu erforderliche Aufwand nicht belohnt wird, da sich eine Empfindlichkeitsteigerung über die oben beschriebenen Vorrichtungen hinaus nur selten erreichen läßt. Allen Bemühungen in dieser Richtung kommt daher nur die Bedeutung eines Einzelversuchs zu. Größere Verbreitung haben alle diese Einrichtungen nicht gefunden. Einige von ihnen sollen trotzdem hier kurz erwähnt werden.

1. Das vom Spiegel reflektierte Strahlenbündel fällt senkrecht auf einen festen Planspiegel, wird von diesem reflektiert, fällt nochmals auf den Galvanometerspiegel und wird dann erst beobachtet. Ge-

genüber dem normalen Strahlengang ist die Ablenkung verdoppelt *).

2. Ähnlich ist der Strahlengang bei einer Methode nach Abbildung 87. Der Lichtstrahl wird mehrfach zwischen dem festen und drehbaren Spiegel reflektiert. Bei jeder Reflektion geht etwas Helligkeit verloren, so daß man praktisch nur wenige Reflexionen benutzen kann.

3. Möbius[169]) bringt an Stelle des einfachen Galvanometerspiegels einen Fresnelschen Doppelspiegel an und beobachtet die Wanderung der Interferenzstreifen. M. will hiermit eine Ablesegenauigkeit von $^1/_{1000}$ mm erreicht haben. Über Einzelheiten dieser Anordnung sei auf die Originalarbeit verwiesen.

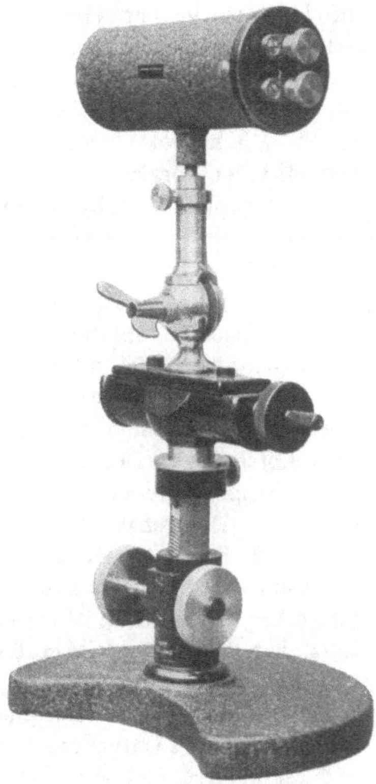

Abb. 88 a. Thermorelais nach Moll u. Burger der Fa. Kipp u. Zonen.

Um den Nachteil sehr kleiner Systemspiegel zu umgehen, hat man früher folgende Anordnung versucht: Man befestigte den Spiegel nicht an dem Galvanometersystem, sondern hängte ihn getrennt an einem Faden auf. Beide Systeme wurden dann durch einen starren, möglichst dünnen Draht verbunden. Dieses Verfahren hat nur dann Aussicht auf Erfolg, wenn man die

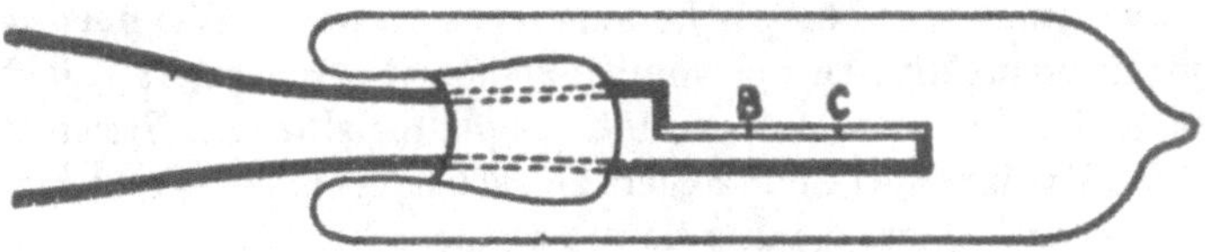

Abb. 88 b. Thermorelais nach Moll u. Burger.

*) Auf diese Weise entstehen auch die häufig zu beobachtenden Doppelbilder. Neben dem vom Spiegel einmal reflektierten Lichtfleck sieht man einen zweiten, der von der Linse oder dem Planfenster, das sich vor dem Galvanometer befindet, zurückgeworfen wird. Ein dritter Lichtfleck entsteht, wie oben beschrieben, durch zweimalige Reflektion an Spiegel und Planfenster bzw. Linse. Bei Ausschlag bleibt der zweite Lichtfleck stehen, während der dritte im Verhältnis zu dem normalen Lichtfleck den doppelten Ausschlag macht.

durch die starke Vermehrung des Trägheitsmomentes bedingte höhere Schwingungsdauer in Kauf nehmen kann.

b) Indirekte Methoden. Diesen kommt eine größere Bedeutung zu, da sich hier praktisch brauchbarere Vorrichtungen entwickeln lassen. Die indirekten Methoden sind in ihrer Wirkung den Verstärker einrichtungen vergleichbar. Hier wie dort liegt der Vorteil darin, daß an dem Meßplatz ein robustes Instrument benutzt werden kann, während das empfindliche Galvanometer, thermisch und mechanisch geschützt, an einer beliebigen Stelle eingebaut werden kann. Ein weiterer sehr wesentlicher Vorzug besteht noch darin, daß man auch mit verhältnismäßig schlechten Spiegeln noch gute Ergebnisse erhalten kann. Im folgenden seien zwei interessante indirekte Methoden angegeben:

1. Das Thermorelais der Firma Kipp & Zonen besteht aus einem Thermostreifen von Konstantan, Manganin-Konstantan (mit zwei Lötstellen). Der Streifen ist etwa $^1/_2$ mm breit und $^1/_{1000}$ mm stark. Eine Seite des Streifens ist mit kolloidalem Kohlenstoff geschwärzt. Das ganze ist in einer evakuierten Glasröhre untergebracht (vgl. Abb. 88 a), ähnelt also im Aufbau dem Vakuumthermoelement. Trifft ein vom Spiegel des Galvanometers reflektierter Lichtstrahl genau symmetrisch auf den mittleren Manganinstreifen *B C*, dann werden die Lötstellen *B* und *C* gleichmäßig erwärmt (vgl. Abb. 88 b). Bei einem kleinen Galvanometerausschlag aber wird die eine Lötstelle mehr erwärmt als die andere. Der hierdurch entstehende Thermostrom wird durch ein zweites Galvanometer gemessen. Die Ausschläge des primären und sekundären Galvanometers sind einander proportional. Bei Anwendung eines nicht extrem empfindlichen Sekundärgalvanometers kann eine 250—500fache Vergrößerung der Empfindlichkeit erzielt werden. Näheres über die Wirkungsweise dieses Thermorelais s. [170]).

2. Photoelektrische Zelle. In ähnlicher Weise wie das Vakuumthermoelement ist auch die photoelektrische Zelle zur Vergrößerung des Galvanometerausschlages herangezogen worden. Wie oben auf das Thermoelement fällt hier der vom Galvanometer reflektierte Lichtstrahl auf die Zelle. Um zu erreichen, daß der photoelektrische Strom proportional der Drehung des Lichtzeigers anwächst, ist in den Gang des Lichtstrahls ein dreieckiger Schlitz derart angebracht, daß die auf die Zelle fallende Lichtmenge mit der Drehung des Lichtzeigers wächst. Die mit dieser Anordnung erreichbare Empfindlichkeit wird mit rund 2 mm Ablenkung für Drehung des Systems um eine Bogensekunde bei 1 m Abstand von Zelle und Spiegel angegeben. Bei Millimeterskala und Fernrohr entspricht, bei 2 m Skalenabstand, 2 mm Ablenkung einer Drehung von 20 Bogenminuten. Literatur siehe bei Null [171]) u. [172]).

3. Schutzvorrichtungen gegen mechanische Störungen.

Bedingungen für mechanische Ruhelage des Systems. — Aufstellung und Aufhängung des Galvanometers. — Schwimmgestell auf Quecksilber. — Aufhängevorrichtung nach Julius. — Neuere Verbesserungen an Schutzvorrichtungen.

Mit dem Schutz gegen mechanische Störungen verhält es sich ähnlich, wie mit den Verfahren zum Schutze gegen magnetische Störungen. Es gibt auch hier prinzipiell zwei verschiedene Methoden der Abwehr: Einmal sucht man das bewegliche System so zu bauen, daß allgemeine mechanische Bewegungen des ganzen Galvanometers sich möglichst wenig auf das Gehänge übertragen (entspricht der Astasie), zweitens sucht man die mechanischen Störungskräfte nach Möglichkeit von dem Galvanometer fernzuhalten (entspricht der Schirmwirkung).

Bei dem System muß zunächst die Arbeit beginnen. Es soll so aufgehangen sein, daß seine Hauptträgheitsachse möglichst genau mit der vertikalen Achse zusammenfällt, um die es sich dreht. Man versucht dies meist dadurch zu erreichen, daß man das System möglichst symmetrisch bezüglich der Drehungsachse ausbildet und es gut ausrichtet. Bei der Durchführung dieses Prinzips ergeben sich aber oft konstruktive Schwierigkeiten, z. B. pflegt man im allgemeinen den Ablesespiegel entgegen dieser Vorschrift vor der Systemachse anzubringen, (also einseitig). Für die Praxis ist die Tatsache bedeutungsvoll, daß jedes Verbiegen des Systems, wie es bei unsachgemäßer Behandlung eines Instruments auftreten kann, die Symmetrie des Systems zerstört und es damit empfänglicher für mechanische Störungen seiner Ruhelage macht. — Läßt sich das System bequem aus dem Galvanometer herausnehmen, dann führe man folgende Probe durch: Man tordiere das System und lasse es alsdann ausschwingen. Ist es gut ausgerichtet, dann entstehen einfache Torsionsschwingungen um die Systemsachse. Anderenfalls fängt das System an zu „schlenkern", die Rotationsachse fällt nicht mit der Systemsachse zusammen. Mit dieser Feststellung allein ist zwar noch nichts gebessert, aber man kann auf diese Weise bequem prüfen, ob das System in Bezug auf Symmetrie gute oder schlechte Eigenschaften besitzt. Nach erneuter Kontrolle der Lötstelle oder Kittstelle des Aufhängefadens und erneutem Ausrichten des Systems führe man die Probe nochmals durch.

Schutzvorrichtungen. Sind die mechanischen Störungen so groß, daß selbst die Ruhelage eines gut ausgerichteten Systems nicht befriedigt, dann muß das Galvanometer vor jeglichen mechanischen Erschütterungen geschützt werden. Erreicht man nichts durch Aufstellen des Galvanometers auf einen Steinpfeiler oder einem festen Wandkonsol, dann versuche man es mit der Aufstellung auf einer möglichst großen Platte, die durch Gummibälle getragen wird. Bei einem bestimmten Überdruck von etwa 20 mm Hg in den Gummibällen hat man oft zufriedenstellende Ergebnisse erhalten.

Schwimmgestell auf Quecksilber. Einen wirksamen Schutz hat Einthoven[176]) angegeben. Bei der beschriebenen Anordnung schwimmt eine 11 mm starke quadratische, eiserne Platte von 1 m Seitenlänge auf Quecksilber. Auf die Mitte der Eisenplatte wird das Galvanometer gestellt. Das Quecksilber ist in einer 1 mm hohen Schicht in eine Steinschale gegossen, deren Flächeninhalt nur etwas größer ist, als der der Eisenplatte. Diese Anordnung ist von Physikern hier und da verwendet worden. Der starke Quecksilberverbrauch (3,8 Liter) und der umständliche Aufbau haben eine größere Verbreitung dieser Methode verhindert.

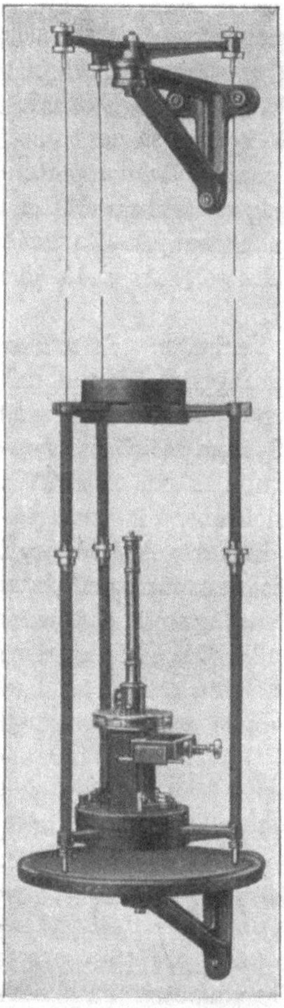

Abb. 89. Erschütterungsfreie Aufhängevorrichtung nach Julius (S. u. H.).

Bekannter ist schon die Juliussche Aufhängung[177]). An drei Drähten von etwa 1,5—3 m Länge ist ein starres Gestell mit dreieckigem Querschnitt befestigt (vgl. Abb. 89). Das Galvanometer steht auf der unteren Fläche des Gestells. Durch Gegengewichte über dem Galvanometer wird der Schwerpunkt des Gestells mit Galvanometer in die Ebene des Aufhängepunktes des beweglichen Systems gelegt. In der gleichen ausgezeichneten Ebene werden die drei Aufhängedrähte befestigt. Nach den von Julius gegebenen Vorschriften sollen Material und Dimension der Aufhängedrähte so gewählt werden, daß diese durch das Gewicht des Gestells leicht gedehnt werden. Versuche der neueren Zeit haben es aber zweckmäßiger erscheinen lassen, die Drähte etwas kräftiger zu wählen und nur streng darauf zu achten, daß sie keine Knicke aufweisen.

Da das Gestell mit dem Instrument an langen Drähten aufgehangen ist, kann es gewöhnliche Pendelschwingungen und Drehschwingungen um eine vertikale Achse ausführen. Besonders die Pendelschwingungen werden durch die Erschütterungen des Gebäudes angeregt und wachsen bis zu einer störenden Größe an, wenn man nicht für eine hinreichende Dämpfung sorgt. Zu diesem Zweck befestigt man etwas Watte an dem unteren Teil des Gestells und läßt die Watte ganz leicht auf einer festen Unterlage schleifen. Statt der Wattedämpfung kann man auch einen Stab, der an dem Gestell angebracht ist, sich in einer darunter fest aufgestellten Ölschale bewegen lassen. Beide Dämpfungsarten haben den Nachteil, daß man sie nur sehr schwach wählen darf, weil sie sonst umgekehrt Erschütterungsimpulse vom Gebäude auf die Aufhängung übertragen. Von diesem Fehler ist eine in letzter Zeit von R. Müller *) ausgearbeitete Dämpfungsmethode frei, die an das Prinzip des Schlingertanks anknüpft. An dem Gestell der Juliusschen Aufhängung wird eine flache Blechschale (ca. 2 cm hoch und ca. 40 cm Durchmesser) angebracht und etwa bis zur halben Höhe mit Paraffinöl gefüllt. Wenn die Juliussche Aufhängung Pendelschwingungen und Drehschwingungen um eine vertikale Achse ausführt, so entstehen in dem Öl Bewegungen, und durch die innere Reibung des Öls wird die Bewegungsenergie der schwingenden Aufhängung rasch vernichtet. Die wirksamste Dicke der Ölschicht hängt etwas von der Länge der Aufhängedrähte ab, sie beträgt etwa 8—10 mm und läßt sich leicht ausprobieren.

Wenn eine Juliussche Aufhängung gut funktionieren soll, ist ferner darauf zu achten, daß die Stromzuführungen zum Meßinstrument möglichst leicht und elastisch gewählt werden, da sie sonst Erschütterungen übertragen. Ebenso erweist es sich oft als sehr günstig, die Aufstellung gegen Luftströmungen durch einen besonderen Umbau zu schützen.

Das Gestell, auf dem das Instrument steht, muß in sich möglichst stark sein. Aus dem gleichen Gesichtspunkte versteht man, daß mitunter eine bessere Ruhelage erzielt wird, wenn das Instrument fest auf dem Gestell aufmontiert wird, also mit ihm zu einer starren Einheit verbunden wird.

Die Juliussche Aufhängung ist trotz ihres Alters noch immer das am meisten benutzte Mittel, wenn es gilt, ein Instrument möglichst erschütterungsfrei aufzubauen. Natürlich hat es nicht an Versuchen gefehlt, sie zu verbessern oder von gewissen Unbequemlichkeiten zu befreien. Es seien hier nur die Modelle von Volkmann [178]), Johnsrud [179]) erwähnt, von denen sich aber keins in größerem Maße eingebürgert hat. Hervorzuheben ist vielleicht nur noch, daß man sich für viele der gebräuchlichen Galvanometer unter nicht extrem ungünstigen Verhältnissen eine durchaus befriedigende Erschütterungsbefreiung verschaffen kann, wenn man die Instrumente auf einem kräftigen Brett

*) Über diese Öldämpfung liegt noch keine Publikation vor, die Methode und ihre Resultate sind nur in einer Sitzung der Deutschen Physikalischen Gesellschaft in Berlin, Dezember 1927, von M. Czerny vorgetragen worden.

aufstellt, das an drei nicht zu dünnen Drähten aufgehangen und mit einer Dämpfungsvorrichtung versehen ist, also eine Juliussche Aufhängung in vereinfachter Form.

In letzter Zeit ist von R. Müller und unabhängig davon von Bestelmeyer (s. Abb. 90) eine erschütterungsfreie **Aufstellung** entwickelt worden, die sich ihrem inneren Wesen nach von der Juliusschen Aufhängung kaum unterscheidet, äußerlich aber ganz anders aussieht und gewisse Annehmlichkeiten zu bieten scheint. Das Gestell, auf das die zu schützenden Instrumente gestellt werden, wird nicht an drei Drähten aufgehangen, sondern auf drei dünnen elastischen Stäben aufgestellt. Dadurch wird erreicht, daß man die Aufstellung auf jedem festen Tisch oder dem Fußboden aufbauen kann, also eine größere Freizügigkeit bekommt. Aus der Praxis liegen erst wenige Erfahrungen über diese neue Aufstellung vor, doch scheint sie sich gut zu bewähren.

Abb. 90. Erschütterungsfreie Aufhängevorrichtung nach Bestelmeyer. (Hergestellt von der Fa. Hartmann u. Braun.)

V. Das Galvanometer in den Schaltungen.

Die Auswahl eines geeigneten Galvanometers. — Verschiedene prinzipielle Schaltungen. — Die Aufstellung des Galvanometers. — Charakter von Störungserscheinungen. — Bestimmung von Empfindlichkeit, Schwingungsdauer, Dämpfung und Feldstärke.

Die Auswahl des geeigneten Galvanometers muß unter Berücksichtigung verschiedener Gesichtspunkte stehen. Hat man die Auswahl unter mehreren Galvanometertypen, die hinsichtlich der Empfindlichkeit die gewünschten Daten zeigen, wird man die nähere Auswahl unter den Galvanometern treffen, die gleichzeitig eine bequeme Schwingungsdauer besitzen. Daneben treten noch eine Reihe von Fall zu Fall recht verschiedener Gesichtspunkte auf. So wird man in manchen Fällen die mikroskopische Beobachtungsmethode nicht gern verwenden wollen. Für andere Galvanometer stehen die für die Erregung der Magnete erforderlichen Energiequellen nicht zur Verfügung. Galvanometer, die durch schwache magnetische Felder beeinflußt werden können, müssen vielfach für die nähere Wahl ausscheiden, auch wenn sie sonst sehr günstige Konstanten und andere Eigenschaften be-

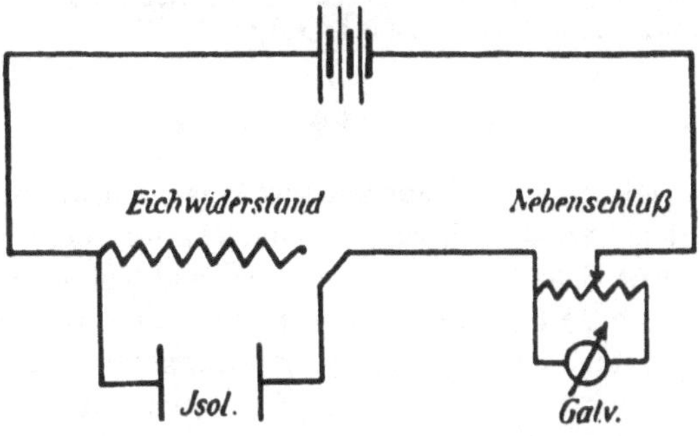

Abb. 91 a. Isolationsmessung.

sitzen; denn es wird nicht immer möglich sein, die magnetischen Streufelder von dem Galvanometer fernzuhalten. Kurz gesagt, trotz der vielen Galvanometerausführungen mit ihren mannigfaltigen Empfindlichkeitsdaten und den verschiedenartigsten Eigenschaften, gibt es für die meisten meßtechnischen Aufgaben immer nur wenige Galvanometer, die sich gleich gut eignen. Oder man kann auch anders sagen, daß die praktischen Bedingungen so vielgestaltig sind, daß die Entwicklung so vieler Konstruktionen notwendig wurde.

Im folgenden wollen wir für einige charakteristische Schaltungen nähere Angaben über die Wahl des Galvanometers machen.

1. Isolationsmessung nach der direkten Methode. Soll ein großer Isolationswiderstand (z. B. 100000 Megohm) mit Gleichspannung gemessen werden, dann müssen wir ein Galvanometer mit hoher Stromempfindlichkeit verwenden. Auf die Höhe des aperiodischen Grenzwiderstandes brauchen wir keine Rücksicht zu nehmen. Ebenso wird eine große Schwingungsdauer zwar nicht bequem aber zulässig sein Für Schaltungen solcher Art sind vorzugsweise die Galvanometer Nr. 1 bis 4 der Tabelle 5 geeignet. Abb. 91 a stellt ein prinzipielles Schema einer solchen Isolationsmessung dar. Da man die Höhe des Isolationswiderstandes und demzufolge auch die Größe des Galvanometerstromes nicht kennt, arbeitet man mit einem Nebenschluß und schaltet zunächst die geringste Empfindlichkeitsstufe ein. Ein für diese Zwecke geeigneter Nebenwiderstand ist auf Seite 172 beschrieben.

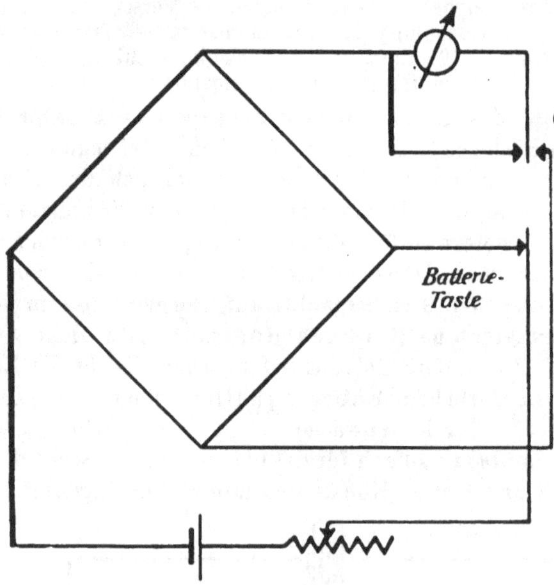

Abb. 91 b. Brückenmessung.

2. Brückenmessungen. Ist der Widerstand sämtlicher Brückenzweige sehr klein, in der Größenordnung von 10—100 Ohm, dann darf man ein wie unter 1 genanntes Galvanometer nicht verwenden. Es eignen sich dann spannungsempfindliche Galvanometer, wie z. B. die unter Nr. 6 bis 9 der Tabelle 5 genannten. Wechseln die Widerstände über verschiedene Größenordnungen, dann kann man nicht ein für alle Fälle gleich gut geeignetes Galvanometer benutzen und muß dann einen Kompromiß

schließen. Man verwende dann ein Galvanometer mit Daten, wie sie unter Nr. 5 der obigen Tabelle genannt sind. — In Abb. 91 b ist das Schema einer Brückenschaltung wiedergegeben. Man schaltet nacheinander zuerst den Batteriekreis und alsdann den Galvanometerkreis ein. Ist die Brücke noch nicht abgeglichen, dann wird das Galvanometer einen starken Ausschlag geben und es kommt darauf an, das Galvanometer rasch zu beruhigen, um zu weiterer Abgleichung bereit zu sein. Bei Instrumenten mit elektromagnetischer Dämpfung arbeitet man zweckmäßig mit einer Kurzschlußtaste.

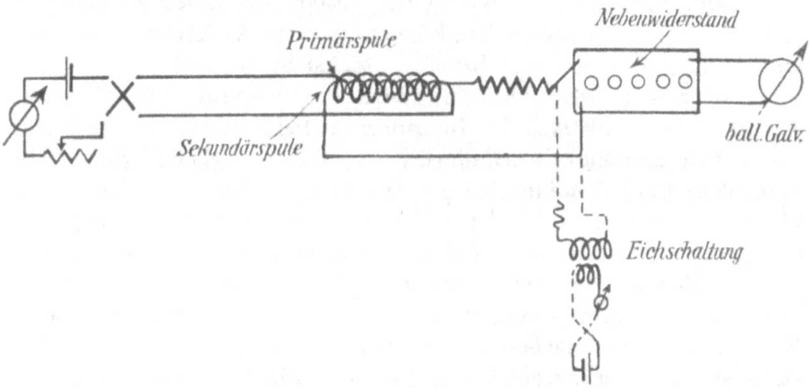

Abb. 91 c. Ballistische Messung.

3. Ballistische Messung. Abb. 91 c stellt eine viel gebräuchliche Prinzipschaltung zur Messung magnetischer Induktionen nach der ballistischen Methode dar. Für die Auswahl des richtigen Galvanometers sind die auf S. 47 genannten Gesichtspunkte maßgebend. — Die Schaltung besteht aus drei getrennten Stromkreisen. In dem einen Kreis liegt die auf den Eisenstab gewickelte Sekundärspule. Diese ist mit einem Nebenwiderstand nach Abb. 80 verbunden. *R* ist ein Zusatzwiderstand, der diesen Kreis auf den Widerstandswert des Galvanometers abgleicht. Denn nur unter dieser Bedingung fanden wir die einfache Schaltung des Nebenwiderstandes (vgl. S. 173). Der zweite Stromkreis dient zur Magnetisierung des Eisenstabes und enthält im wesentlichen die Stromquelle, die Primärspule und einen Umschalter. Der dritte Kreis mit einem Normal der gegenseitigen Induktion dient zur Eichung des ballistischen Galvanometers.

Die Aufstellung des Galvanometers. Unter den zur Verfügung stehenden Beobachtungsplätzen wähle man die Punkte, die magnetisch, mechanisch und thermisch am meisten geschützt sind, aus. Muß das System im magnetischen Meridian aufgestellt werden, so muß darauf geachtet werden, daß eine Beobachtungsrichtung freibleibt.

Die allgemein beliebten Zimmerecken scheiden zuweilen aus, wenn eine Beobachtungslinie in der Ost/Westrichtung nicht offen bleibt, es sei denn, daß der Spiegel um die Systemsachse drehbar ist. Nach dem Aufstellungsort muß man sich über die Aufstellungsart sowie über die zweckmäßigste Beobachtungsvorrichtung schlüssig werden. Nach erfolgter Aufstellung des Galvanometers wird dieses mit Hilfe einer Libelle ausgerichtet *). Für die Leitungen des Galvanometerkreises haben sich blanke, verzinnte Kupferdrähte, die auf Isolierrollen geführt werden, bewährt. Man achte auch darauf, daß der Galvanometerkreis keine unnötigen Stromschleifen enthält, die Anlaß zu störenden Induktionserscheinungen geben können. Bei Wechselströmen muß man auf die Kapazität der Zuführungen Rücksicht nehmen.

Charakter von Störungserscheinungen. Nicht immer wird man eine Ruhelage des Instrumentes beobachten, wie sie für die gewünschte Genauigkeit erforderlich ist. Das bewegliche System führt unter dem Einfluß mannigfaltiger Störungsursachen unter Umständen kleine Bewegungen aus. Über einige charakteristische Bewegungen, aus denen man rückwärts auf die Störungsursache schließen kann, sollen noch kurz Angaben gemacht werden. Zwar bedeutet das Übel erkennen, noch nicht das Übel beseitigen. Aber man weiß, in welcher Richtung man vorzugehen hat, auch kann ein erfahrener Beobachter verschiedene Störungserscheinungen bei seinen Beobachtungen in Rechnung stellen.

Die Mannigfaltigkeit der Störungserscheinungen, die meist zugleich am Werke sind, ruft eine Überlagerung der einzelnen Effekte hervor. Es treten daher auch Bewegungen ganz verschiedenster Art und verschiedenster Zusammensetzung auf. Nur in allgemeinen Zügen sollen einige charakteristische Störungsbewegungen genannt werden.

---

*) Ist die Libelle nicht justiert, dann muß man durch Verstellen der Fußschrauben die Stellung zu ermitteln suchen, bei der das System frei schwingt, was man an dem regelmäßigen Gang des Lichtzeigers erkennen kann. Die Justierung der Libelle erfolgt in nachstehender Weise: Man dreht an einer der vorderen Fußschrauben des Instruments so lange, bis man an dem Zittern des Lichtzeigers erkennt, daß das System nicht mehr ganz frei schwingt. Diese Stellung der Fußschraube zeichnet man, indem man auf der Schraube einen radialen Strich nach einem feststehenden Punkte, z. B. nach dem Mittelpunkt des Galvanometers zieht. Alsdann dreht man die Schraube in entgegengesetzter Richtung, bis das Galvanometer wieder frei schwingt, und zeichnet diese Stellung der Schraube wieder an. Zwischen diesen beiden Maßen wird ein Winkel liegen, der um so kleiner ist, je länger die Drehspule und je enger der Luftspalt ist. Die Schraube stellt man nun auf genau den halben Winkel zurück. In der gleichen Weise geht man bei der hinteren Fußschraube vor. Bei dieser so ermittelten Stellung des Galvanometers ist die Dosenlibelle durch vorsichtiges Anziehen der Justierschrauben so auszurichten, bis die Blase genau zentrisch eingestellt ist.

Ist das Instrument periodischen Stößen ausgesetzt, wie das z. B. durch eine in der Nähe arbeitende Pumpe oder Maschine geschehen kann, dann kann der Lichtzeiger in Bewegungen geraten, die unregelmäßig an- und abschwellen. Mitunter treten sogar Resonanzerscheinungen auf.

Magnetische Störungen machen sich meist dadurch bemerkbar, daß sich die Galvanometerausschläge um keine mittlere Ruhelage gruppieren. Wird das stromlose Galvanometer längere Zeit beobachtet, dann stellt man sehr langsame Wanderungen wechselnder Richtung des Nullpunktes fest. Diese können verursacht sein durch langsame Magnetisierungen des Panzers, die dann eine Änderung der Richtkraft nach Stärke und Größe zur Folge haben. Auch die Empfindlichkeit wird hierdurch beeinflußt. Langsame Wanderungen des Nullpunktes können auch in thermischen Beeinflussungen ihre Ursache haben.

Bei sehr empfindlichen Galvanometern beobachtet man folgendes merkwürdige Verhalten. Nach einem Ausschlage wird nicht die erste Ruhelage wieder eingenommen, sondern der Lichtzeiger bleibt nach der Seite zurück, nach der der Ausschlag gegangen war. Macht man mehrere gleichsinnige Ausschläge hintereinander, dann tritt jedesmal eine Verlagerung des Nullpunktes und Änderung der Ausschlagsgröße auf. Jedoch wird die Größe der Verlagerung nach jedem Ausschlage etwas geringer und beide Werte — Nullpunkt und Ausschlag — streben konstanten Werten zu. Die absoluten Werte der Verlagerungen nehmen mit der Ausschlagsgröße und der Einschaltdauer zu. Auch hat man eine gewisse Abhängigkeit von der Dämpfung beobachtet. Nachstehend geben wir einige charakteristische Beobachtungswerte:

Skalenteile.	Zunahme der Nachwirkung bei Einschaltdauer in Sekunden			
Ausschlag	5	15	30	60
50	0,5	0,3	0,25	0,15
100	1,2	0,9	0,7	0,6
150	1,7	1,3	1,1	0,9
250	3,2	2,7	2,2	1,8

Einschaltdauer in Sekunden	Nachwirkung in Skalenteilen
3	0.8
5	1.0
30	1.3
120	2.0
600	3.0

Diese Erscheinung zeigt in ihrem Verlauf große Ähnlichkeit mit der elastischen Nachwirkung. Man beobachtet solche „Ausschlagshysteresis" bei allen hochempfindlichen Galvanometern und unabhängig von der Art des Fadenmaterials; man findet sie auch bei Quarzfäden, wo man solche elastischen Nachwirkungen nicht erklären kann. Venzke, Zs. f. Instrkde. 32. 1912. 330—331, führt diese eigenartige Erscheinung auf die Kitt- und Lötstellen der Systeme zurück, doch scheint diese Erklärung nicht für alle Fälle zu befriedigen.

Bestimmung der Empfindlichkeit. Nach Fertigstellung der Schaltung und der ordnungsgemäßen Aufstellung des Galvanometers nebst entsprechender optischer Vorrichtung geht es an die Bestimmung der elektrischen Eigenschaften des Galvanometers. Unerläßlich ist die Ermittlung der Empfindlichkeit. Listenangaben oder andere zahlenmäßige Unterlagen der Fabrik können nicht als Grundlage für exakte Messungen dienen. Mindestens vor jeder Meßreihe ist die Empfindlichkeit des Galvanometers zu ermitteln. Selbstverständlich ist diese Bestimmung zu wiederholen, wenn die Annahme berechtigt ist, daß die Konstanten sich plötzlich geändert haben. — Sind Stromstärke und Ausschlag proportional, so genügt die Bestimmung der Empfindlichkeit für einen oder wenige Punkte. Anderenfalls muß eine Eichkurve aufgestellt werden. Die Bestimmung der Empfindlichkeit bereitet im allgemeinen keine Schwierigkeiten. Bei Instrumenten mit linearem Skalenverlauf hat man nur notwendig, eine genau bekannte Stromstärke durch das Galvanometer zu schicken, die einem mäßigen Ausschlage entspricht. Der Ausschlag darf nicht zu groß genommen werden, da dann die Proportionalität wahrscheinlich nicht mehr erfüllt ist; alsdann muß auch die Tangente des Ablenkungswinkels und nicht der Winkel selbst eingesetzt werden. Die Messung der Stromstärke braucht man nun nicht auf das Silbervoltameter zurückzuführen, sondern kann sie bequem durch Normalelement und Präzisionswiderstände ersetzen. Man schaltet das Weston-Normalelement über einen großen Präzisionswiderstand von mehreren 10000 Ohm und zweigt von einigen Ohm des Widerstandes ab. In den Galvanometerkreis schaltet man noch den regelbaren Stöpselwiderstand R um die passende Dämpfung einzustellen. Ist $r_1 \ll R_1 + R_G$, dann gilt für den Galvanometerstrom

$$\frac{E\, r_1}{R\,(R_1 + R_G)}.$$

Aus Galvanometerstrom und Ausschlag wird dann die Empfindlichkeit errechnet.

Es ist empfehlenswert, das Normalelement ganz auszuschalten und durch ein Trockenelement oder einen Akkumulator zu ersetzen. Der Strom im Batteriekreise wird alsdann durch ein Präzisionsinstrument gemessen. Man stellt zweckmäßig die Stromstärke auf einen bestimmten Teilstrich ein.

Um solche Empfindlichkeitsbestimmungen in Betrieben rasch und auch durch ungeschulte Kräfte vornehmen zu können, werden

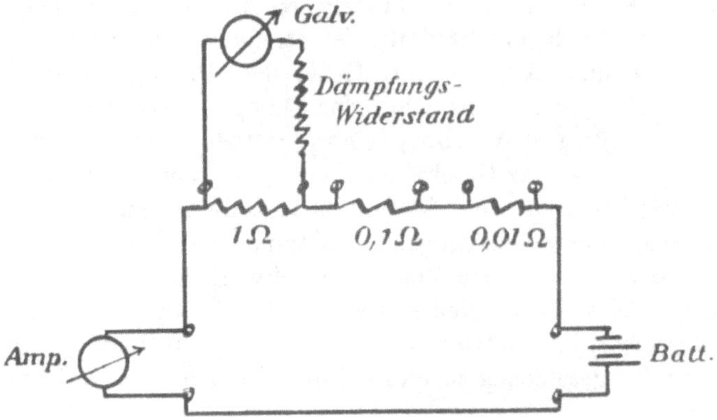

Abb. 92 a. Schema der Eicheinrichtung für Spiegelgalvanometer.

Eicheinrichtungen geliefert, die passend geschaltete Widerstände enthalten. Zur Messung sind dann nur wenige Handgriffe erforderlich. Abb. 92 a zeigt Schaltung und Abb. 92 b die Ausführung einer Eicheinrichtung der Firma Siemens & Halske; die Schaltung ist ohne weiteres verständlich.

Abb. 92 b. Eicheinrichtung für Spiegelgalvanometer (S. u. H.).

Bestimmung der Schwingungsdauer. Zur Orientierung genügt die Ermittlung der Anzahl Schwingungen in einer bestimmten Zeit mit Hilfe der Stoppuhr. Für genauere Bestimmungen gehe man so vor: Man lenke das Galvanometer ab und lasse es im offenen Stromkreis auspendeln. Man beobachte die Durchgangszeiten durch die mittels einer Marke gekennzeichnete Ruhelage. Die Umkehrpunkte lassen sich bei Galvanometern mit großer Schwingungsdauer schwieriger ermitteln, da dann die Bewegung sehr langsam verläuft. Über das Verfahren, aus mehreren Beobachtungen die Mittelwerte zu errechnen, siehe Kohlrausch [3]). Die Schwingungsdauer ist streng genommen nur bei sehr kleinen Drehungswinkeln von der Größe des Ausschlages unabhängig; ebenso ist die Abhängigkeit von der Dämpfung zu berücksichtigen.

Bestimmung des Dämpfungsgrades. Sind die Dämpfungskräfte proportional der Geschwindigkeit, dann nehmen die Ausschläge in geometrischer Reihe ab. Es genügt also, die Amplitude zweier aufeinander folgender gleichsinniger Schwingungen zu bestimmen. Zweckmäßig beobachtet man eine Reihe von Schwingungen. — Bei Galvanometern mit zusätzlicher elektromagnetischer Dämpfung kann man die Größe der elektromagnetischen Dämpfung berechnen, indem man die Dämpfung im geschlossenen und offenen Zustande des Galvanometers ermittelt.

Ist der Bewegungsverlauf aperiodisch, dann versagt das oben angegebene Verfahren. Kann man die Dämpfungsursache auf einfachem Wege nicht entfernen, wie z. B. die Luftdämpfung beim Saitengalvanometer, dann kann man in folgender Weise vorgehen. Man bestimmt die Empfindlichkeit für mehrere Frequenzen und ermittelt aus der Kurvenschar der Abb. 45 den Dämpfungsgrad a. Auf dem gleichen Wege kann man auch die Eigenschwingungsdauer des Systems bestimmen.

Die Bestimmung der Feldstärke wird bei den sehr starken Feldern der Elektromagnete am besten mit der Wismutspirale geschehen. Ein sehr brauchbares Verfahren, das auch bei sehr engen Luftspalten verwendet werden kann, ist die ballistische Bestimmung der Feldstärke mittels Tauchspule. — In manchen Fällen läßt sich ausreichende Genauigkeit durch Errechnung gewinnen. Man benutzt dann eine Empfindlichkeitsformel und bestimmt dann alle hierin außer der Feldstärke vorkommenden Größen. Eine relative Messung der Feldstärke kann verhältnismäßig einfach dadurch geschehen, daß man ein Drehspulsystem in den Magneten einsetzt und stets den gleichen Strom hindurchschickt; alsdann verhalten sich die Ausschläge wie die magnetischen Feldstärken.

Schlußbemerkung.

Frequenzbereich und Empfindlichkeit.

Abb. 93 gibt eine kurze Übersicht über die in den einzelnen Frequenzgebieten erreichbaren Empfindlichkeiten mit Angabe der jeweils in Betracht kommenden Instrumenttype. Um die ganze Frequenzskala

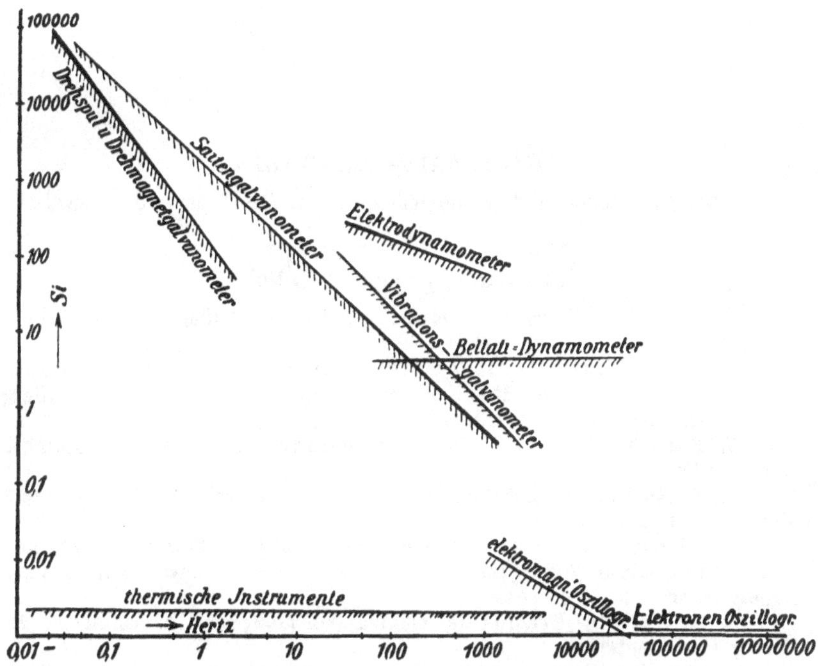

Abb. 93. Frequenzbereich und Empfindlichkeit.

und den ausgedehnten Empfindlichkeitsbereich unterbringen zu können, ist für beide Ordinaten die logarithmische Teilung verwendet. Die höchsten Empfindlichkeiten lassen sich mit den langsam schwingenden Drehspul- und Drehmagnetgalvanometern erreichen, die fast ausschließlich zur Messung von Gleichströmen dienen. Recht günstige Empfindlichkeiten besitzen die fremd erregten Dynamometer und die Vibrationsgalvanometer. Dagegen muß man sich bei den thermischen Instrumenten und den Oszillographensystemen mit recht mäßigen Empfindlichkeiten begnügen. Auf dem hochfrequenten Gebiet hat man dafür verhältnismäßig bequeme Verstärkereinrichtungen zur Verfügung.

Literaturverzeichnis.

Die bedeutenderen Literaturstellen sind im Druck hervorgehoben.

Quellen allgemeinen Inhalts.

1) **Jaeger,** Elektrische Meßtechnik, 3. Auflage, J. A. Barth, Leipzig, 1928.

Vollständigste deutsche Abhandlung über die elektrische Feinmeßtechnik. Das Buch enthält auch einen Abriß der theoretischen Elektrizitätslehre.

2) **Hort,** Technische Schwingungslehre, 2. Auflage, J. Springer, Berlin, 1922.

3) **F. Kohlrausch,** Lehrbuch der praktischen Physik, 15. Auflage, 1927, Verlag B. G. Teubner.

3a) **Herrmann,** Die elektrischen Meßinstrumente, Sammlung Göschen.

4) **Drysdale u. Jolley,** Electrical Measuring Instruments. London 1924, Ernest Benn, Ltd.

5) **G. Keinath,** Technik der elektrischen Meßgeräte. 3. Auflage, 1928. Verlag R. Oldenbourg.

Vollständigste deutsche Abhandlung über sämtliche elektrische Meßgeräte.

5a) Handbuch der Physik von **Geiger-Scheel,** Bd. XVI. Apparate und Meßmethoden für Elektrizität und Magnetismus. 1927, Springer.

Drehspulgalvanometer.

6) **N. Deprez et A. d'Arsonval,** C. R. 94, 1882, 1347—1350, Galvanometre aperiodique.

7) **Ayrton, Mather and Sumpner,** Phil. Mag. 30, 1890, 58, Galvanometers.

Ausführliche Darstellung über den damaligen Stand des Galvanometer-Problems, behandelt in der Hauptsache Drehmagnetgalvanometer.

8) **Nelson, H. Genung,** E. T. Z. 1893, 212—214, Verbesserung am d'Arsonval-Galvanometer.

9) **H. Sack,** E. T. Z. 17, 1896, 587—591. Die ersten Galvanometerkonstruktionen.

10) **H. Rohmann,** Phys. Zs. 14, 1913, 203—207.

11) **W. Jaeger,** Zs. f. Instr.-Kde., 1903, 261—270 und 355—360. Drehspulgalvanometer im aperiodischen Grenzfall.

Gibt recht klare, übersichtliche Herleitung der Formeln, die für den aperiodischen Grenzfall gelten.

12) **W. P. White,** Phys. Review 19, 1904, 305—329.
„ „ 23, 1906, 382—398.
„ „ 22, 1906, 371—372.

„Sensitive moving coil galvanometers."

Ausführliche Abhandlung über das Drehspulgalvanometer.

13) **Anthony Zeleny,** Phys. Review 23, 1906, Nr. 5
„ „ 28, 1909, „ 4
„ „ 32, 1911, „ 3, 297—306.
The Causes of Zero Displacement and Deflection Hysteresis in Moving Coil Galvanometers.

14) **W. Jaeger,** Zs. f. Instr.-Kde., 38. Jg. 1908, 206—210. Ein empfindliches Drehspulgalvanometer von kleinem Widerstand der Firma Siemens & Halske.

15) **Hausrath,** Helios, Heft 15, 19 u. 29, 1909, S. 133, 173, 269. Zusammenfassender Bericht auch der Drehmagnetgalvanometer.

16) **Reinganum,** Phys. Zs. 10, 1909, 91—93.
Galvanometer mit zusätzlicher magnetischer Richtkraft.

17) **H. Zahn,** Zs. f. Instr.-Kde. 31, 1911, 145—148. Über ein empfindliches Drehspulgalvanometer von kleinem Widerstande.

18) **E. Dibbern,** Zs. f. Instr.-Kde. 31, 1911, 105—112. Über Empfindlichkeitserhöhung der Drehspulgalvanometer.
Bespricht eingehende Versuche nach dem Verfahren von Reinganum (16).

19) **H. Diesselhorst,** Zs. f. Instr.-Kde. 31, 1911, 247—255, 276—288. Über die Berechnung von Drehspulgalvanometern und die Beschreibung einer Neukonstruktion.
Sehr übersichtliche, zusammenfassende Darstellung der Konstruktionsrichtlinien, Erörterung der Spulenform, Beschreibung eines neuen Galvanometers.

20) **Moll,** Amsterdam Proceedings 16, 1913, 149—152. A Quick Coil Galvanometer.

20a) **Wenner, Waibel, Weaver** Phys. Rev. 3, 1914, 497—498. Beschreiben ein spannungsempfindl. Galv. mit sehr kleiner Richtkraft.

21) **H. Bäckström,** Zs. f. Instr.-Kde., 1918, 173, 189. Über ein Differentialgalvanometer nebst einer Untersuchung über Nullpunktsfehler bei Drehspulgalvanometern.
Enthält eine ziemlich vollständige Zusammenstellung der Literatur über Drehspulgalvanometer bis zum Jahr 1918.

22) **F. C. Müller,** Zs. f. phys. Unterr. 34, 1921, 145—151, Nr. 4. Ein schulgemäßes Spiegelgalvanometer für Selbstanfertigung.

23) **Weisglass,** Zs. f. techn. Phys. 4, 1923, 473—476, Nr. 12. Verhalten einer vom Wechselstrom durchflossenen Drehspule in einem radial homogenen Magnetfeld.

24) **Moll,** Proc. Phys. Soc. London 35, 1923, 253.

25) **J. Mann,** Physica 2, 1922. Ein neues Spiegelgalvanometer mit schneller Einstellung.

26) **W. R. Coley,** Journ. opt. Soc. Amer. 11, 1925, 419—421, Nr. 4. An all copper d' Arsonval galvanometer with small thermal effect.

27) **Zernike,** Amsterdam Proc. Vol. 24, Nr. 6 und 7, 1922, 239—245. A Moving Coil Galvanometer of high Sensitivity.
Bespricht die Konstruktionsgrundsätze für ein spannungsempfindliches Galvanometer, Beschreibung einer Neukonstruktion mit Quarzfadenaufhängung und Zuführungsbändern.

28) **W. J. D. van Dyck,** Zs. f. Instr.-Kde. 46, 1926, 378—380. Ein empfindliches Galvanometer mit kurzer Einstellzeit und niedrigem Widerstande.

28a) **Ferguson u. Irons.** Proc. Phys. Soc. 1928, 40, 3, 95—106. A simple graphic method for the determination of galvanometer and fluxmeter constants, with a note on the measurement of intense magnetic fields.

Ballistisches Galvanometer.

29). **E. Dorn,** Wied. Ann. 17, 1882, 654.

30) **Diesselhorst,** Ann. d. Phys. 9, 1902, 458 u. 712. Über ballistische Galvanometer mit beweglicher Spule und Theoretisches über die ballistische Methode.

Ausführliche Behandlung des ballistischen Verfahrens; insbesondere wird die Abhängigkeit der ballistischen Bewegung von Zeitdauer und Form des Stromes erörtert.

31) **Grassot,** Journ. de Phys. 3, 1904, 696—700. Erste Arbeit über das Fluxmeter.

32) **R. L. Jones,** London Proc. Phys. Society 26, 1914.

Theoretische Arbeit über das stark gedämpfte ballistische Galvanometer.

33) **H. Chaumat,** C. R. 174, 1922, 32—35 u. 155—157. Sur le galvanometre ballistique.

34) **Wilson,** Proc. Phys. Soc. London 34, 1922, 55—65. On the Sensitivity of Ballistic Galvanometer.

35) **H. Zöllich,** Wiss. Ver. a. d. Siemenskonzern, Bd. II, 1922, 378 bis 400. Mechanische Resonanzschwingungen in der Meßtechnik.

36) **Darbois et G. Ribaud,** Ann. de phys. (10) 1, 1924, 173—212. Étude theoretique et experimentale du fluxmetre (Grassot).

37) **H. Busch,** Zs. f. techn. Phys. 7, 1926, 361—371 Nr. 8. Das Kriechgalvanometer; eine neue Methode zur Messung von Spannungsintregralen, Elektrizitätsmengen, sowie magnetischer Felder.

Bespricht ohne Zusammenhang mit den früheren Arbeiten das stark gedämpfte Galvanometer. Interessant durch Wiedergabe einer Reihe praktischer Messungen.

38) **P. Kirkpatrik,** Journ. of. Opt. Soc. 19, Nov. 1926, 613—617. A Direct Current Vibration Galvanometer Method.

Behandelt das Multiplikationsverfahren.

Die Grenzen der Empfindlichkeit.

39) **W. C. H. Moll und H. C. Burger,** Zs. f. Phys. 34, 1925, 112—117. Empfindlichkeit und Leistungsfähigkeit eines Galvanometers.

40) **G. Ising,** Phil. Mag. 7, 1926, 827—834. A Natural Limit for the Sensibility of Galvanometers.

41) **F. Zernike,** Zs. f. Phys. 40, 1927, 628—636. Die natürliche Beobachtungsgrenze der Stromstärke.

Weitere Unterlagen über das Drehspulgalvanometer sind enthalten in den Katalogen der Firmen Siemens & Halske, Hartmann & Braun, Edelmann, Zeiß, Leeds & Northrup-Philadelphia, Cambridge Instruments Co.-London, Carpentier-Paris und anderer mehr.

Drehmagnetgalvanometer.

42) **Siemens,** Berichte d. Berliner Akademie, 1873, 748, betr. Glockengalvanometer.

43) **T. Mather,** Phil. Mag. 29, 1890, 434—439. On the Shape of Movable Coils Used in Electrical Measuring Instruments.

44) **H. du Bois u. H. Rubens,** Wied. Ann. 48, 1893, 236—251. Modifiziertes astatisches Galvanometer.

45) **F. Paschen**, Zs. f. Instr.-Kde. 13, 1893, 13—17. Astatisches Thomsonsches Spiegelgalvanometer von hoher Empfindlichkeit.

46) **Broca**, Comptes rend. 123, 1896, S. 101.

47) **P. Weiss**, C. R. 120, 1895, S. 752.

48) **Classen**, E. T. Z. 17, 1896, S. 674. Über den Schutz der Spiegelgalvanometer durch Erdströme.

49) **H. du Bois** u. **H. Rubens**, Ann. d. Phys. 2, 1900, S. 84. Panzergalvanometer.

50) **H. du Bois** u. **H. Rubens**, Zs. f. Instr.-Kde., 20, 1900, S. 65. Panzergalvanometer.

51) **Abott**, Astrophys. Journ. 18, 1903, 1—20. The construction of a sensitive galvanometer for spectro-bolometric purposes.

52) **Volkmann**, Verhandlungen d. deutschen Phys. Ges. 13, 1911, 172—178. Die beste Gestalt für die Spulen eines Nadelgalvanometers.

53) **J. Kollert**, Zs. f. Instr.-Kde. 32, 1912, 141—148. Über ein störungsfreies Magnetsystem für Galvanometer und Magnetometer.

54) **F. Paschen**, Phys. Zs. 14, 1913, 521—524. Laboratoriumsgalvanometer.

55) **W. Coblentz**, Scientific Papers. 282, 1916, 423—443. Sensitivity and Magnetic Shielding Tests of a Thomson Galvanometer for Use Radiometry.

56) **C. Benedicks**, Stockholm, Zs. f. Instr. - Kde., 1922, 367. Aufhängung mit variabler Richtkraft in feinsten Quarzfäden.

56 a) **H. A. Daynes**, Journ. of Scient. Instr. 1925/26, 7—15. The sensitivity of Paschen galvanometer.

57) **A. V. Hill**, Journ. of Scient. Instr., Juli 1926. Verwendung von Permalloy (μ-Metall) für Paschengalvanometer.

58) **E. Hasché**, Dissertation Berlin, 1927, betr. Galvanometer nach Nernst. Versuche mit einem neuen hochempfindlichen, störungsfreien Nadelgalvanometer.

Magnetische Schirmwirkung.

59) **H. du Bois**, Wied. Ann. 65, 1898, 1. Über magnetische Schirmwirkung.

60) **Nickols** u. **Williams**, Phys. Rev. 27, 1908, 250—257. A convenient form of galv. with magnetic shielding. Untersucht Zylinderpanzer mit geometrisch abnehmenden Dimensionen.

61) **E. Esmarch**, Ann. d. Phys. 39, 1912, 1553. Theorie der magnetischen Schirmwirkung multilamellarer Zylinder- und Kugelpanzer.

62) **W. Esmarch**, Ann. d. Phys. 39, 1912, S. 1540. Experimentelle Untersuchung der magnetischen Schirmwirkung multilamellarer Zylinderpanzer.

63) **C. Benedicks**, Ann. d. Phys. 72, 1923, 236—240. Magnetische Schutzpanzer aus spiral gewickeltem Eisenblech.

64) **D. W. Dye**, Journ. of Scient. Instr. 3, 1925, 65—71. The Use of Stelloy Ring Stamping.

Saitengalvanometer.

65) **Ader**, 7—8, 1897, S. 295. L'éclairage electrique.

66) **W. F. Einthoven**, Ann. d. Phys. 12, 1903, 1059

und 67) Ann. d. Phys. 16, 1905, 20. Ein neues Galvanometer

und 68) Ann. d. Phys. 21, 1906, 483. Weitere Mitteilungen über Saitengalvanometer.

69) **M. Edelmann,** Phys. Zs. 7, 1906, 115—122. Ein kleines Saitengalvanometer mit photographischem Registrierapparat.

Beschreibt die Ausführungsform der Firma Edelmann, München.

70) **P. Herz,** Zs. f. Mathematik u. Phys. 58, 1910, 1—80. Zur Theorie des Saitengalvanometers.

Theorie unter Annahme starker elektromagnetischer Dämpfung.

71) **Hausrath,** Helios, Heft 9 u. 10, 1911. Zusammenfassender Bericht.

72) **Huth,** Phys. Zs. 13, 1912, 38. Direkt zeigende Wellenmesser. Wird ein Saitengalvanometer beschrieben. Leider keine Empfindlichkeitsangaben vorhanden.

73) **W. H. Apthorpe,** Proc. of the Phys. Soc. of London 26, 1914, 314. Note on an Improvement in the Einthoven String Galvanometer.

74) **A. C. Crehore,** Phil. Mag. 28, 1914, 207—224. Theory of the String Galvanometer of Einthoven.

75) **George Fahr,** Zs. f. Biologie 64, 1914, 61—112. Zur Theorie des Saitengalvanometers.

Sehr leichtfaßliche Darstellung mit Wiedergabe einzelner Beobachtungen.

76) **R. Förster,** E. T. Z. 35, 1914, 146—151. Zur Theorie des Saitengalvanometers.

77) **L. S. Ornstein,** Proc. Koninklijke Akademie van Wetenschappen te Amsterdam, 17, 1914, 784—793. On the Theory of the String Galvanometer of Einthoven.

78) **J. K. A. Wertheim-Salomonson,** Pflügers Archiv 158, 1914, 107 bis 124. Theoretisches und Praktisches zum Saitengalvanometer.

79) **W. Einthoven** und **F. L. Bergansius** u. **J. Bytel,** Pflügers Archiv 164, 1916, 167—197. Die gleichzeitige Registrierung elektrischer Erscheinungen mittels zweier oder mehrerer Galvanometer und ihre Anwendung auf die Elektrokardiographie.

80) Schleifengalvanometer d. Fa. Carl Zeiß-Jena, D. R. P. 356 517 v. 19. X. 1920.

81) **A. Pochettino,** Atti Acad. Szienz., Torino, 57 2 a, 1921/22, 71—80. Sul galvanometer a corda di Einthoven.

82) **Wertheim-Salomonson,** Amsterdam Proc. 23, 1921, 613—615. The Limit of Sensitivity of the String Galvanometer.

Einfluß der Schwerkraft bei sehr schwachen Spannungen.

83) **E. v. Angerer,** Zs. f. Instr.-Kde. 42, 1922, 1—6. Ein registrierendes Saitengalvanometer von großer Registriergeschwindigkeit.

84) **W. F. Einthoven,** Proc. Koninklijke Akad. van Wetenschappen te Amsterdam 26, 1923, 635—649. The String Galvanometer in Wireless Telegr.

85) **Trowbridge,** Journ. of the Optic Soc. Nr. 5, Bd. 9, 1924, 557—568. String Galvanometer Oszillograph with Automatic Photography.

86) **Williams,** Journ. of the Optical Society 9, 1924, 129—174; 13, 1926, 313—382. The Einthoven String Galvanometer.

Eine ausführliche, zusammenfassende Darstellung über Theoretisches und Experimentelles zum Saitengalvanometer. Enthält auch vollständige Literaturangaben.

87) **Schrumpf** und **Zöllich,** Archiv f. d. gesamte Physiologie 170, 1918, 553. Saiten- und Spulengalvanometer zur Aufzeichnung der Herzströme.

122) **R. Mechau,** Physikal. Zs. XXIV, 1923, 242—245. Ein neues Galvanometer.

Vibrationsgalvanometer.

88) **M. Wien,** Wied. Ann. 42, 1891, 593—621; 44, 1891, 689—712. Das Telephon als optischer Apparat zur Strommessung.

89) **H. Rubens,** Vibrationsgalvanometer, Wied. Ann. 56, 1895, 27—41.

90) **M. Wien,** Ann. d. Phys. 4, 1901, S. 439 ff.

91) **A. Campbell,** Phil. Mag. 14, 1907, 494—503. On the measurement of mutual inductance by the aid of a vibration galvanometer.

92) **Duddell,** Phil. Mag. 18, 1909, 168—179. On a bifilar vibration galvanometer.

93) **Duddell,** The Electrician 16, 1909, 620—622. Bifilarvibrationsgalvanometer der Firma Nalder Brothers.

94) **Hausrath,** Phys. Zs. 10, 1909, 758. Beschreibt eine Form des Spulengalvanometers.

95) **Wenner,** Bulletin bureau of standards 6, 1910, 347. Ausführliche Abhandlung über das ganze Problem.

96) **Butherworth,** Proc. Phys. Soc. 24, 1912, 75.

97) **Haworth,** Proc. Phys. Soc. 25, 1913, 264 (Ref. in Electrician 69, 1912, 731). The Maximum Sensibility of a Duddell Vibrations-Galvanometer.

98) **Tinsley,** Electrician 69, 1912, 939. A Magnetic Shunt Vibration-Galvanometer.

99) **Wenner,** Proc. of the Am. Inst. of El. Ing. 31, 1912, 1073.

100) **Campbell,** Proc. of the Phys. Soc. 25, 1913, 203. On Vibrations-Galvanometers of Low Effective Resistance.

101) **Campbell,** Proc. of the Phys. Soc. 26, 1914, 120.

102) **Campbell,** „ „ „ „ „ 31, 1919, 85.

103) **H. Greinacher,** Arch. f. Elektrotechnik, 1913, 471. Über das Vibrationselektrometer und dessen Verwendung bei Wechselstrommeßgeräten.

104) **Schering und Schmidt,** Arch. f. Elektrotechnik, 1, 1913, 254. Ein empfindliches Vibrationsgalvanometer für niedrige Frequenzen.

Galvanometer nach der Schleifentype. Nur Beschreibung der Konstruktion.

105) **S. Butherworth,** Proc. of the Phys. Soc. 26, 1914, 264. On a Null Method of Tesling Vibrations-Galvanometer.

106) **H. Zöllich,** Arch. f. Elektrotechnik 3, 1915, 369. Über ein hochempfindliches Vibrationsgalvanometer für sehr niedrige Frequenzen.

Wertvolle theoretische Abhandlung, gibt einen Überblick über das ganze Gebiet. Dient zur raschen Orientierung.

107) **Blondel und Carbenay,** Ann. d. Phys. 6, 1917, 97—158. Weicheisen-Harmoniegraph.

108) **Schering und Schmidt,** Zs. f. Instr.-Kde. 38, 1918, 1. Ein Vibrationsgalvanometer mit elektromagnetischer Abstimmung für niedrige Frequenzen. (Nadeltype.) Referat in E. T. Z. 1918, 410.

109) **Agnew,** Scient. Pap. Bureau of Standards 16, 1920, 37. Nadelvibrationsgalvanometer mit mikroskopischer Beobachtung.

110) **Zöllich,** Wissenschaftl. Veröffentlichungen der Siemens & Halske A.-G., 2, 1922, 78. Mechanische Resonanzschwingungen in der Meßtechnik. Allgemeiner gehaltene Abhandlung im Anschluß an 106,

111) **W. J. H. Moll,** Journ. of Scient. Instr. 2, 1924/25, 251—254. A New Vibration Galvanometer.

112) **P. Rothwell,** Journ. of Scient. Instr. 2, 1925, 251—254. Das Multivibrationsgalvanometer.

112 a) **F. Weibel,** Ann. d. Phys. 72, 1923, 170 ff. Nachweis geringer Frequenzänderungen mit einem Vibrationsgalvanometer sehr schwacher Dämpfung.

112 b) **D. C. Gall,** Journ. of Scient. Instr. 4, 1928, 134—135. A new quick tuning vibration galv. with calibrated tuning.

Elektrodynamometer.

113) **W. Weber,** Pogg. Ann. 73, 1848, 194.

114) **Frölich,** Poggendorf Ann. 143, 1871, 643.

115) **H. Abraham,** Journ. de Phys. (4) 5, 1906, 576—578; s. a. Compt. rend. 142, 1906, 993.

116) **Palm,** Zs. f. Instr.-Kde. 33, 1913, 368. Spiegelgalvanometer mit besonders hoher Empfindlichkeit.

117) **E. Weibel,** Bur. of Stand. 14, 1918, Nr. 1, 23—58. A Study of Electromagnet Moving Coil Galvanometer for Use in Alternating-Current Measurements.

118) **A. Pfeiffer,** Ann. d. Phys. 84, 1927, 395—428. Über ein Bellati-Dynamometer sehr hoher Empfindlichkeit.

Thermische Instrumente.

124) **J. Klemencic,** Wied. Ann. 45, 1892, 78. Thermokreuz.

125) **W. Duddell,** Electrician 56, 1906, 559; 61, 1908, 94.

127) **Voege,** E. T. Z. 27, 1906, S. 467. Ein neues Meßgerät für schwache Wechselströme (Vakuumthermoelement).

128) **J. K. A. Wertheim-Salomonson,** Phys. Zs. 7, 1906, 463 und Zs. f. Instr.-Kde. 26, 1906, 7.

129) **K. E. F. Schmidt,** Phys. Zs. 10, 1909, 438. Über die Grenzen der Leistungsfähigkeit der Thermoelemente.

130) **A. H. Pfundt,** Phys. Zs. 13, 1912, 870 (Phys. Rev. 34, 1912, 228). Vakuum-Thermoelemente und ein Verfahren zur Erzeugung hochgradiger Vakua.

131) **H. Schering,** Zs. f. Instr. Kde. 1912, 69—84. Zeigerinstrumente mit geringem Eigenverbrauch zur Messung kleiner Wechselstromstärken und Wechselspannungen.

132) **B. Thieme,** Arch. f. Elektrotechnik 1, 1912/13, 309. Ein Galvanometer zur Messung schwächster Gleich- und Wechselströme.

123) **K. E. Schmidt,** Zs. f. Instrkde. XXV, 1905, 10—14. Hitzdrahtinstrumente mit Spiegelablesung.

Oszillographen.

133) **E. Orlich,** Zs. f. Instr.-Kde. 21, 1901, 239—247, Über Oszillographen.

Zusammenfassende Darstellung.

134) **A. Blondel,** L'éclairage electrique 31, 1902, 41—50. Théorie des Oszillographes. Beschreibung der Blondel- und Duddell-Systeme.

135) **E. Orlich,** Aufnahme und Analyse von Wechselstromkurven. Braunschweig, Vieweg 1906.

Behandelt alle Apparaturen zur Aufnahme von Wechselstromkurven.

136) **F. Emde,** E. u. M., 28, 1910, 6 und 227. Theoretisches zur Prüfung von Oszillographen.

137) **H. Busch,** Phys. Zs. 13, 1912, 615. Eine einfache Ableitung der vollständigen Theorie des Oszillographen.

138) **H. Hausrath,** Helios, 1912, Nr. 29, 30, 31, 41, 44, 45 und 46. Zusammenfassende Darstellung, behandelt ausführlich die kompletten Oszillographen.

139) **J. K. A. Wertheim-Salomonson,** The Electrician 69, 1912, 357 bis 360. Some Points in the Use and the Theory of the Oszillograph.

140) **Ho and Koto,** Proc. of the Phys. Soc. of London, 26, 1914, 16—22. An Electrostatic Oszillograph for Recording High Voltages.

141) **A. Blondel,** Ann. de phys. 10, 1918, 195—354. Sur l'analyse harmonique directe de l'onde des courants alternatifs par resonance mecanique ou électrique.

Sehr ausführliche Arbeit, betr. vorzugsweise die Schaltung der Oszillographen für bestimmte Messungen.

142) **Kennelly, Hunter u. Prior,** Transactions of the Am. Inst. of El. Eng. 39, 1920, 443—487. Behandelt ausführlich die Analyse der mechanischen und elektrischen Frequenzen.

143) **H. Zöllich,** Wiss. Veröffentl. a. d. Siemenskonz. 1, 1920. Prüfung von Meßgeräten zur Aufzeichnung sich rasch verändernder Größen.

Gibt ausführliche Diskussion des Problems der richtigen Wiedergabe von Wechselstromkurven.

144) **R. Elsässer,** Zs. d. Vereins deutsch. Ing. 1924, Nr. 20. Aufzeichnung von Messungen und Schwingungen und Drehmomenten mittels des Oszillographen.

Beschreibt eine Brückenanordnung zur Aufzeichnung schnell veränderlicher mechanischer Vorgänge mittels Oszillographen.

145) **R. Dubois,** Revue gen. de l'Électricité 17, 1925, 977—984. Electromagnetique oszillograph.

145 a) **André Blondel,** Sur l'adaptation des oscillographes bifilaires à l'étude des lampes triodes. C. R. 186, 1034—1036, 1928, Nr. 15.

Kurzer Überblick über die Leistungsfähigkeit der verschiedenen Oszillographen-Systeme, beschreibt ein neues System nach Dreheisenprinzip.

119) **Gehrcke** und **Engelhardt,** Zs. f. techn. Physik 6, 1925, 135—438.

120) **Gehrcke** und **Engelhardt,** Zs. f. techn. Physik 7, 1925, 146, hier auch die ältere Literatur.

Über Ausführung gebräuchlicher Konstruktionen siehe die Kataloge der Firmen: Siemens & Halske, Berlin; General Electric, U. S. A.; Westinghouse Electric, Manufacturing Co., U. S. A.; Cambridge, London; Carpentier, Paris; Pellin, Paris; Allocchio, Bacchini Co., Mailand u. a.

Indirekte Methode.

146) **Kunz,** Phys. Rev. 10, 1917, S. 205 betr. Verstärkerröhre (Gleichstromverstärkung).

147) **Abraham** et **Bloch,** Compt. Rend. 168, 1919, 1321 (Gleichstromverstärkung).

148) **Pike,** Phys. Rev. 13, 1919, 102 betr. (Gleichstromverstärkung).

149) **H. Behnken,** Zs. f. Phys. 3, 1920, 48.

150) **E. O. Hulburt** und **G. Breit,** Phys. Rev. 15, 1920, 405—408. The Measurement of Received Radio Currents with the Electrometer.

151) **Meyer, Rosenberg** und **E. Tanck,** Séance de la Soc. Suisse de Phys. Zürich, 1920.

152) **Brentano,** Nature 108, 1921, 532 betr. Gleichstromverstärkung.

153) **Malasez,** Compt. Rend. 172, 1921, 1033.

154) **Rosenberg,** Naturwissenschaften, 9, 1921, 359—365 und 389—394.

155) **Hausser, Jaeger** und **Vahle,** Wiss. Veröfftl. a. d. Siemenskonzern 2, 1922, 329.

156) **C. W. Lutz,** Phys. Zs. 24, 1923, 166—170. Saiten-Elektrometer.

157) **du Prel,** Ann. d. Phys. 70, 1923, 199.

157 a) **O. Feußner,** Zs. für Fernmeldetechnik 1923, Heft 7 und 8.

158) **v. Hippel,** Die Elektronenröhre in der Meßtechnik. Hachmeister & Thal, Leipzig 1924.
Zusammenfassende Darstellung.

158 a) **R. Jaeger** und **H. Scheffers,** Wiss. Veröfftl. a. d. Siemenskonzern 4, 1925, 233—238.

158 b) **R. Jaeger** und **A. Kußmann,** Phys. Zs. 28, 1927, 645—651. Über Gleichstromverstärkung, ihre Anwendung und ihre Grenzen.

158 c) **H. F. Mayer,** Über verzerrungsfreie Niederfrequenzwiderstandsverstärker, E. T. Z. 48, 1927, 10—13.

Zusatzeinrichtungen.

159) **Sullivan,** Electrician 43, 1899, S. 197. Ein Universalnebenschlußwiderstand für Galvanometer.

160) **W. Volkmann,** Ann. d. Phys. 10, 1903, 217—221. Galvanometernebenschluß.

160 a) **Ayrton** u. **Mather,** Electrician 32, 1894, 627.

161) **Kommerell,** Helios, 1, 1909, S. 343. Ein veränderlicher Nebenschluß für Meßzwecke.

162) **S. Butterworth, Wood, Lakey,** Journ. of Scient. Instr. 4, 1926, 8—18. The Use of a Resonant shunt with an Einthoven String Galvanometer.

163) **Schering** und **Reichardt,** Arch. f. Elektrotechn. 12, 1923, 493—497. Nebenschluß für Vibrationsgalvanometer.

164) **L. Geiger,** Phys. Zs. 12, 1911, 66. Steigerung der Empfindlichkeit bei der Gauß-Poggendorfschen Spiegelmethode.

165) **W. Volkmann,** Phys. Zs. 12, 1911, 30—32. Die Leistungen der Spiegelablesung.

166) **W. Volkmann,** Phys. Zs. 12, 1911, 183—184. Über Spiegelablesungen mit mehrfacher Spiegelung. Gibt Besprechung der früheren Arbeiten über diesen Gegenstand.

167) **H. Rohmann,** Phys. Zs. 14, 1913, S. 350. Nutzbarmachung der Drehungswinkel bei Meßinstrumenten.

168) **G. Gehlhoff,** Zs. f. techn. Phys. 3, 1922, 225—228, Nr. 6. Das Autokollimations-Ablesefernrohr.

169) **W. Möbius,** Phys. Zs. 24, 1923, 217—220. Über Verfeinerung der Spiegelablesung.

170) **W. J. H. Moll** u. **H. C. Burger,** Zs. f. Phys. 1925, 109. Das Thermorelais.

171) **F. E. Null,** Journ. opt. Soc. Am. 12, 1926, 521.22. Linear Amplification of Galvanometer Deflection by the Photoelectric Cell.

172) **F. E. Null,** Phys. Rev. (2) 27, 1926, 114. Linear Amplification of Galvanometer Deflection by the Photoelectric Cell.

173) **F. Weigert,** Optische Methoden der Chemie. Akad. Verlagsgesellschaft, Leipzig, 1927.

174) **G. Michel,** Über eine Spiegelablesung mit sehr kleinen Spiegeln. (Noch nicht veröffentlicht.)

175) **du Bois u. H. Rubens,** Wied. Ann. 48, 1893, 241—243. Modifiziertes astatisches Galvanometer.

176) **W. Einthoven,** Wied. Ann. 56, 1895, 161—166. Eine Isolationsvorrichtung gegen Erschütterungen der Umgebung eines Galvanometers.

177) **W. H. Julius,** Wied. Ann., 56, 1895, 151—161. Erschütterungsfreie Aufhängung.

178) **W. Volkmann,** Phys. Zs. 12, 1911, 75. Eine einfache erschütterungsfreie Aufhängung.

179) **A. L. Johnsrud,** Journ. of the Optic. Soc. 10, 1925, 609—611. A Suspension for Supporting Delicate Instruments.

180) **Müller,** Dissertation, Berlin 1927. Betr. neue erschütterungsfreie Aufhängung.

181 a) **S. I. Turlyghin,** Zs. f. Instr. Bde. XLVIII. 1928. 187—191. Optische Multiplikatoren.

Sachregister.

FSC
www.fsc.org
MIX
Papier | Fördert gute Waldnutzung
FSC® C083411

Zeitfracht Medien GmbH
Ferdinand-Jühlke-Straße 7
99095 Erfurt, Deutschland
produktsicherheit@kolibri360.de